# 가족관계

곽미정 박지윤 이진경 오현숙 전대성 공저

양성원

# 머리말

인간은 가족 내에서 사회성을 배우며 성장하고, 부모와 자녀 및 형제간의 관계를 통하여 상호 이해와 신뢰를 배우게 된다. 또한 가족 구성원과 함께 생활하면서 심리와 정서에 영향을 주고받으며, 교육과 사회화와 역할 모델링 등이 모두 일어나므로 가족관계는 매우 중요한 의미를 갖는다.

가족관계란 가족 구성원 간의 인간관계에서 나타나는 위계구조, 역할구조, 권력구조 등과 같은 사회적 관계를 포함하여, 개인 간의 심리, 정서적 문제를 함께 나누는 공동체로 인간의 생활과 성장과 관련하여 맺는 총체적 관계를 의미한다. 즉, 가족관계란 가족 상호작용의 역동 과정이라 할 수 있다.

이때 부모는 살아온 경험과 가치관을 통하여 자신의 가족 환경에 영향을 주고 한 가족 구성원은 소속한 사회에 영향을 주게 되므로, 가족은 사회적으로도 국가의 미래에 있어서도 매우 가치 있는 집단이라 할 수 있다. 즉, 인재의 양성은 가정으로부터 일어난다고 볼 수 있는 것이다.

따라서 현대사회에서는 오히려 가족학의 함의가 더 높게 평가되고 있다. 배우자의 선택이나, 스스로 좋은 부모가 되기 위한 준비는 다른 어떤 과제보다 중요하기 때문이다. 올바른 가족관계는 개인과 개인 사이에 대한 개념으로, 자신을 포함하여 공동생활을 하는 구성원의 삶의 질에 있어서 중요하며, 가족 구성원과의 시간공유 경험의 질은 자아실현과 행복 추구, 건강 증진 등에 영향을 주는 중요한 삶의 과정이다.

인간이 태어나서 일련의 발달과정을 거치며 궁극적으로 한 개인으로서 도달해야 하는 '일생 동안 잘 살았다'라고 하는 자아통합감은, 개인 자신이 단독으로 이룰 수 있는 것은 아니며 만남과 관계 속에서 이루어지는 상호작용의 결과이기도 할 것이다.

그러므로 가족의 관계를 통하여 이루어 내는 신체적 · 정서적 건강 유지, 능력 개발, 자아실현 등 특유의 기능이 발휘되면, 가족 구성원들 간의 의사소통이 원활해지고 이를 통해 결국 개인은 타인에 대한 배려심을 배우고 책임감 있게 성장하게 된다. 이것은 가족의 심리적 만족, 정서의 안정성, 그리고 결속력과도 깊은 관련이 있다. 그러므로 가족관계에 대한 올바른 이해는 인간 상호 신뢰감의 배경이 되고, 개인적으로 추구하는 자아실현을 촉진하게 된다. 가족관계가 건강한 방향으로 선순환하는 것은 가족 구성원 간의 친밀감 제고, 자녀의 심리적 안녕감 함양, 가족 구성원의 건강, 휴식과 재충전 및 문화적 경험 등에 있어서 매우 중요한 것이다.

이에 가족관계에 대한 다양한 영역을 탐색해 보고 현대사회에서 더욱 가치 있는 가족관을 정립하며 올바른 가치관을 형성해 나가는 것에 본 교재가 조금이나마 도움이 되었으면 하는 바람이다.

2021년 8월

저자일동

# 차례

# 제1장

# 가족에 대한 고찰

# 1. 가족관계의 기능과 역할

가족은 사회조직의 가장 기본적인 집단인 동시에 한 인간이 사회의 구성원으로 살아가기 위한 사회화 과정의 기초 조건이 된다. 가족을 통한 기능은 자녀의 양육과 가족 구성원 각각의 정신적, 정서적, 신체적 건강을 유지하고 능력을 개발시키며, 자아실현을 도모하는 본질적 기능을 수행하는 동시에 사회적 책임을 다하고 인격 형성을 완성한다.

이상적인 가정은 각종 사회문제를 예방할 수 있고 문제를 치유받는 곳이 될 것이다. 인간의 기본적 인성은 가족관계를 통하여 형성되고 발달하므로 가족과 가족관계가 사회의 상호작용의 기초를 형성하는 것임에 틀림없다. 가족은 사회의 가장 작은 단위이기도 하므로 가족이 그 기능을 다하고 올바른 가족관계가 형성될 때 이러한 선순환은 사회적으로도 커다란 에너지가 되지 않을 수 없을 것이다.

### 1) 가족관계와 인간의 성장

인간에게 있어서 가정은 **성장 장소**이자 **인간과의 기본적인 관계, 예정, 신뢰와 정서를 배우고 느끼고 학습하는 곳**이며, 가족 구성원 간의 관계 및 **의사소통 방식**은 사회에서의 소통과도 밀접한 관계가 있다.

가족 간의 상호작용의 질이 가족 구성원과의 관계의 중요성과 함의를 가지고 있으며 가정에서의 상호작용 관계를 통하여 개인은 성장하고, 가정은 사회 안에서의 기본 단위인 공동체의 기능을 담당한다. 가족 구성원과의 관계에서 구성원 간의 역동성은 경제, 환경과의 관계에 영향을 미치며, 다양한 사회와의 역동적 체계들이 함께 에너지를 주고받으므로 성장 및 재생산하는 기능을 가진다. 그러므로 가정은 권리와 의무가 공존할 뿐 아니라 사회 환경과의 연계와 같은 특수성을 동시에 지닌다. 가족 구성원 간의 갈등이나 사회적 관계, 경제관계, 심리적 상황은 다른 구성원에게도 매우 밀접한 영향을 미치게 되며 따라서 가족 간의 관계는 매우 중요하다.

### 2) 다양한 인간에 대한 이해

현대사회에서 도시화, 핵가족화에 따른 가족 구조의 변화는 산업화에 따른 인간 소외 현상을 가져왔으며 이러한 시기일수록 가족의 건강성은 더욱 중요한 개념으로 평가받고 있다. 가족이 건강함을 유지하지 못했을 경우에는 각종 사회 문제가 발생하게 된다. 다음과 같은 경우 가족관계의 문제가 발생할 수 있다.

첫째, 인구사회학적인 문제로 결손 가족이나 가족의 구성원 관계의 문제가 발생하는 경우에는 상호 영향을 주고받으므로 가족의 심리적 혹은 경제적인 갈등의 문제가 발생할 수 있다. 둘째, 심리적 문제로는 부부 체계, 부모자녀 관계, 형제 관계 등의 상호작용이나 의사소통으로 인하여 가족의 문제가 발생할 수 있다. 셋째, 환경의 구조적인 요인으로 인하여 가족의 문제로 신빈곤이나 워킹 푸어(working poor)의 문제가 일어날 수 있으며, 이 경우에는 특히 건강가정지원책을 통하여 사회적인 지원이 강화될 필요가 있는 분야이다.

여성의 경제 활동 참여의 증가와 도시화 이후의 개인주의적 관점은 우리나라의 전통적 가족 역할과 상충하는 부분이 있어 각종 가족문제에 대한 이해가 필요하다. 이혼 등으로 인한 결손 가정의 증가는 또 다른 사회문제와 연결되어 있으며 따라서 문제의 발생 이전에 가족 구성원 간의 관계의 점검은 매우 중요하다.

### 3) 가정의 순기능

가정은 가족의 구성원들에게 성장을 위한 터전이 되어야 하며 관계 속에서 신뢰감을 배우고 자율성과 균형을 배우는 곳이어야 한다. 이것은 사회적인 상호 관계성도 크다. 현대사회에서의 각종 가족 문제는 개인의 가족 내에서의 문제뿐 아니라 사회적인 차원에서도 중요하게 인식되어야 한다.

## 2. 가정을 통한 인간의 성장과 생태학적 관점의 적용

생태학(Ecology)적 관점은 인간도 결국 생물 혹은 유기체로 보는 것이며 가족도 마찬가지로 환경과 어떻게 조화를 가지는지를 중요하게 보는 관점이다. 즉, 환경 속의 인간을 강조하는 관점으로 진화론적인 관점을 견지하고 있다. 그동안 사회과학에서의 인간과 사회는 뗄 수 없는 관계성을 가진다는 견해와 같은 맥락에서 인간이 환경 속에 존재하고 발전한다는 것은 새로운 일은 아니다.

다만 현대사회에서 이와 같은 측면은 더욱 그 중요성이 높아지고 있는 것이 사실이다. 가족관계의 문제점은 그가 속한 가족 및 환경과의 상호 부조화의 역기능에서 발생한다고 보며, 인간의 성장과 적응은 가족관계의 차원에서도 중요한 관건이 되어 왔다. 이것은 생물학적 측면에 국한되지 않으며 다양한 자원과 인간의 심리내적 및 사회와 문화적인 요인이 포함되어 나타나는 것이며 누적적인 것이다. 결국 인간은 생태학적으로 환경 안에서 영향을 주고받는 존재로서 개인과 환경 간의 상호작용은 결국 환경 속 인간의 총체적 인간관의 지평을 열게 되었다.

생태체계적 관점이란 생태학 이론에 체계이론이 더해져서 인간과 환경과의 상호성에 체계적 관점이 도입된 개념으로 상호 교류하는 측면을 강조하고 있다. 즉, 체계이론에서는 체계를 구성하는 하위체계가 존재하며 이는 명백하게 규명할 수는 없으나 에너지의 교환이 일어나고 있음을 인정하는 것이다. 따라서 각 체계들의 조직화와 에너지의 교류 및 상호 연관성 등의 개념을 통하여 전체는 부분의 합 이상이라는 이론으로 설명되고 있다.

이것은 가족 구성원과 자원 간의 상호 연관성을 설명하고 있으며 가족체계이론을 설명하는 기초가 되었다. 또한 이것은 기존의 인간을 의료학적 모델의 진단적이고 고정적인 측면에서 바라보았던 결정적이며 단선적 인과론의 입장(linear causality)에서 벗어나, 다원적이며 사회적 차원으로 안목을 넓혀서 인간과 환경을 총체적으로 바라보고 있다. 즉, 인간을 환경뿐 아니라 인간의 생활주기 및 다양한 자원과의 교류를 고려하고자 하는 순환적 인과론(circular causality)의 관점을 견지하게 된 관점의 변화이다.

인과론적 관점은 가족관계에 있어 순기능과 역기능을 설명하게 되는 중요한 부분이며, 각종 가족문제는 이러한 다양한 순환성을 가지고 설명될 수 있다.

## 3. 현대 가족 문제에 대한 이해

현대사회는 도시화 및 산업화 그리고 정보화로 인하여 사회의 문제들이 더욱 복잡한 양상을 가지며 급변하고 있다. 특히, 개인주의의 개념을 통한 핵가족화의 경향은 가족 기능에 대하여 소외와 무관심과 같은 현상을 초래하기도 한다. 이에 현대사회에 있어서 건강 가족의 의미는 더욱 강조되며 전통적인 확대가족은 아니더라도 건강하며, 행복하고, 서로 신뢰하는 가족관계를 만들어 나가는 노력이 중요시되고 있다.

가정이란 결국 한 개인이 성장 과정을 보내는 곳이며 일생을 통하여 가족이라는 관계를 맺게 되는 생활의 장이며 인간성장을 통하여 심리 및 정서적 영향을 받는 곳이다. 그런데 한국 사회는 전통적으로 가부장 중심의 위계적인 구조를 가지고 구조 및

전통적인 역할이 엄격하며 성역할 등이 비교적 분명하다. 이러한 관계는 자칫 변화하는 시대에서는 적절하지 못한 모델링의 학습으로 새로운 시대 변화에 적응하지 못하는 가족관계가 되어, 탄력적이고 유연한 관계를 추구하는 현대시대의 가정상과 마찰이 있을 수 있으며 구성원 간의 원활한 의사소통을 저해할 수 있다.

특히 청소년들에게 가정은 최초의 성장 장소이자 인간과의 기본적인 관계, 예정, 신뢰와 정서를 배우고 느끼고 학습하는 곳이다. 이것은 가족의 관계나 체계의 영향을 민감하게 반영할 수 있다. 즉, 개인과 가족 구성원 간의 관계 및 의사소통은 체계론적인 관점에서 가족 간의 상호작용의 중요성과 함의를 강조한다. 기존의 개인을 통한 구조적인 역할과 기능에 국한하여 가족을 설명하던 고전적인 가족의 개념은 현대사회에서 가족 간의 원활한 상호작용의 관계를 통하여 가족의 기능을 설명하고자 하는 것과 마찰이 있을 수 있다.

가족은 구성원 간의 역동성을 전제로 하고 가정 외에도 경제, 환경, **원가족과의 관계** 및 **양육에 따른 심리요인** 등 다양한 **역동적 체계**들이 함께하며 성장하고 휴식하고 재생산하는 공간이기도 하므로 건강한 에너지를 필요로 한다. 그러나 삶은 우리의 예상과 바람대로 이끌어지지는 않는 경우가 있다. 예를 들면, 가족 구성원 간의 갈등이나 사회 속에서의 지나친 경쟁관계, 스트레스의 심리적 상황은 다른 가족 구성원에게도 매우 밀접한 영향을 미치게 되고 가족관계에 부정적인 영향을 초래할 수 있다.

이와 같은 역기능 발생 시에 대한 대처와 회복탄력 및 기능회복은 가족관계의 상담 영역이 되기도 한다. 가족이 역기능적일수록 가족의 구성원은 그에 따른 정서 및 심리적 영향을 많이 받게 되며, 역기능적인 영향이 마치 모빌이나 부메랑과 같이 구성원에게 다시 영향을 주게 된다.

가족 역동적 관점에서 본다면 모든 인간의 성장 과정에서 가족이 주는 영향은 매우 크다. 따라서 가족관계학을 통해서 가족에 대한 올바른 가치관과 가족 구성원 간의 건강한 관계 및 이를 통한 신뢰감에 대한 집단적 목표와 책임이 무엇인가 하는 것을 배우고 논의하여야 할 것이다.

# 제2장

# 가족 관련 이론의 기초

# 1. 가족에 관한 이론

## 1) 환경 속의 인간(person in environment)

인간은 환경 속에서 인간의 적응적 적합성을 지니며 성장하는데, 가정 내에서 이러한 기본이 길러진다는 의미에서 가정 내에서의 가족관계는 더욱 중요시되고 있다. 이러한 문제가 간과될 때 각종 사회문제가 나타나며 그때에는 사후 대처적 차원이 되게 된다. 따라서 각종 사회문제의 예방은 올바른 가족관계의 회복에 있다고 해도 과언이 아닐 것이다.

사회과학적 차원에서 환경 속의 인간이라는 개념은 인간과 환경과의 관계를 설명하기 위하여 인간의 욕구와 문제점들이 환경과의 상호 교류에 의하여 발생하고 있다고 보면서 인간과 사회의 변화와 적응을 중요하게 보고 있다. 이것은 인간의 심리적, 사회적, 문화적인 요인이 환경의 영향을 반영하고 있다고 본다. 따라서 환경 속의 인간이라는 가정은 인간의 발달을 도모하는 능동성을 통하여 인간이 자신이 속한 환경 속에서 얼마나 조화를 이룰 수 있는가 하는 관점으로 인간을 단독으로 보지 않으며, 환경과 함께 개입한다는 것의 중요성을 설명하고 있다.

• 브론펜브루너(Bronfenbrenner)가 제시한 인간발달의 생태학적 관점의 전제

생태체계이론의 핵심개념은 유기체가 환경과 적응적 균형을 이루는 과정에서 체계 간의 에너지 흐름을 강조하면서 순환적이며 적응적인 관점을 가지고 있다. 이러한 생태체계이론은 생활모델의 실천에 이론적 기초가 된다.

브론펜브루너

① 개인은 단순히 환경의 영향을 받는 존재가 아니라 환경을

재구성하면서 능동적으로 영향을 주고받으며 성장하는 역동적 존재이다.

② 생태학적인 관점에서 환경은 상호 조절 과정을 통하여 상호 영향력을 주고받으므로 개인과 환경 간의 상호작용은 상호 호혜성의 특징을 지니고 있다.

③ 생태학적 환경의 개념은 개인이 참여하는 것뿐 아니라 개인이 직접적으로 속해 있지 않은 거시적인 외부환경으로부터의 영향도 포함한다. 따라서 생태학적 관점은 '환경 속의 인간'이라는 총체적 인간관을 견지하고 있다. 이에 따라 다음과 같은 개념이 중시된다.

## 2) 적응적 적합성 및 유능성

### (1) 적합성(goodness of fit)

생태학적 관점은 개인의 적응적 욕구와 환경의 질이 어느 정도 부합하는가와 관련된 개념이며 인간과 환경 간의 상호 교류를 통하여 개인이 영향을 받으며 성장하는 연속적이며 연계적인 과정을 중시한다.

### (2) 적응성(adaptation)

생태학적 관점에서는 인간이 환경에 대한 적응적 수준을 유지하고 높이고자 하는 노력을 통하여 변화 지향적인 과정의 중요성을 설명하며, 이것은 인간의 인지적, 감각적, 지각적, 행동적 과정으로 환경에 적응하고 환경을 지배하고자 하는 노력에서 비롯된다. 따라서 이에 대하여 환경에 대한 적응성은 인간이 환경의 변화에 적응하면서 환경이 자신의 욕구에 적합하도록 변화시키는 과정을 동시에 포함한다고 보는 개념이다.

### (3) 유능성(competence)

유능성이란 개인이 환경과 효과적으로 상호작용할 수 있는 능력이다. 이러한 개념은 생태학적 이론에서 유능성의 발달이 인간발달의 필수적인 요소로 간주되어 환경과 성공적인 상호작용을 경험하는 데서 인간의 성장과 발달이 가능하다고 본다.

#### (4) 상호 교류(tansaction)

생태학적 관점에서의 상호 교류란 개인과 환경이 상호 영향을 미치면서 개인과 환경이 조화를 이루는 것이다. 즉, 개인과 환경 사이의 상호교환은 개인-환경 내에서 변화를 일으킬 수 있으며 '개인과 환경'이라는 상호작용적이며 축적적인 효과가 나타나는 것을 포함하고 있다.

### 3) 생태체계적 관점이 건강가정을 위한 상담에 미친 영향

생태체계적 관점은 체계이론과 생태학이론을 통합하고 상호 보완하는 개념이다. 체계이론에서의 체계들의 조직화, 에너지의 교류, 상호 연계성 등의 개념을 취하고 있는 생태체계학 이론에서는 적응과 같은 체계와 환경과의 구체적인 상호 교류 현상을 이론을 통하여 설명하고자 한다.

#### (1) 관점의 전환

생태체계학적 관점의 도입은 과거 인간이 처하는 문제나 과제가 개인의 유전적, 정신적, 환경적 요소에 의하여 결정된다고 보았던 결정주의적 관점의 성향이나, 혹은 인간 내부나 무의식에 치우쳐 해석하던 단선적인 관점의 진단적 모델과 비교할 때의 차이점은 다음과 같다. 즉, 현대 체계론적인 입장에서는 인간과 환경을 포괄하여 설명하고자 하며 인간의 발전과 성장은 인간 생활 주기의 변화에 따라 환경과의 지속적인 상호작용으로 이루어진다는 견해에 준하여 가족관계에 있어서 새로운 관점을 제공하였다.

### (2) 순환적 인과론의 제공

다양한 순환적 인과론을 통하여 다각적인 방법으로 당면한 가족 문제를 해결하고자 하며 해결 가능성을 기존의 직선적 인과론(linear causality)에서 벗어나 여러 원인을 함께 고려하는 순환적 인과론(circular causality)을 지향하게 되었으며 이를 통하여 인간의 행동을 보다 통합적으로 상호작용의 관점에서 바라볼 수 있게 되었다.

## 4) 스트레스와 대처

### (1) 스트레스

스트레스(stress)의 개념은 개인과 환경의 상호 교류 과정에서 스트레스가 야기될 수 있음을 뜻한다. 인간이 경험하는 스트레스란 주어진 환경 속에서 개인이 지각한 요구에 따라 이러한 요구를 충족시킬 수 있는 자원을 활용할 수 있도록 하는 능력 사이에서 불균형을 이룰 때 발생하기 쉬우므로 스트레스를 다루는 것은 중요하다.

스트레스는 현대사회에서 개인의 성장과 발전을 도모하는 기제로 긍정적으로 평가받기도 하며 스트레스 호르몬은 보다 신속하게 상황에 대처하기 위해 분비되는 호르몬으로 긍정적 역할에 보다 주목하기도 한다. 즉, 모든 스트레스가 부정적인 것은 아니고 환경의 요구와 개인의 능력 사이의 균형이 심각하게 손상될 경우에는 개입이 필요하지만 성장에 있어서 긍정적으로 다루어져야 하는 부분이기도 하다.

### (2) 대처

대처(coping)란 인간이 환경을 극복하기 위하여 어려움에 부딪혔을 때 해결해 나가는 방법이나 과정을 의미한다. 이에 대처 과정을 통하여 동기, 자존감 회복, 정신적 안정, 문제 해결 능력, 자율성 등 내적 자원 및 가족과 사회적 관계, 자원의 동원 등 외적 자원을 활용할 수 있는 능력이 필요하다.

### 5) 인간과 환경의 통합적 관점의 지향

인간과 환경의 통합적 관점의 지향으로 개인과 사회 체계 사이의 새로운 관계를 구축하여 개인 및 환경을 다양한 각도에서 개입할 수 있는 이론적 기반을 구축하였다. 이를 통하여 인간과 환경의 복합체에 대한 다중적 초점을 유지할 수 있게 된 것에 의의가 있다. 다음은 가족관계에서 고려되어야 할 점이다.

① 가족관계는 개인의 내적 욕구뿐만 아니라 사회적 존재로서의 환경에 대한 외부 세계 간의 통제 및 자율적 능력을 가진 존재로 인간을 이해하기 위해서는 내적요소와 외적요소가 모두 고려되어야 한다.

② 가족관계는 개인이 환경에 성공적으로 적응하기 위하여 연속적인 인간의 발달단계를 통하여 형성되는 것이므로 역동성이 고려되어야 한다.

③ 가족관계의 발달은 환경적 조건과 자원들 간의 적합성 등 다양한 관점에서 검토되는 것이 바람직하다.

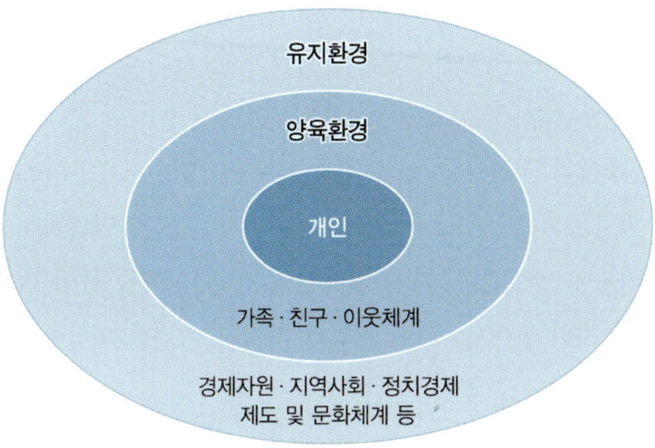


그림 2-1 생태체계학(Norton, 1978).

## 2. 가족관계의 역할이론과 생활모델

### 1) 역할이론

역할이론[1)]은 구조주의의 영향을 받아 사회 안에서 혹은 가족 내에서 수행하게 되는 역할을 중요시하는 관점이다. 즉, 사회적 행위와 개인적 행위가 환경의 상호 영향을 받으며 특정한 역할을 수행하며 이를 통하여 성장하는 방식을 설명하는 것이다. 따라서 역할은 개인적 표현 수단인 동시에 사회적인 행위에 대한 의미를 동시에 지닌다고 할 수 있다.

역할이론은 가정뿐 아니라 인간의 사회적 발달을 사회 및 조직의 시각에서 이해할 수 있게 해 준다. 역할(role)은 특정 사회의 특정한 지위를 갖고 있는 개인이 타인에게 어떻게 행동해야 하는 것에 대한 기대뿐 아니라 타인의 기대까지도 포함하고 있다. 따라서 역할은 기대되는 행동 유형뿐 아니라 상호적 요구와 의미를 지니고 있다고 할 수 있다.

역할이론의 영역을 규정하는 것이 어려움에도 불구하고 전통적인 구조적 시각이나 유기체적인 시각에서 볼 때, 가정 및 사회에서 각 지위마다 기대되는 역할은 분명히 있다. 즉, 개인의 기대되는 행동은 조직 및 집단 혹은 사회적으로 부여된 지위에 따라 달라질 수 있음에 주목한 것이다.

심리학의 개념에서의 역할은 개인의 각종 행위에 영향을 주는 사회적으로 부여된 역할의 성격에 관심을 두고 있으며 개인의 자아감각은 그가 담당하는 다양한 역할에 대한 내면화로 인하여 형성된다. 가족 내에서의 역할은, 예를 들어 여자, 남자와 같은 성별 지위, 연령별 지위 등이 있으며, 건강한 가정은 이러한 역할에 있어서 탄력적인

1) 역할이론(role theory)의 의미는 인간이 집단 속에서 수행하는 역할을 통해 설명하려는 이론으로 인간의 행동에 대한 내재적인 소질, 재능 등의 표현으로서 보다는 사회적으로 기대되는 수행행동에 관련한 것이라고 할 수 있다. 따라서 역할이론은 인간행동을 사회구조와 연관하여 설명할 수 있는 것이기도 하다. 이러한 역할이론은 비들(B. J. Biddle)과 토머스(E. J. Thomas)에 의해 재정립되었다.

의사소통이 가능하며 각자의 책임수행이 원활하게 이루어지는 가정이라고 할 수 있을 것이다. 따라서 건강한 가족관계는 가족의 구성원에 대한 성취적 지위를 서로 지지하고 현실과 이상을 적절히 조화시켜 나가는 가족이라 할 수 있다.

### 2) 역할과 관련한 용어

역할과 관련한 개념은 무엇이 있을까. 첫째, 역할의 상보성이 있다. 역할의 상보성이란 대인관계 체계에서 역할 행위와 타인의 역할 기대가 조화를 이룰 때 나타나며 상호의 행위가 서로 잘 맞고 상대의 욕구를 상호 완성시키는 상태라고 할 수 있다. 따라서 역할의 상보성은 상호 만족스러운 역할관계가 되기도 하지만 상보성의 부족이 일어날 때에는 불만족스러운 관계로 사람 간의 스트레스를 유발할 수 있다. 이를 역할갈등이라고 한다.

둘째, 역할 모호의 개념은 주어진 지위에 따라 적절한 역할 수행이 불분명하거나 불완전할 때 발생하게 된다. 셋째, 복잡한 역할을 동시에 수행해야 하는 현대사회에서는 역할 과중이 빈번히 발생할 수 있다. 한편 생애의 주기에 따라 퇴직 이후에 자녀의 양육을 마치는 경우 빈 둥지 증후군과 같이 역할이 단절되는 경우도 있다.

따라서 개인의 인생주기에 따른 다양한 단계에 따라 개인의 역할은 달라질 수 있음을 알 수 있어야 하며 인간의 생애주기에 따른 발달단계에 따라 주어지는 과업을 잘 수행하는 것은 중요하다.

### 3) 역할이론에 따른 가족의 관계성

역할이론에 따른 가족의 관계성을 살펴보면 사회구조의 변화에 따라 비전통적인 가족이 증가하였음을 알 수 있다. 이러한 다양성으로 인하여 각 가족의 유형에 따른 새로운 역할 행동의 학습이 필요하게 되었다.

이때 건강한 가정을 유지하기 위해서는 가족 구성원 간의 관계성 성립에 대한 역할기대에 대하여 가족 구성원이 충분한 지식과 역할 행위의 수행에 대하여 이해하는 것이 중요하다. 이를 위해 현대사회에서는 예방적 차원에서 부모교육이나 부부교육 프로그램의 중요성이 더 강조되고 있기도 하다. 또한 올바른 가족관계를 이해하기 위해서는 자신의 성장과정에 따른 심리상태나 현재 역할수행에 대한 이해, 그리고 미래의 준비도 중요하며 가족 구성원 간의 상호 이해도 중요한 부분이다.

### 4) 역할과 기능 및 건강가정

가정은 생애주기에 따라 어떻게 대처하는 지의 여부가 건강한 가족관계의 관건이 된다. 생애주기에서 발생할 수 있는 각종 사건에 대한 성공적 대처는 가족 구성원의 삶의 질을 좌우하는 부분이기도 하다. 생애주기에 따라 발생 가능한 위기의 상황의 대처는 중요하며 다음과 같은 위기가 가정에서 발생할 수 있다.

첫째, 상황적 위기는 심각한 질병이나, 외상, 사랑하는 사람과의 이별, 자연재해나 인재, 범죄 등 갑자기 발생하는 외부사건으로부터 가족관계의 위기가 발생할 수 있다.

둘째, 발달적 위기로 발달 단계에서, 예를 들면 청소년의 성숙과정이나 결혼, 자녀의 출생이나 노화와 같이 생활 사건의 발달단계에서 인간의 발달과업에 의하여 새로운 대처자원이 요구되는 경우에 가족관계의 위기가 발생할 수 있다.

셋째, 실존적 위기는 목적, 자유 및 독립성, 책임 등 인간에게 중요한 이슈를 동반하는 내적 갈등이나 불안이 있는 경우에 발생할 수 있다.

가족의 건강과 건강한 관계에 대한 개입은 세계 대전 이후 발생한 가족 해체나 트라우마 등에 대한 개입을 본격화하게 하였다. 가정의 위기는 개인의 스트레스의 지각 및 인내와 대처능력을 요구하며 균형 감각을 잃을 때 구성원의 자아의 손상을 가져올 수 있으므로 심리, 사회, 물리적 영역에서 효과적인 대처가 필요하다.

따라서 위기개입모델은 일상적이기보다는 급격한 위기적 상황에서 일어난 사건에 대하여 가정의 균형 상태를 비교적 단기간 적시에 개입하고자 하는 것으로 다음과 같은 단계를 거친다.

첫째, 위기사건에 대한 인식과 대처에 도움이 되는 자원의 탐색 그리고 유사사례에 대한 대처방식을 사전에 숙지하는 것이 필요하다.

둘째, 가족 구성원의 손상 정도와 일상생활의 회복 가능성에 대한 개입 계획, 문제해결을 위한 탐색과 대처전략을 세우기 위하여 다른 구성원과의 관계를 성찰하며 위기의 실체여부와 위기상황을 파악한 이후 대처계획을 세운다.

셋째, 위기사건에 대한 가족 구성원의 객관적인 이해를 돕고 상처에 대한 감정표현을 도우며 대처방식의 유용성 및 활동의 성과 점검과 지지가 필요하다. 즉, 문제해결을 위해 계획된 과업을 확인하고 실행, 수정하며 새로운 대처방안을 학습하는 것이 필요하다. 이를 통하여 가족의 새로운 자원과의 결속 강화와 개발된 대처유형에 대한 항상성을 기른다.

## 3. 교환이론

호만스(Homans, 1961)는 교환이론(exchange theory)을 통하여 인간의 사회적인 교환적 행동을 설명하고자 하였다. 이에 대한 호만스(1961)와 블라우(Blau, 1964)의 교환이론(exchange theory)의 핵심요인은 인간의 사회기여와 이들에 대한 사회적 지원의 비용 사이의 균형을 중요하게 보고 있다.

즉, 개인이 사회에 환원하는 자원의 불균형이 이를 때에 인간은 의존과 수동적 성격이 될 수 있다는 것이다. 이 이론적인 시각에 의하면 개인 간-집단 간 그리고 개인과 집단 간의 상호작용은 자원을 주고받는 관계로 보고, 사회는 이러한 교환 관계가 어떠한 일정 형태로 유형화된다고 보고 있다(김영옥, 2009). 교환이론에서는 인간의 동기가 사회에서의 지위 획득 일환으로, 자원에 대한 가치를 높이는 방법으로 작용할 수 있다고 보고 있으며 이에 대하여 인류학자 레비스트로스(Lévi-Strauss)는 결혼도 하나의 대표적인 교환적 개념으로 설명한 바 있다.

현대사회 또는 인간관계에서는 다양한 형태의 자원을 바탕으로 하여 교환이론을 설명할 수 있다. 최근 인적자원의 중요성과 함께 인성이 강조되고, 각종 동기에 관한 연구는 인간이 가진 동기, 행동, 관계, 자원이 사회를 통해 끊임없는 에너지 교환으로 설명되기 때문이라고 할 수 있다.

# 제 3 장

# 인간의 발달단계

## 1. 인간발달의 이해

에릭슨(E. H. Erikson)은 인간이 발달하게 되는 8가지 단계를 제시한 바 있으며 이것은 가족 내의 모든 구성원에게 해당하게 된다. 에릭슨은 인간의 발달을 유아기부터 노인기까지 연결하여 한 단계를 통하여 다음 단계로 나아가는 **축적적 성격의 점성원리**를 사용하여 과거의 바탕을 통하여 미래로 연속적으로 나아가는 발달의 원리를 설명하였다.

**표 3-1** 에릭슨의 심리사회적인 인간발달 8단계

| | | | | | | | | |
|---|---|---|---|---|---|---|---|---|
| 노년기 | | | | | | | | 통합 대 절망: 지혜 |
| 중년기 | | | | | | | 생산성 대 침체성: 보호 | |
| 청년기 | | | | | | 친밀 대 고립: 사랑 | | |
| 청소년기 | | | | | 자아정체감 대 자아정체감 혼란: 성실성 | | | |
| 학령기 | | | | 근면성 대 열등감: 능력 | | | | |
| 학령전기 | | | 솔선성 대 죄의식: 목적 | | | | | |
| 유아기 | | 자율성 대 수치심과 회의: 의지 | | | | | | |
| 영아기 | 기본적 신뢰 대 불신: 희망 | | | | | | | |

에릭슨

이를 통하여 에릭슨은 인간의 건강한 발달에 관한 새로운 통찰력을 부여하였다. 이에 대한 에릭슨의 관점은 인간발달의 각 단계에서 개인은 자신과 사회와의 조화를 유지하기 위해 각 단계의 발달 과제에 직면한다고 보았다. 또한 인간의 생애 전체를 각기 그 단계에서 해결되어야 할 위기(crisis)로 나누어 기술하였는데 이는 가정 내에서 각 구성원의 위치에 따라 달리 적용될 수 있다.

## 1) 영아기(성취과제-기본적인 신뢰감 대 불신감: 희망)

에릭슨은 인간의 영아기를 출생부터 만 2세까지의 시기로 보았다. 이때 영아는 가정을 통하여 기본적인 신뢰감을 쌓으며 궁극적으로 성취해야 할 과제를 희망으로 보았는데 시기로는 출생에서 1세경까지로 영아기의 주요 과제는 **신뢰감**을 발달시키는 것이라 할 수 있다.

신뢰감은 인간이 보호받고 사랑받는 것에 있어서 주 양육자와의 관계로부터 학습된다. 따라서 어린 시절에 양육자를 비롯한 중요한 타인들로부터 필요한 사랑을 받으면 영아의 신뢰감은 발달되며, 자신이 수용된다고 느끼면서 건강한 성장하게 된다.

### (1) 신생아기(출생 후 첫 한 달)의 개념 및 특성

출생 후 첫 한 달 동안의 아기를 신생아라고 하는데 신생아기는 짧은 기간이지만 태내 환경과 다른 새로운 환경에 적응해야 한다는 것과 **양육자와의 소통을 학습**한다는 점에서 의미를 갖는다.

### (2) 영아기

영아의 시각은 덜 발달된 상태에서 태어나 15일이 지나면 무채색의 음영부터 시작하여 색채의 식별이 조금씩 가능해진다. 이 시기는 급속한 성장이 이루어지는 시기로 제1성장의 급등기라고도 한다. 이 시기에는 신체능력과 언어발달이 활발하게 이루어지며 성격 발달의 토대가 되는 정서적 발달이 이루어지므로 성인에게서 볼 수 있는 대부분의 정서가 나타나게 되어 양육자와의 관계가 매우 중요한 시기이다. 또한 이후의 사회성 발달에 중요한 영향을 미치는 주 양육자와의 애착관계를 형성하는 시기이므로 가족관계의 기초가 마련된다.

### 2) 유아기(성취과제-자율성 대 수치감과 회의: 의지력)

인간의 성장단계에 있어서 1~3세 유아기의 단계에서 달성해야 할 과제는 독립심으로 이 시기는 인간이 성장 과정에서 능력, 자립심, 자율성을 확립하는 시기이다. 이때 부모의 온정을 바탕으로 한 신뢰로운 반응은 유아의 성격 형성에 영향을 미친다. 또한 이 시기를 통하여 유아는 자주성을 발달시키게 되는데 이 시기에 외부 세계에 대처하는 능력을 기르지 못하게 되면 스스로의 자아에 대한 수치심(shame)이나 회의(doubt)의 감정이 형성되게 된다. 따라서 이 시기에 유아에게 지나치게 간섭하는 부모는 유아의 독립성을 저해하게 된다.

### 3) 학령전기(성취과제-솔성 대 죄의식: 목적의식)

학령전기는 4세에서 학령기 이전까지이며, 이 시기의 발달과제의 습득여부에 따라 주도성이 성취되며, 미성취 시 죄의식의 개념이 형성된다. 이 시기에 '가정'을 통하여 아동이 심리적으로 그들이 선택한 행동을 하고 의미 있는 행동을 선택하도록 자유가 허용된다면 인간은 주도성으로 특징지어지는 성향을 발달시키게 된다.

### 4) 학령기(성취과제–근면성 대 열등감: 능력)

학령기는 인간발달에 있어서 6~11세까지의 시기이며, 이 시기를 통하여 인간은 건강한 발달을 이루며 개인이 성장과정을 통하여 접하게 되는 심리 및 사회적 과제는 자신의 신체와 사회에 대한 이해를 확장하는 것이다. 에릭슨에 의하면 아동 중기의 중심 과제는 근면성을 달성하는 것으로 보았다.

### 5) 청소년기(성취과제–자아정체감 대 자아정체성 혼란: 성실성)

이 시기는 12~20세이며 청소년기는 자아정체감의 발달을 중요한 발달 과업으로 보았다. 청소년은 자신이 누구이며 어떤 장래희망을 가지고 이에 도달하는 방법을 알고 그 일을 수행하며 자신을 믿는 자아정체감을 발달시킨다. 이러한 과정에는 그 이전에 성취되어야 할 과제가 바탕이 되어 이루어지므로 점성원리에 따른다.

만약 이 시기에 정체감을 얻는 데 실패한다면 "역할 혼미"(role confusion)가 온다. 이 시기에는 부모, 동료, 사회로부터 다양한 압력을 받기 때문에 명료한 정체감을 얻기 어렵다는 것을 발견하기도 한다. 이러한 경우는 정체감의 유예를 경험하기도 한다.

따라서 청소년은 자신의 삶을 방향 지어 줄 가치체계를 통합해야 하는 과제를 갖고 있다고 볼 수 있으며 개인의 정체감을 형성할 때 가족 구성원을 포함하여 역할 모델이 중요한 역할을 하기도 하는 시기이다.

### 6) 청년기(성취과제–친밀 대 고립: 사랑)

이 시기는 20~24세로, 에릭슨은 청년기를 3단계로 나누었다. 즉, 성인 전기, 성인 중기, 성인 말기이다. 청년기의 전반부는 친근감의 과제가 있으며 그렇지 않은 경우 고립 현상이 있을 수 있다고 하였다. 다른 사람과 먼저 친근한 관계를 맺는 것은 이 시기에서의 정체감 확립에 도움이 된다는 것으로 해석한 것이다.

한편 보편적으로 청년기의 성인 중기에는 취업과 성인 말기까지는 결혼의 과업을 성취하게 된다.

### 7) 중년기(성취과제–생산성 대 침체: 배려)

이 시기는 삶의 완숙기로 자신과 남을 위해 창조적으로 사는 방법을 학습하는 시기로 보았다. 한편 생애에서 가장 생산적인 시기이기도 하다. 융(Carl Jung)은 40세를 인간의 개성이 발휘되며 창조적인 에너지 형성이 가능한 시기라고 보았다.

즉, 생애에서 가장 생산적인 시기로 에릭슨은 "생산성"의 위기로는 침체가 올 수 있다고 하였다. 그는 생산성을 직업, 가족, 여가활동 등을 통하여 창조적인 감각을 확산시키는 시기로 보았다.

### 8) 노년기(성취과제–통합 대 절망: 지혜)

노년기는 인간의 발달 단계상 마지막 부분으로, 65세에서 사망하기 전까지의 시기를 노년기로 보았으며 이 시기는 자아통합을 위하여 중요한 시기로 보았다. 이 시기의 위기는 "자아통합 대 절망감"(integrity versus despair)이다.

자아통합을 얻은 사람은 자신의 삶의 대해 일평생 잘 살았다는 느낌을 받게 된다. 그들은 일생을 생산적이고 가치 있게 살았으며 성공뿐만 아니라 실패에도 잘 대처해 왔음을 느낀다. 또한 삶을 통해 자신이 해 놓은 일에서 만족감을 얻으며 죽음도 삶의 한 과정으로 생각하므로 현재의 삶에서 의미를 발견하게 된다.

그러나 자아통합을 얻는 데 실패하면 절망감, 좌절감, 죄의식, 후회, 자기 경멸 등의 감정을 갖을 수 있게 되며 삶을 낭비했다는 인식은 절망감을 갖게 한다. 따라서 이 시기에 가족과의 관계와 역할은 특히 중요하다.

## 2. 인간의 동기형성

### 1) 매슬로우의 5단계 욕구 위계(needs hierarchy)

매슬로우

매슬로우(Maslow)의 욕구의 개념을 규정하는 전통적 분류법(1954)은 욕구라는 추상적 관념을 알기 쉽게 그림으로 표현하고 있다. 매슬로우는 인간이 일상 생활을 영위하는 데 있어서 필수적인 것과 선행되는 욕구 간에는 공통적인 위계가 있다는 욕구의 위계설을 제시하였다.

이와 같은 5단계 욕구의 위계에서 제일 기초에는 생리적 욕구(생존욕구)가 있으며, 이러한 욕구가 충족되면 그에 대한 상위 욕구로 안전욕구, 사회적 욕구, 자아충족욕구, 자아실현욕구 순으로 단계적으로 욕구충족이 일어난다고 하였다. 만약 하위욕구가 충족되지 않으면 상위 욕구충족을 위한 행위나 동기를 보이지 않기 때문에 하위욕구가 긴급하고 절실한 욕구라고 하였다.

정리하면 매슬로우는 욕구의 단계를 5계층으로 나누고 있으며, 의식주에 해당하는 생리적 욕구, 안전에 대한 욕구, 소속의 욕구, 존경의 욕구, 성취의 욕구인 자아실현의 욕구로 제시하고 있다. 이를 다음의 표로 이해할 수 있다.

표 3-2 매슬로우의 욕구 5단계

| 일반적인 예 | 매슬로우의 욕구 5계층 |
|---|---|
| 성취 | 자아실현의 욕구 |
| 신분 | 존경에 대한 욕구 |
| 사랑 및 우정 | 소속의 욕구 |
| 안정성 | 안전에 대한 욕구 |
| 의식주 | 생리적 욕구 |

### (1) 생리적 욕구(Physiological Needs)

생리적 욕구로 인간은 주로 생물체로 생존하기에 필수적인 충족을 위한 기본적인 욕구가 있다는 것이다. 예를 들면, 가정으로부터 의식주에 대한 기본적 욕구가 충족되어야 하며, 이와 같은 욕구는 인간이 생존하기 위해 필수적으로 충족되어야 하는 욕구라는 것이다. 이 욕구가 충족되어야 다음 단계의 욕구를 갈망한다고 주장한다. 이러한 생리적 욕구는 우리나라 **헌법의 생존권**에도 명시되어 있다.

### (2) 안전에 대한 욕구(Safety Needs)

안전에 대한 욕구는 선행된 충족된 생리적 욕구를 바탕으로 인간의 신체적인 안정상태의 유지 및 외부적 위험으로부터 자신을 보호받으려는 욕구다.

### (3) 사회적(소속) 욕구(Belongingness Needs)

사회적 욕구는 1단계, 2단계 욕구를 충족한 이후, 타인과 친밀하고 정서적 만족을 얻을 수 있는 관계를 희망한다는 것이다. 따라서 인간은 일차적으로 가족과 같은 집단을 형성하고 그 이후에는 사회적 활동에 대한 소속을 희망한다는 것이다.

### (4) 자아존중의 욕구(Self-esteem Needs)

자아존중의 욕구는 자신을 스스로 존중하고자 하는 욕구이며, 동시에 다른 사람으로부터 존경받으려는 욕구라고 정의할 수 있다. 이것은 자신의 힘, 능력, 지위 및 우월성을 인정받고 싶어 하는 욕구로 자아존중의 욕구가 충족되지 않을 시 열등감, 의기소침이 일어날 수 있고 달성될 시 성취감과 자신감이 증대될 수 있다. 이는 존경에 대한 욕구로 표현하기도 한다.

### (5) 자아실현의 욕구(Self-Actualization Needs)

자아실현의 욕구는 선행된 4가지 욕구가 충족된 이후 인간의 잠재력을 최대한 발휘하고, 인간으로서의 이상이 실현되는 상태를 뜻한다. 즉, 자아발견, 탐구, 표현, 창의성 등을 추구하는 인간으로서 가질 수 있는 **최상의 고차원적 욕구**로 간주되며 이를 자아실현의 욕구라고 하였다.

이와 같은 욕구의 도표는 피라미드형으로 구성된 5단계 모형의 형태로 욕구를 총체적으로 바라볼 수 있도록 하고, 각 단계별로 인간의 어떤 욕구들이 충족되어야 할 것인지를 알 수 있도록 하고 있다. 이러한 개념은 인간의 성장에서도 적용될 수 있다.

## 2) 글래서의 5가지 기본욕구

글래서(Glasser)의 이론에 의하면, 인간은 태어나면서부터 기본적인 5가지의 욕구를 선천적으로 가지고 태어나며 이 욕구에 의해 욕구가 동기화된다고 하였다. 즉, 우리가 평소에 하는 행동은 이유나 목적이 있다는 것이다. 글래서가 말하는 5가지 욕구는 생존의 욕구, 사랑과 소속감의 욕구, 힘의 욕구, 자유의 욕구, 즐거움의 욕구이다. 이러한 욕구는 가정이나 직장 혹은 사회에서 항상 경험하게 된다.

| 욕구 | 속성 |
|---|---|
| 사랑과 소속의 욕구 (Love and Belonging Need) | 사랑하고, 나누고, 협력하고자 하는 인간의 속성 |
| 힘에 대한 욕구 (Power Need) | 경쟁하고 성취하고, 중요한 존재이고 싶어 하는 속성 |
| 자유에 대한 욕구 (Freedom Need) | 이동하고 선택하는 것을 마음대로 하고 싶어 하는 속성 |
| 즐거움에 대한 욕구 (Fun Need) | 많은 새로운 것을 배우고, 놀이를 통해 즐기고자 하는 속성 |
| 생존에 대한 욕구 (Survival Need) | 살고자 하며, 생식을 통한 자기 확장을 하고자 하는 속성 |

그림 3-1 글래서의 5가지 기본욕구

### (1) 사랑과 소속의 욕구(Love and Belonging Need)

글래서

가장 상위의 욕구는 사랑하고, 나누고, 협력하고자 하는 인간의 속성을 의미한다. 이러한 일반적인 소속 욕구의 예는 자기 자신의 가족을 형성하기를 바라며 결혼하고 싶어 하거나 친구를 사귀고 싶어 하는 것, 혹은 학생이나 청년의 경우는 또래 집단에 들고 싶어 하거나 주부들 역시 각종 모임에 가담하고 싶어 하는 것 등을 통하여 알 수 있다.

### (2) 힘에 대한 욕구(Power Need)

인간은 사회적으로 경쟁하고 성취하고, 중요한 존재이고 싶어 하는 속성을 가지고 있다. 즉, 힘에 대한 욕구의 매력을 느끼게 되면 소속에 대한 욕구 등 다른 욕구와 직접적인 갈등을 경험하게 되기도 한다. 즉, 사랑과 소속에 대한 욕구를 만족하기 위해 결혼을 하지만, 부부 사이에서 힘이 대한 욕구를 채우고 싶어 하며 서로 통재하려 하다가 결과적으로 부부관계를 파괴시키는 원인이 되기도 하는 것은 힘에 대한 욕구가 있기 때문으로 해석할 수 있다.

### (3) 자유에 대한 욕구(Freedom Need)

자유에 대한 욕구는 이동하고 선택하는 것을 마음대로 하고 싶어 하는 속성을 인간이 가지고 있다는 것이다. 즉, 자유의 욕구란, 인간 각자가 원하는 곳에서 살고 대인관계와 종교활동 등을 포함하여 모든 삶의 영역에서 독특한 방법으로 삶에서 영위해 나갈 것을 선택하고 자신의 의사를 의지대로 표현하고자 하는 욕구이다. 그러나 욕구 충족을 하는 데 있어 다른 사람의 자유를 침범하지 않도록 타협하고 이웃과 함께 살 수 있는 절충안을 찾아야 하는 것이 자유에 대한 욕구에서 고려해야 하는 사항이다.

### (4) 즐거움에 대한 욕구(Fun Need)

인간은 기본적으로 태어날 때부터 많은 새로운 것을 배우고, 놀이를 통해 즐기고자 하는 속성을 가지고 있다. 글래서는 인간의 즐거움에 대한 욕구는 기본적이고 유전적인 것이라고 언급한다. 가령, 성장하면서 즐거움의 욕구를 충족시키기 위해 생명의 위험을 감수하면서 자신의 생활방식을 바꾸어 나가는 경우를 들 수 있다. 즉, 생명을 걸고 암벽을 타거나 자동차 경주를 하려는 것과 같은 위험한 활동을 택하는 것, 음주나 과속을 즐기는 것이 그 예이다.

### (5) 생존에 대한 욕구(Survival Need)

인간은 살고자 하고, 자기 확장을 하고자 하는 속성을 가지고 있다는 것을 의미한다. 인간의 이 욕구는 척추 바로 위의 **구뇌**(old brain)로부터 생성된 것으로, 두뇌에서 **호흡, 소화, 땀, 혈압 조절** 등 신체를 움직이고 건강하게 유지하도록 하는 과업을 수행하고 있다. 이러한 기능은 우리가 생존하는 데 없어서는 안 되는 요소이나, 우리가 일상생활을 영위하는 데 의식적인 힘을 발휘하지는 못하며 무의식적이거나 위기 상황 등에서 표출된다.

상기와 같은 인간의 욕구(need)는 기본적으로 본질적인 것이지만, 욕구를 충족시켜 주는 구체적인 대상인 바람(needs)은 각 개인에 따라 독특한 특성을 지닌다. 이러한 바람들은 상황과 문화에 따라 변할 수도 있으며, 서로 갈등을 일으키기도 한다. 따라서 현실에서 얻고자 하는 바람을 충족시켜 주지 못할 때 스트레스나 욕구 좌절을 경험하고, 이때의 불균형과 고통이 동기가 되어 다른 행동을 유발하게 된다.

욕구에 대한 대표적인 이론은 많으나, 크게 **욕망충족이론**과 **목표이론**으로 생각해 볼 수 있다. **첫째**, **욕망충족이론**이란, 인간에게는 식욕, 성욕, 명예욕, 권력욕, 재물욕 등과 같이 다양한 욕망이 있으며 이러한 욕망이 충분히 충족되었을 때 비로소 행복을 느낀다는 이론이다(Maslow, 1970). **두 번째**, **목표이론**이란 인간이 추구하는 자신의 목표를 달성하거나 또는 목표를 향해 진전이 있다고 믿을 경우 행복을 느끼게 된다는 입장이다(Austin & Vancouver, 1996).

이에 대하여 윌슨(Wilson, 1967)은 인생에서 성취와 목표 간의 격차가 적을수록 더 행복하다고 언급하면서 그러나 문화에 따라 가치 있게 여기는 목표와 유형은 다르다고 설명하였다. 일반적으로는 추구하고자 하는 목표가 인간의 **내면적인 동기와 부합**할 때 보다 행복감이 증가하는 것으로 보고 있다.

이러한 이론들은 현대에 와서는 창조적이며 전인적 인간상을 지향하는 인본주의의 영향을 받아 더욱 사람중심의 **인간존중이론**으로 발전하고 있다. 셀리그먼(Seligman, 2002)은 성공적인 심리 치료의 공통 요인으로 치료자의 관심, 권위 있는 상담자, 신뢰 관계, 마음의 개방, 솔직한 의사소통 하기 등을 언급했다. 즉, **신뢰**에 바탕을 둔 상담 관계에서 내담자가 자신의 인생에 대해 이야기할 수 있도록 하는 것이 중요하며, 이를 통해 내담자는 이전에는 혼란스러웠던 경험을 이해하는 가운데, **자신이 원하는 삶의 방향**을 가다듬고 발견하게 된다는 것이다.

셀리그먼

셀리그먼은 치료의 공통적인 요인은 신비하고 비밀스런 기술들이 아니며, 오히려 일상적인 방법이며 오히려 우리가 알고 있었던 기술들이 활용된다고 하였다. 그것은 **용기, 대인관계 기술, 합리성, 통찰, 낙관적인 사고, 솔직함, 인내심, 현실성, 즐거워할 수 있는 능력** 등이다. 또한 긍정심리학적 관점에서 논의되는 상담 접근으로는 인간중심 상담, 아들러(Alfred Adler)의 심리 치료, 그리고 게슈탈트(gestalt) 접근의 치료가 포함될 수 있다. 또한 로저스(Rogers, 1961)는 인간은 긍정적으로 성장하고자 하는 자기실현 경향성을 지니고 있다고 믿었다. 아울러 본 장에서 학습한 매슬로우는 긍정적 자존감, 절정 경험, 자아실현 등의 개념을 소개하였고, 로저스와 매슬로우의 입장 모두, 자기실현을 하려는 사람은 그 과정에서 자신의 잠재력과 강점을 깨닫게 된다고 제안하여 이는 가족관계의 기초가 될 수 있다. 이러한 관점에서 가족 구성원의 결함이나 문제를 교정하는 것보다는 가족 구성원의 적응적 능력, 강점, 자원을 계발하는 것이 중요하다.

제4 장

# 가족의 생애주기

## 1. 생애주기의 개념

인간은 태어나면서부터 성장, 발달하고 노년에 일생 동안 잘 살았다고 하는 자아통합에 이르기까지 일련의 변화 과정을 겪는다. 여기에서 잘 살았다는 의미는 어려움 없이 살았다고 하는 의미가 아니라, 삶의 다양한 과제에 직면하여 긍정과 도전으로 잘 대처하면서 성장했다는 의미가 될 것이다.

이와 같이 인간은 모두 아동, 학령기, 청년에서 성인기를 거쳐 노년에 이르기까지 독특한 생애과정을 거치게 된다. 생애주기는 입학, 진학, 취직, 결혼, 은퇴 등의 특정한 지표를 통해 이루어진다. 이를 **생애주기**(life-cycle)라 하는데, 생애주기를 이루고 있는 기간이 **생애기간**(life-span)이며 이 생애기간 안에서 **생애사건**(life-events)이 발생하여 전체 생애과정이 될 수 있다.

## 2. 생애주기의 단계별 특징

인간발달의 주기는 일반적으로 생물학적 연령을 기준으로 구분되지만 최근 평균수명의 연장으로 생애의 길이가 길어지면서 성인기에 대한 관심이 확대되어 인생의 후반기가 young-old, middle-old, old-old 등 여러 시기로 다시 세분화되어 나뉘기도 한다. 그러나 보편적으로는 학령기, 청년기, 결혼기, 자녀 출산기 등 가족생활주기를 고려하여 생애주기 단계를 구분하고 있다. 혹은 생활연령에 따라 보편적으로 유년기, 청년기, 성인기, 노인기로 구분할 수 있다.

## 3. 발달이론의 생애주기 단계 구분

레빈슨(Levinson)은 인생의 주기에는 어떤 보편성이 있으며 개인적 독특성이란 이러한 보편성을 바탕으로 이루어진다고 하였다(김애순, 2006). 이에 따라 레빈슨의 이론은 전 생애적 접근방식의 대표적 이론으로 알려지게 되어 현대사회의 각종 가족 정책에도 활용되고 있다. 레빈슨(1978)은 인간은 수태에서 죽음에 이르기까지 인생주기의 개념을 계절의 개념으로 접근하여 인간의 발달 단계를 넓게 아동기와 청소년기, 성년기, 중년기, 노년기의 4단계로 구분하였다.

아동·청소년기(0~17세)는 수태로부터 청년 후기까지의 인생의 형성기이며, 성년기(17~40세)는 인생에서 중요한 선택을 하며 최고의 경력을 능동적인 선택에 의하여 발휘하지만 또한 가장 큰 스트레스를 경험하는 시기이기도 하다.

중년기(40~60세)는 대부분의 사람들이 생물학적 능력이 다소 감퇴하나 사회적인 활동이나 책임은 더 커지는 시기이며 노년기(60세 이후)는 인생의 마지막 단계로 과거에는 각종 사회생활에서 벗어나 개인적 의무로부터 자유로워지는 시기로 이해되는 경향이 많았으나 오늘날에는 길어진 노령에 대한 건강한 사회생활이 관심받고 있다.

한편 새들러(Sadler, 2000)는 늘어난 수명을 반영하여 생애주기를 4단계로 나누고 있다(김경숙 역, 2006). 제1연령기는 배움의 단계로 보며 학습을 통해 인생의 1차 성장을 이루는 10대, 20대 시기로 보았다. 제2연령기는 일과 가정을 이루는 단계로 보아 가정, 직장, 지역 사회에 정착하는 시기의 공통점이 있다고 하였다. 제3연령기는 생활을 위한 단계로 마흔 이후 30년 동안 인생의 2차 성장을 통하여 자기실현을 추구하며 인생에서 가장 활동적인 긴 시기로 보았다. 마지막으로 제4연령기는 노화의 단계로 성공적인 노화가 중요한 시기이다.

## 4. 생애주기별 가족 활동의 중요성

우리나라는 2018년에는 고령사회(14%), 2026년에는 초고령사회(20% 이상)에 도달할 것으로 전망된다. 또한 2008년 기준 생산인구(15~64세) 7명이 노인 1명을 부양하고 있지만 2030년에는 2.7명이 노인 1명을 부양해야 하는 것을 전망되었다. 이와 같이 우리나라는 빠른 고령화 현상에 따라 청소년층의 노동시장 진입 시점은 늦어지는 반면 퇴직한 이후에는 노년기가 연장되는 생애주기의 변화 현상이 나타나고 있다. 이에 OECD 국가는 노령화를 단절적 인생 주기로 보지 않으며 생애의 전 과정에 걸쳐 일어나는 맥락적인 차원에서 이해하며 UN은 전 세계적인 인구의 고령화 현상에 대처하여 '고령화 관련 국제행동계획(International Plan of Action on Ageing)'을 채택하기에 이르렀다. 이는 가족정책의 추진 역시 생애주기를 고려하여 전 생애에 걸친 과정으로 접근되어야 하며 이러한 인식이 자연스러운 하나의 과정으로 이해되어야 한다는 개념으로 접근하고 있다. 이에 따라 길어진 제2의 인생에 대한 설계의 중요성이 증대되었고, 노후의 삶을 보다 가치 있고 의미 있게 보내기 위한 삶의 영역이 매우 중요해지고 있다.

생산연령에서 퇴직한 이후에 길어진 노령화로 인한 경제적 빈곤문제, 질병과 건강보호문제, 역할상실과 여가문제, 고독 및 소외문제 등 노인들이 당면하게 되는 문제들은 개인 스스로 해결할 수 없는 경우가 많아지면서 사회적 문제가 되고 있다(조명희, 2008). 따라서 이러한 인구학적 변화로 인해 '성공적인 노화'가 사회의 중요한 화두가 되고 있으며, 이를 위해 노년기의 삶의 질을 높이는 데 사람들의 관심이 높아지면서 개인의 삶의 영역에서 '가족'이 다시 중요한 화두로 부각되고 있다. 그 이유는 노후에 대한 준비가 경제력에 국한되면서 삶의 질 향상을 위한 노후 준비의 접근은 미흡했다는 반성으로 사회적 활동성을 갖고 건강한 노후생활에 가치를 두면서 미래에는 현재의 노인층과 매우 다른 양상의 가치관이 확산되고 있기 때문이다.

인간은 태어나면서부터 학령기, 청소년기, 성인기, 장년기, 노년기의 삶을 주도적으로 설계하게 된다. 따라서 각각의 단계에서 전 생애주기에 걸쳐 발생하는 계속적인 경험과 변화는 인간을 통합적인 관점에서 성장하게 한다. 특히 가족과 함께 노년기 삶의 질의 만족도를 높이기 위해서는 좀 더 활기차게 성공적인 노화의 개념을 젊어서부터 학습하는 것이 바람직하다. 생애주기에 따른 다양한 가족 간의 경험은 다음과 같은 효과가 있다.

첫째, 가족과 함께하는 시간의 질은 가족 구성원 간의 유대를 증진시키며, 상호이해와 친밀감을 증진시켜 가족 응집력과 결속의 바탕이 된다. 가족과 함께하는 활동이 부모, 자녀 관계에 정서적 역동성 및 관계의 질에 영향을 미친다(강봉화, 2003).

둘째, 능동적이고 적극적인 가족 활동의 참여는 삶의 질적인 함양과 가족 구성원의 심리적 이해와 행복을 증대시킬 수 있으며 오늘날 사회가 직면하고 있는 개인주의적인 문제 발생에 대한 예방과 건전한 사회 풍토의 조성에 도움이 될 수 있다. 이에 대하여 박세혁(2002)은 가족이 함께 여가 시간을 많이 보낼 수 있을 때 가족 간의 이해의 도모가 가능하며 결국 가정의 행복지수를 높일 수 있고 하였다.

셋째, 가족활동을 통한 가족체계의 상호 주고받는 영향은 자녀의 자아존중감과 의사소통 능력의 함양에 도움이 된다. 이한규(2002)는 가족과 보내는 시간이 많아짐에 따라 가정 내의 의사소통이 원활해지는 효과가 있다고 하였다. 따라서 생애주기의 인간발달학적 차원에서 볼 때 가족과의 시간의 질의 중요성과 함께하는 시간에 대한 중요성을 인식하는 것은 그 시간을 통하여 상호 경험하는 가족관계의 소중함을 인식하게 한다.

이와 같이 가족이 구성체가 되어 그 구성원으로 생산적이고 자율적으로 기능할 수 있는 적극적 노화 과정은 노인이 가족과 사회에서 지속적인 발전을 이루는 동인이 될 것이며 '활동적인 노년상'의 정립에 도움이 되는데, 이를 위해서는 젊은 시절부터 생애 전 과정에서 가족을 이해하고 계획적이면서도 체계적인 준비를 필요로 한다. 즉, 생애주기에 따라 변화하는 개인의 욕구를 수렴하며 동시에 성공적인 노화를 이루기 위해서는, 가족과 하는 활동이 단순히 노년기에 이룰 것이라고 미루는 것은 현실성이 없으며 전 생애주기 관점에서 각 생애단계에 따른 가족 구성원으로서의 역할과 관계가 축적되어야 가능할 것이다.

### 1) 연령통합 사회로의 변화

전인적인 삶을 위해서는 인간의 삶에 대한 생애주기적 관점에서 인간의 발달학적 성장을 바탕으로 하여 교육, 일, 여가, 건강의 활동이 고르게 균형을 이루는 것에 대한 이해가 중요하다. 이에 대하여 과거에는 청소년기에는 교육, 중·장년기는 노동, 노년기는 여가가 중요하게 생각되어 온 경향이 있었다. 그러나 최근 이러한 관점이 연령 차별적인 논리라는 주장이 일어나면서 이는 전 생애에 걸쳐 노동과 교육, 여가가 동등하게 다루어져야 한다는 연령통합적 사회의 중요성이 강조되었다(Riley, 1994).

즉, 생애주기의 어느 시점에서나 일, 여가, 교육이 고르게 중요하다는 연령통합이 시대에 맞는 관점이라는 것이다. 기존의 연령차별적 사회에서는 특정한 삶의 단계에서 특정한 활동이 중요했다면 연령통합적 사회에서는 교육, 노동, 여가가 전 생애에 걸쳐 균형 있게 시행되고 개인의 욕구에 따라 자유롭게 선택할 수 있는 자율적 사회 구성원으로서의 삶의 영위가 중요하다(정경희, 2004).

이러한 연령통합적 사회로의 변화는 우리의 삶을 전 생애적 관점에서 설계하고 준비하도록 하였으며 따라서 가족의 의미도 재해석되고 있다. 기존의 전통적인 가족의 부모가 담당한 교육의 기능과 자녀가 담당한 사회진출에서의 성공과 같이 단순한 개념의 가족은 함께하는 전 생애적 단계에서 볼 때에는 소원한 가족관계를 양상하기 쉽고 오히려 노인빈곤을 초래하는 결과를 가져왔다. 따라서 가족의 생애주기 어느 시점에서든지 일·여가·교육을 적절히 선택하면서 조화를 이루는 삶을 살 수 있어야 전 생애에 걸친 가족과의 성장과 설계가 가능하다.

### 2) 현대사회에서 자녀양육의 기능

현대사회에서의 청소년은 아동에서 성인으로 옮겨 가는 과도기적 상태로 인하여 역할 갈등, 장래의 불안, 과중한 학업부담 등이 일어나기 쉬운 시기이기도 하며 일상생활에서 심리적, 사회적, 신체적 부적응을 많이 경험하는 시기이다. 이 시기에 대하여 이소 아홀라(Iso-Ahola, 1980)는 사춘기나 성인기 초기에 생활 속에서 긍정적인 태도를 습득하지 못하면, 이후의 삶에서도 이러한 생활이 연장된다고 하였다. 또한 대디스(Daddys, 1987)도 청소년 개인의 부적응 행동이 가족 구성원 간의 상호작용 형태의 영향을 받아 나타나는 양상일 수 있으며, 가족의 상호작용 형태에 따라 부적응 행동을 예방할 수 있다고 하였다. 이러한 연구들은 가족의 기능이 청소년의 성장과 밀접한 관계가 있음을 설명하고 있는 것이다.

청소년의 건전한 성장은 우리나라는 급속한 산업화, 도시화와 함께 바쁜 일상의 소화, 핵가족화 된 가족구조 등으로 인하여 가족 구성원 간의 **대화 감소와 이해의 부족**으로 위협받고 있다. 따라서 가족기능 중 어떠한 부분이 청소년의 행동에 영향을 미칠 것인지, 혹은 성장을 어떻게 촉진시킬 것인지에 관한 문제들에 대한 성찰이 필요하다. 최근 발생하는 가족 및 청소년과 관련하여 분노조절의 문제나 다양한 폭력과 같은 문제점은 현대사회의 가족이 지닌 이러한 **정서적, 심리적, 문화적 경험과 공감의 결핍**과 연관이 있다.

청소년기는 신체적 변화와 정신적 성장이 이루어지는 시기로 다양한 변화와 발달이 일어나는 시기이므로 올바른 의사소통 방식과 상호성이 전제한 관계는 비단 가족 결속성에 국한하지 않으며 한 인간의 성장에 있어서 매우 중요하다.

한편 청소년의 자기통제력 부족은 부모와의 관계에서 학습하지 못한 부분의 영향일 수 있다. 성장과정에서의 부모와의 다양한 상호작용은 청소년의 자아존중감을 형성하고 인내심을 가지고 책임감 있게 성장하는 기틀이 된다. 다음은 청소년기에 확립해야 할 가족과의 관계이다.

**첫째, 부모-자녀 간의 올바른 방식의 개방적 의사소통방식**은 자녀가 민주적 의사소통 방식을 배우며 성장하게 한다. **둘째, 교사나 친구를 통한 신뢰와 사회지지**는 자기정체성 함양에 긍정적인 영향을 준다.

### 3) 생애주기의 보편성과 개별화

시대와 문화를 초월해서 아동・청년기의 성장과정을 통해 성인기를 거쳐 노년으로 향하는 인생주기는 보편성을 지닌다. 이러한 **보편성**을 바탕으로 **다양성** 역시 존재하며, 시대의 흐름과 문화・사회, 개인에 따라 인생의 각 시기가 시작되고 끝나는 시점이 조금씩 다르며 생애주기를 채우는 삶의 내용인 생애과정은 개인에 따라 매우 다양하다(김애순, 2006).

특히, 최근에는 **노동 시장의 유연화**에 따라 **여성의 노동시장 진입, 인구의 고령화, 이혼율의 증가 및 늦은 결혼 연령**으로 인한 출산율의 하락은 다양한 인구사회학적 환경변화에 따라 생애주기가 개인에 따라 개별화되고 있음을 보여 준다.

### 4) 생활모델

**생활모델**은 기터맨과 저매인(Gitterman & Germain, 1996)에 의하여 언급되었다. 가족상담 관련자들을 노숙자, 약물중독, 만성 인격장애, 아동학대 및 가정폭력 등에 대한 가족문제에 직면하였을 무렵, 생활모델[1]은 다음의 4가지 주요 영역에 대한 정교화를 통하여 심각한 사회문제에 대응하고자 하였다(Germain & Gitterman, 1996).

**첫째, 억압에 적절하게 대처하기 위해** 이를 실천하는 실천가는 직접적 실천뿐 아니라 지역사회, 조직에 영향을 미치며 변화를 가져올 수 있는 능력을 개발해야만 한다. **둘째, 가족관계 회복을 위해** 실천가는 사람들의 다양한 욕구에 효과적으로 대응하기 위해 특정 상황의 시작과 진행의 각 단계에 개입해야 한다. **셋째, 사람들이 억압과 희생양이 되는 것에 관해** 다양한 방법으로 대처하는 것이 필요

1) '생활모델'이라는 용어는 실천은 **생활 자체**를 토대로 하여 그 모델이 이루어져야 한다고 제시한 밴들러(Bandler)로부터 영감을 얻은 것이다(Bandler, 1936).

하다. 이때 사람들의 대처 방식, 강점 및 저항력을 이해하면서 지지해야 한다. 넷째, 가족관계를 이해하기 위해 사람들의 다양한 배경에 민감하여야 한다.

이를 위하여 사회 및 정서적 발달 과정이 순차적이며 공통적인 단계로서 전통적 생활주기의 모델과 함께 '생활과정'의 모델이 제시되고 있다. 이와 같은 모델의 특징은 생태체계적 관점에서 개발한 실천 모델로 다양한 수준에서의 연구와 개입을 활용하는 것이다. 따라서 각 수준에서의 전문화된 사정과 개입방법들이 생활모델의 범주에 통합되고 있는 추세이다.

생활모델의 목적은 인간에게 주어진 적응 능력을 향상시키고 환경 내에서 기능하고 있는 모든 인간들을 위해서 환경을 개선하고 인간과 환경 간의 상호성을 증진시키는 것을 지향하고 있다. 즉, 사람과 환경을 통합적으로 보는 가운데 인간이 가지고 있는 성장 가능성과 창조적 적응 능력을 개발하고 이에 대한 환경적 장애요인을 제거하여 개인과 환경의 두 가지를 모두 변화시키는 것을 지향한다.

### 5) 가족과의 여가활동의 중요성

가족과의 여가활동은 일생의 과정을 통해 경험되는 사회화의 과정이다. 인격을 형성하는 유・청년기 동안 습득된 여가에 대한 좋은 태도들은 이후 생애주기의 노년기 단계에서의 만족스러운 여가활동을 위한 기초가 될 수 있고, 유년기나 성인기에 있어 사회화의 방향과 정도는 다르더라도 모든 개인은 생애주기를 통해 성장하게 되면서 여가의 사회화(leisure socialization)에 대하여 논의할 필요가 있다. 이에 대하여 이소 아홀라(1980)는 여가의 사회화를 여가 지식, 태도, 가치, 기술, 동기들이 학습되고 내면화되는 과정이라고 언급하였다. 클라이버와 켈리(Kleiber & Kelly, 1980)는 여가를 기초로 한 활동들이 인간의 발달에 있어서 사회화에 기여하는 반면, 사회화는 다시 여가행동과 태도에 영향을 미치게 된다고 하였다.

고동우(2007)의 여가활동을 통한 사회화(socialization through leisure)와 여가활동에 대한 사회화(socialization into leisure)의 개념으로는, 여가활동을 통한 사회화가 여가활동의 경험을 통해 사회인으로 살아가는 데 필요한 다양한 기술과 능력과 성향을 획득하는 과정이며 여가활동에 대한 사회화는 인생의 중요한 영역으로 의미를 가질 수 있다는 것이다.

또한 가족과의 경험은 다양한 영역에 대한 사전 경험으로서의 가치를 가진다. 여가활동을 통한 사회화는 인간발달 측면에서 중요하며 삶의 각 단계에 연계된다고 가정될 수 있다. 어린 시절의 가족과의 여가활동은 인생의 다음 단계에서 추구하는 삶의 가치나 삶의 질에 영향을 미칠 수 있다.

따라서 가족과의 건강한 여가의 활동은 개인의 발달측면에서 개인이 각 생애단계에서 그 다음 단계로 전환될 때 건강한 사회인으로서의 역할, 능력, 태도, 기초 관계를 형성하는 데 의미가 있다. 즉, 여가는 여러 사회적 기능을 이행하고 있다.

### (1) 초기 여가 사회화가 가족관계에 가지는 함의

가족관계는 생애주기에 따라 축적되고 개인의 삶 속에서 어렸을 때 경험한 여가활동은 성인이 되고 노년에 이르러서도 지속적으로 유지되고 활성화될 수 있는 반면 생소한 여가활동을 노년기에 처음으로 시작하기는 쉽지 않다. 이러한 측면은 가족관계에도 적용되며 인간의 관계는 이와 같이 누적되는 특징을 가지고 있다.

최소한 유년기 및 청소년기에 경험한 여가활동이나 신뢰 있는 혹은 활동적이고 의미 있는 경험은 이후의 생애과정에 많은 영향을 미친다는 것은 중요한 개념이다. 즉, 여가의 사회화나 인간관계 특히 가족관계는 갑작스럽게 이루어지기보다는 장기간에 걸쳐 이루어지게 된다.

이와 관련하여 이소 아홀라(1980)는 유년기의 놀이 경험에 있어서 유년기에서 놀이의 기회가 제한되면 성인기에 여가를 추구하는 데 있어 인식 및 행동의 적응성이 떨어질 수 있다고 하였다. 이것은 유년기의 놀이에서 활동적인 사람은 성인기에서도 여가를 적절히 활용할 수 있으며 활동적일 경향이 있으며, 유년기의 비활동성은 성인기의 비활동성의 전조가 될 수 있다고 보아 가족관계에 함의하는 바가 크다.

로버츠(Roberts, 2006)는 어렸을 때 정기적으로 연주회를 관람했거나 미술관을 방문했던 사람들은 그들의 일생 동안 지속적으로 수준 높은 활동을 할 경향이 높다는 것을 언급하였다.

### (2) 여가경력 개발

데칼로(DeCarlo, 1974)는 여가활동과 성공적 노화와의 관계에 대하여 전 생애 동안 여가 활동에 정기적으로 참여하게 되면 단발적으로 여가에 참여하는 것보다 성공적인 노화가 더욱 가능하다고 하였다. 이처럼 여가와 삶의 질의 관련성은 여가활동의 중요성을 함의하고 있다.

이와 같이 생애주기에 걸친 여가행동의 의미는 중요하며 따라서 전 생애 걸친 변화와 지속성을 검토해야 한다. 가족과의 여가활동은 다른 인간행동과 마찬가지로 전 생애기간 동안 이루어지면서 지속(continuity)과 변화(change)라는 두 가지 패턴으로 발달한다.

지속이론(Continuity Theory)에 따르면 노인은 과거에 자신이 했던 역할과 비슷한 형태의 역할을 노령의 시기에 지속적으로 활동할 수 있을 확률이 높다고 하여, 자신의 과거의 경험과 연관시켜 인지하는 경향이 있다고 하였다.

로버츠(2006)는 노년기에 사회봉사 조직에 가입된 사람이나 사람들과의 교제 범위가 넓은 사람, 지적·예술적 흥미를 가지고 있는 사람들은 대부분 그들이 젊었을 때 그러한 활동들을 해 왔었던 사람들이며, 이와는 반대로 은퇴 이후 여가활동이 감소되는 사람들은 대부분 젊었을 때 여가 관심의 범위가 한정되었던 경우가 많다고 하였다.

따라서 생활환경의 변화에도 불구하고 여가 행동의 지속성은 존재하며 어렸을 때의 여가 경험들은 성인의 여가 행동 패턴에 지속적으로 영향을 미치게 된다(Scott & Willits, 1998).

### (3) 가족과의 자원봉사활동의 경험

#### ① 가족과의 활동으로서의 의의

사회참여란 깨어 있는 시민이 자신과 공동체 간의 질적인 발전을 목표로 하여 전 사회과정에 대하여 지속적인 관심을 가지고 개인적 또는 집단적으로 연대하여 자발적으로 필요한 자원을 투여하고 다양한 영향력을 발휘하는 것이다(Richardson, 1983).

가족과의 자원봉사활동의 경험은 협동심, 정직함, 성실함 등 인성개발은 물론 학습내용의 정확한 이해라는 점에서 중요하다(한국청소년개발원, 1998). 자원봉사활동의 현장 참여를 통해 삶에 대하여 이성적으로 통찰하게 되며 향후 시민으로서 바람직한 자세와 태도를 함양하는 효과가 있다. 가족과의 자원봉사활동 경험은 향후 민주시민으로서 자질형성에 도움이 되며 건강성, 협동심, 책임감 등을 배우게 된다. 또한 가정 밖에서 자신과 타인을 바라보고 존중하는 사회성을 배우는 데 유익하다.

한편 자발적 참여는 자유의사 또는 선택에 의한 자율성이 구현될 수 있는 개념이라 생각될 수 있다. 그 이유는 자원봉사자는(volunteer)는 라틴어의 'voluntus'라는 단어에서 유래했으며 자발적인 것, 자주적, 임의적 자유의지를 의미하기 때문이다.

'자원봉사'란 '특정한 요구의 인식하에 사회적 책임감을 가지고 금전적 이득에 관심없이 자발적으로 선택되어 이루어지는 활동'이다. 한국사회복지협의회의 좀 더 구체적인 정의에 의하면 '자원봉사란 사회문제의 예방 및 해결 또는 국가 공익사업 수행에 자발적으로 참여하여, 인간존중정신과 민주주의원칙에 입각하여 필요한 서비스를 제공하고 이타심의 실현과 자아실현을 성취하는 활동'이라고 하였다.

그런데 현대인들은 육체적, 인지적, 사회적 변화들이 급속하므로 스스로 정체성을 확인하기가 쉽지 않다. 이 시기의 올바른 성장은 자신과 타인의 역할인식과 타인의 입장에서 이해하려는 노력을 거쳐 사회의 관습적 체계역할인식을 하게 되는 것이다. 특히 청소년기의 다양한 경험들은 점진적으로 책임감 있는 사회인으로서의 인생관을 형성하게 한다(김남순, 1997).

이러한 활동을 개인체계와 사회체계 차원의 상호작용이라는 시각에서 바라볼 수 있다. 왜냐하면 개인체계란 시간의 흐름에 따라 성장, 성숙, 변화 과정을 겪고 다른 체계와의 상호작용을 통해 변화하며 전체로서의 체계에도 영향을 미치는 체계이기 때문이다. 개인체계의 성장과 발전은 사회체계를 통해 구현되며 다양한 사회조직의 모형과도 연관이 된다(Buckley, 1967).

이렇게 볼 때, 가족과의 자원봉사활동은 가족 내 구성원과의 의사소통과 건전한 인격형성에 도움을 주며 공동체 의식을 함양하고 성숙하게 성장할 수 있도록 도움을 준다. 자원봉사활동은 '통합성 원리'를 교육 이념으로 하고 있기 때문이다. 자원봉사활동은 그들이 봉사활동을 통해 사회에 얼마나 실제적 도움을 제공하고 공헌했는가의 평가보다는 봉사활동을 통해 얼마나 즐겁고 보람 있는 경험을 했으며, '민주적이고 협동적인 인간성을 함양하였는가'가 중요시된다(조휘일, 2009).

### ② 자원봉사활동의 동기

동기는 한 개인의 행동을 설명할 수 있는 내적, 외적상황에서 얻게 되는 힘들의 총체라고 할 수 있다(조휘일, 2002). 동기이론으로 이타주의적 행동은 동정심과 내재화된 가치들과 연관된 행동을 포함한다는 것으로 타인의 이익을 위한 자발적 행동전체를 포용한다(Moore, 1985).

그 밖에 맥 클리랜드(Mc Clelland)의 성취동기이론에 비추어 보면 성취욕구, 친화욕구, 권력욕구에 의해 자원봉사활동이 이루어질 수 있으며 따라서 자원봉사의 행동의 동기는 이타주의의 행위 관점과 이기주의의 행위 관점으로 복합적인 검토가 바람직하다(윤기종, 2009).

이를 근거로 스트라이거스와 잭슨(Striggers & Jackson)은 자원봉사활동의 동기를 다음의 네 가지 요소로 정의하였다. 첫째, 자기개발적 동기이다. 이것은 가족 자원봉사자들이 기술향상, 지식습득, 사회교류 및 네트워크를 형성하려는 동기를 말한다. 둘째, 대의적 동기이다. 이것은 지역사회의 발전을 도모하고자 하는 동기이다. 셋째, 외부적 동기이다. 이것은 가까운 사람들로부터 외부적인 영향에 의한 동기를 말한다. 넷째, 여가적 동기인데 이것은 자신의 내적인 흥미성에 의한 동기를 말한다. 이러한 가족과 함께하는 활동은 구성원들의 관계성을 함양하고 사회적으로도 유익한 활동이 된다.

# 제5장

# 가족관계와 인간발달의 기초이론 및 의사소통

# 1. 칼 구스타프 융

인간은 가족을 통해 성장하게 된다. 그런데 가족관계에 있어서 인간의 무의식을 창조적 동기의 관점에서 바라본 융은 인간의 무의식의 영역을 긍정적이고 창의적으로 바라보았으며 발달의 연속선상에서 바라보았다. 융은 특히 다양한 심리적 지식을 바탕으로 개인의 특성을 이해하고 발휘할 수 있는 심리검사인 MBTI를 창시한 학자로 유명하며 인간내면의 창조적 에너지를 끌어올리기 위해 노력하였다.

융은 자아가 전체적인 인격의 핵심이라 보았으며 자기를 성찰하고 인식하는 과정을 강조하고 개인의 전체성을 회복하고 자기를 실현해 가는 과정을 강조하였다. 주요 인간관으로는 미래지향적, 전체성, 성장지향적, 가변적 성향을 중심으로 개성화, 아니마와 아니무스의 이해, 리비도, 심리유형 등 인간의 특성에 대한 중요한 연구들을 하였으며 이는 현대사회의 전체성을 지향하는 후대의 게슈탈트 치료 등에 영향을 미치고 있다.

융의 자기의 개념은 인간의 마음이 가장 완전한 인격의 통일을 달성한 상태로 의식과 무의식을 포함하는 전인격의 중심이며 인간 정신 전체의 조화와 통일을 보장해 주는 통합 원리를 지향하였다. 즉, 충분히 발달된 여러 가지 체계 전반에 걸쳐 다양한 에너지가 조화를 이루는 상태를 이상적으로 본 것이다.

칼 구스타프 융

## 1) 주요 개념

### (1) 정신

융은 인간의 정신을 생리적 충동에 예속되지 않은 독자적인 실체인 생활 에너지로 보았다.

### (2) 리비도

융은 무의식을 프로이트(Freud)의 리비도 개념에서 확장하여 인간의 무의식이 사회적, 문화적, 창조적인 모든 형태의 활동의 에너지를 포괄하는 생명력을 의미한다고 보았다.

### (3) 콤플렉스

콤플렉스란 인간의 특수한 종류의 감정으로, 콤플렉스를 감정, 사고, 지각, 기억 등으로 이루어진 무의식 속에 있는 관념의 덩어리로 보았다.

### (4) 원형

원형이란, 표상이 불가능한 태초로부터의 무의식적이고 선험적인 이미지를 의미하는데 출산, 죽음, 권력, 영웅, 신, 나무, 태양, 달, 바람, 강 같은 무수한 잠재적 이미지의 원형이 태고로부터 인간 내면의 무의식에 존재한다고 보았다.

### (5) 자아

자아는 의식의 개성화 과정에서 생기며 이러한 개성화는 개인의 의식이 다른 사람으로부터 분리되는 과정이며 자아를 실현하는 과정에서 중요하게 기능하는 것으로 보았다.

### (6) 페르소나

페르소나란 환경의 요구에 조화를 이루려는 적응적인 모습으로 자아의 가면, 개인이 외부세계에 보여 주는 이미지, 즉 개인의 사회적 요구에 대한 반응으로 설명하였다.

### (7) 아니마와 아니무스

양성론적 입장이론에서 인간은 본질적으로 양성성을 가지고 태어난다는 것으로 아니마는 무의식 속에 존재하는 남성의 여성성이며 아니무스는 여성의 남성성으로, 중년 이후 이러한 성격이 표출될 수 있다.

### (8) 음영

쉐도우라고도 하는데 인간의 양면성으로 긍정적인 면과 부정적인 면의 반영이며 밝은 이면의 어두운 면을 음영으로 설명하고자 하였다. 융의 MBTI는 오늘날 인간을 다루는 많은 상담의 영역에서 자신을 이해하는 데 효과적으로 활용되고 있으며 인간이 성인기와 노년기에도 지속적으로 미래의 목표와 열망에 대하여 창조적으로 이해하고 준비하고 대처하는 것에 기여하였다.

## 2. 아들러

아들러

아들러 이론의 인간관은 미래지향적이며 사회성에 대한 지향의 특징을 가지고 있다. 또한 발전적 차원에서 창조적이며 열등감과 보상이라는 인간행동의 동기를 이해하는 것이 중요하며, 이에 따라 우월을 향한 노력은 자아의 창조적 힘에 의해 발현되어 인간발달의 원동력이 된다고 하였다.

아들러는 사회적 관심을 심리적 건강의 척도로 보았고 이에 따라 인간의 생활양식이 결정된다고 보았는데 이를 통하여 인간은 지배형, 획득형, 의존형, 사회적 유용형으로 나타날 수 있다고 하였다. 아들러는 인간발달의 생활양식을 저해하는 요인으로 신체허약, 가족을 통한 응석받이, 학대나 방임 등을 언급하면서 가족환경이 그 사람의 생활양식에 지배적 역할을 한다고 하였다.

## 1) 아들러의 개인심리이론의 인간관

① **인간은 사회적 존재로 발전을 지향하는 존재이다.**
② 인간은 개인적으로 중요한 **자아실현**을 향해 전진하는 존재이다.
③ 개인이 능동적인 힘을 가지고 자기 삶을 결정할 수 있는 **생활양식**이 중요하다.
④ 모든 행동은 상호작용하는 **가족관계** 안에서 형성되며 이는 **개인의 성격에 영향**을 미친다.

## 2) 주요 개념

### (1) 열등감과 보상

아들러는 자신의 삶을 통해서 열등감은 모든 사람이 무언가를 추구할 수 있는 동기라고 보았다. 또한 이에 대한 보상 활동은 신체적, 정신적 기술을 통하여 훈련하여 열등감에서 **우월감을 충족하려는 시도**가 일어날 수 있는 반응으로 보았는데 이러한 시도는, 인간의 잠재력을 발휘하도록 자극하는 **건전한 반응**이라고 하였다.

### (2) 우월을 향한 노력

우월을 향한 노력은 열등감을 보상하려는 욕구에서 나오지만 인간이 **환경을 통제**할 수 있도록 적응하는 기제이기도 하다.

### (3) 사회적 관심

아들러는 인간의 에너지를 국한하고 인간의 성격이나 무의식이 5세 이전에 결정된다고 보는 프로이트와는 달리 인간이 성적 충동보다 **사회적인 동기**에 의하여 성장한다고 보았다. 이때 **사회적 관심**이란 개인이 이상적인 공동사회의 목표를 달성하고자 **사회에 공헌하고자 하는 마음**이며 보다 나은 미래를 추구하는 것에 관심이 있는 것을 나타낸다. 또한 사회적 관심의 개인의 심적 건강을 측정하는 척도로 인간은 사회에 적응하지 못할 때 게임이나 도박이나 중독 등 무용한 것에 관심을 가지게 된다고 보았다.

### (4) 생활양식

생활양식이란 다양한 발생 문제들에 대처하는 방법으로 4~5세경에 형성되며 그 후엔 거의 변하지 않는 특성을 가지는데 이렇게 형성된 생활양식은 인간의 일생의 모든 행동을 구체화시키고 실행시키는 특성이 있다고 하였다. 개인이 가지는 생활방식은 생각하고 느끼고 행하는 모든 생활에 대한 행동의 기반이 되며, 생활양식의 형태는 우리의 인생에서 발생하고 접하는 문제에 대하여 해결하는 방법을 통해서 알 수 있다. 아들러는 그 외에도 인생을 통하여 **직업, 우정, 사랑과 결혼**과 같은 문제들은 사회체계 속에 존재하는 모든 사람들이 당면하고 있는 중요한 **'인생과업'**이라고 하였다.

### (5) 자아의 창조적 힘

아들러는 **자아의 창조적인 힘**이 중요하다고 하였는데 이것은 **인생목표와 목표추구 방법을 결정**하고 사회적 관심을 발달시킨다고 보았다. 아들러는 창조적인 힘에 의하여 인간은 스스로 자신의 삶을 만들어 가며 자신에게 알맞은 환경을 창조하는 존재라고 하였다. 이러한 창조력은 **목표를 직시, 결정, 선택**하게 하며 **가치관의 결정과 행동**에 영향을 미친다.

### 3) 가족관계와 성격의 발달

아들러는 가족관계로 출생순위에 따라 향후 사회적인 개인의 성격이 달리 발달하게 된다고 보았다.

첫째, 맏이인 경우에는 폐위된 왕으로 비유하며 부모의 사랑을 독차지하였다가 빼앗겼다는 감정이 생활양식에 영향을 줄 수 있다고 보았다. 맏이인 경우는 의젓하고 기대에 부응하는 행동과 책임지는 성격 등을 형성할 수 있다.

둘째, 둘째 아이의 경우에는 관심의 초점이 되어 본 적이 없으므로 덜 예민하며 먼저 태어난 형제를 경쟁자로 여기며 독립적으로 성장하며 도전적인 정신을 비교적 많이 가지고 있는 성향이 있다.

셋째, 막내인 경우에는 빼앗겨 본 비극을 모르며 어른들과 함께 생활할 확률이 높아 일찍 사회성을 습득하는 경우가 많다.

넷째, 외동인 경우는 자기중심적이 되기 쉬우며 응석받이가 되기 쉬운 경향이 있다. 만일 응석받이라면 협동이나 계획, 책임에 대해 배우지 못하였기 때문에 다른 사람에게 어떤 것을 기대하는 생활양식이 발달한다고 본 것이다. 아들러는 이와 같이 출생순서는 태어난 상황을 반영하여 설명하였다. 특히 아들러는 모든 출생순위에서 거부된 아동의 경우에는 적대적인 성향과 세상이 위협적이라 인식하기 때문에 반항적이며 사람들과 잘 지내지 못한다고 하였다.

### 4) 생활양식의 유형

① 지배형은 활동수준은 높으나 사회적 관심은 매우 낮은 유형이다. 따라서 독선적이고, 공격적이며, 활동적인 수준은 높지만 사회적인 관심은 거의 없는 유형이다.

② 획득형은 활동수준은 중간이나 사회적 관심은 낮은 유형이다. 획득형은 기생적인 방식으로 외부세계와 관계를 맺으므로 의존형이라고 보기도 한다. 어떤 일에

있어서 다른 사람에게 의존하여 자신의 욕구를 충족하는 유형이다.

③ 회피형의 유형은 사회적 관심도 적고, 활동수준도 낮은 유형이다. 이러한 유형은 성공하고 싶은 욕구보다 실패에 대한 두려움이 더 강하기 때문에 도피하는 행동을 하는 경우이다.

④ 사회적인 유용형은 사회적으로 유용성을 발달시켜서 적절한 상호작용으로 기능하는 사람이라고 하였다.

아들러는 가족의 관계가 인간이 향후 사회생활에 대한 적응기제와 자신의 성향에 많은 영향을 주는 요인이라고 보았다. 아들러는 인간이 기본적인 삶의 전제를 회복하고 왜곡된 삶의 동기를 수정하는 것을 치료의 목표로 보았다.

## 3. 사티어의 의사소통 유형[1)]

사티어(Satir)는 사람이 스트레스 상황에 놓이게 되었을 경우 자주 사용하게 되는 의사소통을 유형화하여 회유형, 비난형, 초이성형, 산만형, 일치형으로 나누어 이를 설명하였다.

사티어

첫째, 회유형(placating)은 자기 자신의 감정은 무시하고 타인의 관점에서 동의하는 말을 한다. 회유하는 사람은 다른 사람과 함께하는 상호작용하는 상황은 존

1) 사티어는 가족 구성원들에게 각각 회유형, 비난형, 초이성형, 산만형 중의 하나의 입장을 취하여 의사소통하도록 한다. 이를 통하여 가족의 구성원은 상대에 대하여 좀 더 이해하는 기회를 갖으며 상호 감정을 서로 나눈다. 이를 통하여 가족 구성원들은 효과적인 의사소통의 방식을 깨달을 수 있다.

중하지만 반면에 자기 자신의 진정한 감정을 존중하지 않는다. 즉, 회유의 방법은 스스로의 안정을 유지하는 방법으로 자신이 느끼는 감정보다 상대방을 중심으로 생각하면서 자신의 스트레스를 다루는 방법이라고 할 수 있다. 따라서 회유형의 반응은 타인에게 순종하고 모든 일의 잘못을 자신의 탓으로 돌려 **희생적 행동**을 한다. 이러한 반응은 은연중으로는 상대로 하여금 **죄책감**을 느끼도록 하는 것인데, **상대방의 죄책감**으로 인하여 **자신을 인정**받고자 한다.

이러한 행동의 원인은 자신의 욕구를 분명하게 표현하지 못하는 데 있으며 이러한 반응이 지속되면 **올바른 의사소통 방식**을 익히지 못하는 역기능으로 **자아존중감**은 더욱 낮아질 수 있으므로 **자신의 의사전달법, 올바른 거절법** 등이 학습되어야 한다.

둘째, **비난형**(blaming)은 자신을 보호하기 위해 **타인을 비판**하는 것이다. 비난의 과정에서 타인의 가치를 격하시키고 자신과 상황에 가치를 둔다. 비난형의 사람은 자신이 옳으며 타인을 비난함으로써 **자신을 보호**하고자 하나 실은 **자신의 약함**과 **자신을 돌아봐 달라는 메시지**가 숨겨져 있다. 이러한 비난형의 의사소통 방식은 참을성이 없고 독선적이며 명령적이나 내면은 외롭고 자아존중감이 낮으므로 다른 사람을 손가락질하는 모습을 통하여 자신을 보호하고자 한다. 비난형은 **감정조절, 비난의 단어 사용의 통제, 긍정사고 유도, 인지적 오류의 수정, 이성적 사고의 훈련, 자기감정의 통찰과 경청의 훈련** 등이 필요하다.

셋째, **초이성형**(super reasonable)은 자신이나 타인의 느낌이나 감정을 무시하고 **상황**이나 **합리성**만을 중요시하며 이를 위한 논리를 중요시한다. 따라서 감정보다 상황에 초점을 두는 방식으로 의사소통하는 방식이다. 이러한 초이성형은 경직되어 있는 상태인 경우가 많으며 항상 논리적으로 비판하고 평가하면서 자기 주장을 한다. 초이성형은 대체로 조용하고 침착한데, 내면적으로는 **감정적 상처를 받기 쉬우므로** 자기 자신을 억누르거나 숨기는 경우가 많다. 이들에게는 **감수성 훈련** 등으로 보다 **감정에 충실하는 연습**이 도움이 된다.

넷째, **산만형**(irrelevant)는 상황의 중요성과 상관없는 유머 등으로 광대와 같이 주의를 다른 곳으로 돌리고자 하여 혼란시킨다. 이는 행동이나 말의 초점을 흐리며 기능적이며 책임감, 정직성, 능력, 창의성, 현실성에 기반한 능력이 없는 경우에 나타날 수 있는 의사소통의 방식이다. 이러한 산만형은 자기를 걱정해 주거나 받아 주는 사람이 없다고 생각하는 고독감과 무가치함을 느낀다. 치료방법으로는 주의 집중, 경청, 자기생각 표현하기 자아존중감 향상, 자기감정 인식하기 등의 훈련이 필요하다.

다섯째, 일치형은 자신이 중심이 되어 타인과 관계를 맺으므로 의사소통의 내용이나 방식이 일치하며 자신과 상대방 그리고 상황을 모두 존중하는 자세로 의사소통하게 된다. 이는 나의 위치(I-position)에서 타인을 동등하게 대하는 자세이기도 하다. 일치형은 언어와 감정이 부합하여 균형감 있는 메시지를 전할 수 있으며 자신의 자아존중감이 높고 상대방의 개별성을 존중하며 자신과 상대방을 신뢰하므로 비난의 의사를 가지지 않는다.

## 4. 칼 로저스

칼 로저스는 인간존중과 창조적 인간관으로 형상학적 구성주의에 입각하여 인간에 대한 긍정성의 폭을 확장시켰다.

칼 로저스

### 1) 주요 개념

#### (1) 현상학적

인간의 경험적인 세계 또는 주관적인 경험을 의미한다. 인간은 과거 사건 그 자체가 아니라, 과거 경험에 관해 과거의 사건보다는 현재 어떻게 해석하는지가 바로 현재의 행동을 결정한다. 따라서 어떤 사람을 이해하기 위해서는 그가 자신의 길과 현실에 대하여 어떻게 체험하고 있는지 알아야 한다.

### (2) 자기

인간은 현재 자신이 어떤 사람인지에 대한 개념, 자신의 자아상을 의미하는 '현재의 나'라는 존재를 인식하는 것, 내가 할 수 있는 것의 기능을 인식하는 것을 포함하여 스스로 생각하는 자기의 인식을 중요하게 보았다.

따라서 인간은 자기의 행동에 대해 타인이 어떻게 반응하는지 지각하면서 삶에 있어서 일관성 있는 자아상을 만들어 나간다. 이러한 자기개념은 현재 자기 모습뿐만 아니라 이상적 자기까지 포함하며 성장하게 된다.

### (3) 자기실현

모든 인간은 생물학적 잠재능력을 성취하는 것뿐만 아니라 심리적인 잠재능력도 실현해야 하는 존재로 강점과 긍정성을 가지고 창조를 실현해 나갈 수 있는 전인적이면서 완전한 존재라는 기본 개념을 가지고 있다. 이를 위한 인간의 성향으로 다음과 같은 것을 설명한다.

#### ① 충분히 기능하는 사람(fully functioning person)

충분히 기능하는 사람의 특성은 다음과 같다. 즉, 인간은 현재 진행되는 자신의 자아를 완전히 자각할 수 있는 사람이다. 로저스는 "충분히 기능하는 사람은 **심리적 적응, 심리적 성숙, 완전한 일치, 경험에 개방되어 있는 사람**이다. 이러한 사람의 특성은 과정지향적이며 성취지향적이나 실패로 인하여 성장이 단절되지 않는다. 즉, 충분히 기능하는 사람은 계속적으로 변화하는 사람으로 **과정 중에 있는 사람**이다"라고 언급하였다. 인간은 성장하기 위하여 끊임없이 노력하는 존재이다.

② 충분히 기능하는 사람의 특성

충분히 기능하는 사람의 특성을 정리하면 다음과 같다. 즉, 삶을 통한 경험을 개방하는 사람으로 그 자신의 목소리에 귀를 기울이며 내면의 목소리를 들을 수 있으며, 자신의 내부에서 무엇이 일어나고 있는가를 경험할 수 있다. 또한 감정에 민감하지만 충분하게 합리적으로 자신의 감정을 인식하며 상황에 적절하게 반응한다. 이러한 사람은 실존적이며 유기체적인 경험을 통하여 선택하며 창조적인 삶을 살게 된다.

- 실존적인 삶이란 인간이 존재에 대하여 매 순간을 충분히 만끽하며 사는 것을 의미한다.
- 자신의 유기체적 경험이란 인간으로 자신이 해야 할 것과 하지 말아야 할 것을 결정하는 능동적인 존재라는 것이다.
- 창조적 존재라는 것은 자신이 존재하는 모든 영역에서 창의적인 자세와 삶에 대하여 스스로 인식하고 표현한다는 것을 의미한다.
- 선택의 자유란 인간이 삶에 대한 통제하며 일시적인 생각이나 환경, 사건들에 의해 결정되는 것이 아니라 자기 자신의 선택에 달려 있다고 믿는 것이다.

### (4) 주관적 경험과 그에 따른 행동

인간의 경험과 인간의 행동 간의 관계를 이해하는 것은 칼 로저스의 현상학적 이론의 바탕이 되는 중요한 주제이다. 이는 인간의 행위를 지배하는 것은 자극 상황에 대한 주관적인 해석과 그것에 대한 개인적 의미가 중요하므로 상담에 있어서 경청의 과정은 매우 중요하다는 것이다. 어느 누구도 자기의 현실을 타인에게 강요할 권리를 가지고 있지 않으며 상대방의 마음 안에 있는 완벽성과 인지를 이끌어 내는 역할을 상담가가 담당하게 된다.

### (5) 칼 로저스의 무조건적인 긍정적 관심

칼 로저스는 인간에 대하여 조건 없이 있는 그대로 수용하거나 존경하는 것을 중요하게 보아 어떤 경우에서든지 주어지는 진실된 사랑과 존중이 중요하며 이러한 것이 참 만남을 형성한다고 보았다. 인간이 그 존재 자체로서, 귀중한 한 인간으로서 평가받고 사랑받고 있다는 것을 깨달은 그때 자신을 가치 있는 존재로 판단하며, 자신의 욕구와 자아개념에 따라 행동하므로 최대한으로 기능하면서 성장할 수 있다.

## 2) 칼 로저스 이론의 평가

칼 로저스의 이론은 개인의 존엄성과 가치, 자기결정권, 사회적 책임과 상호성을 강조하고 있다. 여기에서 인간과의 올바른 관계를 통해서, 인간은 자기를 이해하고 성장할 수 있으며, 필요한 자원은 인간 스스로 이미 갖고 있다고 가정한다.

또한 진실성, 일관성, 클라이언트에 대한 무조건적인 긍정적 관심, 클라이언트의 세계관에 공감해야 한다는 현재 우리가 알고 있는 치료적 관계 원칙은 상담에 많은 기여를 했다. 특히 '지금 여기에'를 강조하므로 현상학적 성격이론이라고 하며 이에 따라 인간은 완전히 통합된 유기체로서 행동하기 때문에 전체론적 관점에서 접근해야 한다는 입장을 견지하고 있다.

인간의 의식과 행동을 이해하기 위해서는 '경청'을 통해 개인의 내적 준거 틀의 이해가 필요하다는 것이다. 나아가 인간 본성의 핵심이 근본적으로 합목적적이고 전진적이며 건설적이고 현실적이며 신뢰할 수 있다고 칼 로저스는 주장하였으며 이는 가족의 관계에도 적용될 수 있다.

# 5. 의사소통 이론과 실제

## 1) 의사소통 이론과 가족 응집력

의사소통 이론은 가족관계에 있어서 매우 중요한 영역이다. 의사소통은 가족의 응집력을 구성하는 것에 있어 매우 중요한 영역이며 이는 가족 간의 건강한 경계선의 확립에 있어서도 중요하다. 예를 들면, 병리적 가족의 이중구속(double-bind)의 의사소통은 정신분열뿐 아니라 각종 임상적인 병리현상에 좋지 않은 영향을 미치는 것으로 알려져 있다. 따라서 가족 구성원 간의 건강한 관계를 지향하기 위해서는 가족 간의 반복적이며 역기능적인 의사소통 패턴을 기술적 개입으로 중단시킬 수 있는 방법을 적절히 활용할 수 있어야 한다.

즉, 가족 구성원 간의 의사소통 이론에 있어서는 다양한 기법과 기술이 활용되는데, 전문적인 훈련을 요하게 된다. 즉, 긍정적 재정의를 하며 변화의 규제, 전략적 기법의 증상에 대한 처방 등을 통하여 각종 임상적 치료에 적용하게 된다. 그에 대한 실천적 기법으로 사용되는 기술과 전략의 단계는 다음과 같다.

첫째, 문제의 재정의의 단계를 통하여 가족 구성원이 제시하는 문제의 상황이나 사실에 대해 대안적 의미를 부여하여 인식의 긍정성을 회복하는 단계를 거친다. 이러한 단계는 성찰의 단계로 재명명은 문제를 다양한 각도에서 볼 수 있으며 관계의 재정립에 영향을 줄 수 있다.

둘째, 변화에 대한 규제의 단계로 이는 가족 구성원 자신이 스스로에게나 타인의 변화에 높은 기대를 가지고 있을 때 이에 대하여 일정정도의 전문적 개입을 하게 된다.

셋째, 입장 취하기의 단계에서는 보다 전략적인 입장을 통하여 가족 구성원이 문제의 해결에 도전하도록 하여 가족 구성원의 문제를 스스로 해결해 나가는 실마리를 터득해 나가도록 유도하기도 한다.

### 2) 건강가정을 위한 가족상담의 적용

가족 간의 건강한 의사소통을 위하여 개입하는 상담으로는 가족 간의 병리적인 의사소통에 있어서 '구두점 찍기'와 같은 중요한 개입을 통하여 가족의 의사소통의 체계에 관여하게 된다. 가족 구성원에 있어서 상호 비난적인 관계의 본질은 의사소통 진행과정의 끝없는 순환고리와 함께 이어지는 경우가 많다. 즉, 촉발요인에 의한 비난의 끊임없는 순환고리는 매우 반복적이며 상대방에 대한 지속적이며 단정적인 비난의 메시지를 담고 있다.

따라서 적절한 지점에서 순환고리를 끊어 주는 역할을 상담가가 하게 된다. 이러한 원리는 가족관계 내에서 발생하는 원인과 문제의 진행 및 비난의 이슈에 대한 것들을 바라보는 관점의 전환에 그 목적이 있다. 의사소통 이론은 직선이 아니라 순환적 인과관계를 통하여 끊임없이 지속되는 연속선상에 있으므로 이에 대한 순환성에 개입하게 된다.

**의사소통의 연속성의 패턴을 보이는 일반적 현상**

친구들과의 모임에서 술을 먹은 뒤에 늘 늦게 귀가하는 청소년은 부모가 잔소리를 많이 해서 더 술을 마신다고 주장하고 부모는 자식인 청소년이 술을 마시니까 잔소리를 계속하게 된다고 반박하는데 이는 원인의 구두점을 서로 다른 곳에 찍고 있는 것을 알 수 있다.

즉, 자식인 청소년은 '잔소리를 하니까 술을 마시고'에 구두점을 찍었으며, 부모는 '술을 마시니까 잔소리를 하게 되고'에 구두점을 찍고 있는 것을 알 수 있다. 이와 같이 연속적인 흐름인 대화는 부분으로 연결되고 각각 자신에게 유리한 방향으로 주장하게 된다. 이것을 의사소통에 있어서 구두점의 원리(Principle of punctuation)라고 한다.

### (1) 아날로그와 디지털 방식의 의사소통

가족상담가는 가족 구성원 간의 의사소통이 디지털 형식인지 아날로그 형식인지 구분하는 것이 필요하다. 디지털 방식의 의사소통은 언어의 논리성에 의하여 조절되는 의사소통의 구성인 단어를 기초단위로 이루어지게 된다.

반면 아날로그 의사소통 방식은 비언어적인 의사소통의 방식을 많이 사용하게 되는데 이것은 의사소통의 언어적 전달뿐 아니라 자세, 표정, 제스처, 목소리의 톤, 억양, 리듬과 같은 다양한 심리 및 정서적 양식이 포함되어 정황까지 함께 전달되는 것이다. 그런데 이러한 아날로그식 의사소통 방식에 있어서 상황의 불유쾌함의 문제를 가진 사람은 그 문제를 해결하거나 증상을 없애기 위해 분노 등의 촉발을 매개로 하여 사회적으로 용인이 되지 않는 부분까지 이르며 자신의 의사를 관철하고자 하는 경우가 종종 있다.

이러한 경우에는 표면적으로는 단순한 의사의 전달이나 자기주장의 형식으로 보여질지라도 그 이면에는 그 사람이 가지고 있는 성장과정에서의 처리되지 못한 감정이 내재되어 있는 경우도 많다는 것이다. 따라서 가족상담사는 의사소통 방식에 대한 주의 깊은 탐색을 요하며 그에 따른 최면요법 등을 통한 무의식의 탐색도 경우에 따라 실시할 수 있다. 이러한 경향은 내재적인 경향으로 인하여 일시적인 상담만으로는 나타나지 않는 경우도 많으므로 의사소통 이면의 면까지 관찰하는 것이 가족관계의 회복에 있어서 중요하다.

### (2) 강점과 장점의 발견

가족관계의 회복을 위하여 가족상담을 찾는 사람들은 가족 구성원으로부터의 적절한 지원을 받기보다 섬과 같이 고립되어 자신의 입장만을 항변하는 경우도 많다. 이러한 경우에는 각각의 구성원을 하나의 이해단위의 조직으로 묶어 주기 위해서 다양한 각도에서의 은유적인 활동도 상담에 활용하게 된다.

예를 들면, 부부간에 서로가 느끼는 짐을 여러 장의 스카프에 비유하며 상대방에게 걸어 주고 그 상대방을 바라보는 느낌을 이야기하며 다시 미안하다는 사과와 함께 한 장 씩 풀어 주거나 하는 은유적인 활동 등이 활용될 수 있다. 전략적 접근으로는 상대방이 가진 장점 50가지를 이야기하게 하다 보면 인지하지 못하던 많은 장점을 보게 되기도 한다. 가족의 문제는 자원이 없어서라기보다, 자원보다 상대방에게 바라는 점에 대한 서운함에 대해 포커스가 맞추어져 있는 경우가 많기 때문에 바라보는 관점의 전환으로부터 접근하는 것이 필요하다.

따라서 건강한 가족관계의 회복을 위하여 상담가는 가족 내에서 바람직한 변화를 위한 노력이 일정 기간 지속되면 행동치료에서 적용되는 바와 같이 바람직한 모델링을 내면화할 수 있다. 이러한 과정은 혹시 항상성의 원리에 의해 다시 일시적으로 과거의 현상으로 돌아가더라도 그에 대한 잘못된 상황을 적어도 인지하게 되는 성과를 가지게 된다. 이러한 경우에 과거로 다시 돌아가지 않도록 지지하는 의지와 새롭게 형성되는 가족규칙이 중요한데, 새롭게 형성된 가족규칙에 성공적으로 동화된 이후에는 가족이 새롭게 적응하며 변화하고 발전하는 계기가 될 수 있다.

### (3) 이중구속

가족관계에 있어서 주의할 부분이 이중구속 메시지이다. 이중구속이란 두 가지 메시지를 함께 주는 것이다. 예를 들면, 사랑한다고 하면서 보이는 표정이나 행동은 그렇지 않은 경우 혹은 상대방에 대하여 간섭하는 방향이 두 가지 방향인 경우, 이러한 의사소통에 노출되어 있는 대상자는 무기력을 느끼며 현실에 적응 장애현상을 보이게 된다. 대표적인 예로, 자녀양육에 있어서 성적이 다가 아니라고 하면서 성적을 가지고 자녀를 야단치거나 하는 등의 이중구속의 예는 무수히 많으며 성장과정에서 정신분열의 요인으로 보기도 한다.

이와 같이 일관적이지 않은 상대방의 태도는 상대방으로 하여금 혼란을 느끼게 하며 그 대상자는 상대방에게 대한 관심을 점점 철회하게 되고 다른 대상이나 대상자에게 관심을 가지고 몰두하는 현상을 보이게 된다. 또한 자녀의 게임중독이나 각종 알코올 중독 등은 관계 속에 표출되는 은밀한 이중구속의 모순적 상황에 노출되게 되어 만성적이거나 심각한 상황으로 발전하게 된다.

이중구속이나 이중메시지를 자주 보이는 상대방과의 진정한 관계는 성립되기 어려우며 의사에 있어서 감정의 반영이나 변동 혹은 철회가 빈번한 경우에는 특히 관계의 형성이 어렵게 되므로 상대방의 정신건강에 악영향을 미치게 된다. 특히 이중구속의 효과는 관계에 있어서 지위가 다른 경우 낮은 지위에 있는 사람이 메시지의 해석에서 혼란을 느끼는 경우, 동시에 수신되는 메시지의 상충되는 내용 속에서 어느 한 부분을 취하여 행동해야 하기 때문에 대상자가 어린 자녀인 경우에는 정신적으로 매우 심각한 결과를 초래할 수 있다.

이중구속의 상황은 언어적 메시지와 표정이나 태도 등의 비언어적인 메시지와 함께 전달되는 경우도 많으므로 매우 혼란스럽고 불안이나 분노 등을 경험하게 될 수 있으므로 신뢰 관계를 기반으로 하는 의사소통이 이루어지기 어렵다. 따라서 동등한 관계에서 이러한 상황이 일어나는 경우는 상대방에 대한 불신이 오가며 의사의 송수신에 있어서 감정처리의 문제가 발생할 수 있으며 이에 대한 진지한 대화가 필요하다. 대화를 풀어 갈 때는 상대방이 비난으로 인식하여 방어하기 쉬운 너 전달법이 아닌 나의 입장과 바람을 전달하는 나 전달법을 통하여 정확하고 일치되며 일관적인 메시지를 전달하는 방식이 권장되고 있다.

제6장

# 건강가정을 위한 가족관계 상담이론

# 1. 보웬[1)]의 가족관계 상담

보웬

보웬(Bowen)의 가족상담은 개인의 자아분화의 수준과 가족력에 대하여 가계도를 통하여 접근하고 개인의 분화수준을 살펴보고, 개인의 탈삼각화를 통해 가족관계의 문제에 접근하고자 하였다. 보웬은 분화(differentiation)의 정도가 가족들의 제3의 연합인 삼각관계를 유발하게 되며 역기능을 통하여 가족 구성원 중 한 사람이 희생양이 될 수 있다고 하였다.

이에 보웬의 치료기법은 가족 구성원 중 한 사람(IP)을 치료함이 전체 가족체계를 변화시킬 수 있다는 생각을 가지고 있으며, 그 접근법을 통하여 다른 구성원과 상호작용하는 가족을 통하여 가족관계의 재구성에 접근하고자 하였다.

또한 보웬은 분화의 수준이 세대를 통해 전수될 수 있음을 인식하고 세대 간의 관계를 살펴보기 위해 가계도 작성을 건강가정으로의 회복을 도모하기 위한 기초조사의 도구로 활용하였다.

가계도 작성법[2)]은 가족 구조를 도식화하여 가족 구성원에 관한 정보와 가족관계를 기록하여 다세대 전수 등을 한눈에 살펴볼 수 있도록 활용한다. 이러한 가계도의 활용은 가족 진단의 도구로 복잡한 가족 내에 가지는 문제의 유형을 쉽게 파악하게 하

---

1) 보웬은 미국에서 출생하여 대가족의 장남으로 태어나 정신과 의사가 되었고 정신분석가로 활동하면서 정신분열증 환자를 치료하였으며, 모자 공생애의 가설을 통하여 1954년 국립보건원에서 그의 이론과 기초를 확립하였다. 그는 환자들은 엄마와 불안정한 애착관계가 개인의 분화수준과 삼각관계에 영향을 준다고 하였다. 모자의 애착관계는 정서적으로 불안한 마음에 의해 이루어지며 이것은 스스로의 통제에 영향을 주는 불안정한 애착관계로 나타나는데 이것은 불안정한 애착관계를 통하여 자신을 지탱하기 위해 다른 사람들과 일정한 관계를 가지고 삼각관계를 형성하며 자아분화에 영향을 주게 된다.

2) 가계도(Genograms)는 보웬(1978)의 가족체계이론에 근거한 사정도구로 2~3세대에 걸친 다세대의 정보를 가족 구성원에 관한 정보와 관계를 도표화하여 기록 및 작성하는 방법으로, 가족 내 역동성을 이해하고 가족이 여러 세대에 걸쳐 발달시켜 온 가족의 역할, 유형 및 관계 등의 상호작용을 살펴보기 위해 고안되었다.

고 가족의 문제에 대하여 어떤 맥락에서 어떻게 개입할 것인지에 대하여 유용한 자료를 제공할 수 있다.

## 1) 주요 개념

### (1) 분화[3)]

분화(differentiation of self)의 개념[4)]은 보웬의 가족치료이론에서 대표적인 개념이다. 보웬은 가족 내에서의 문제가 지적체계와 정서체계와의 분화의 불균형이라 보았다. 자기분화의 개념은 정신내적이며 인간관계적 개념으로 자신과 타인 간의 구분, 정서과정과 지적과정의 구분능력이다[5)].

이러한 분화는 가족 간의 관계에 의한 영향으로 자아의 형성을 통해 형성될 수 있는데, 어린 시절 부모나 중요한 사람들 간의 상호작용을 통해 자아가 형성된다고 보았다. 예를 들어, 타인과의 관계에 의해 변하지 않는 진짜 자아와 타인과의 관계에 의해 형성되는 가짜 자아가 있다고 가정한다면, 진짜 자신이 많은 경우에는 타인의 영향에 의한 감정 반사행동이 적게 된다.

반면 분화지수가 낮은 경우에는 지적 반응보다 감정 반응이 주를 이루게 된다. 분화지수가 높은 75~100의 수준에서는 불안이 아주 높은 관계 속에서도 자신의 목표를 잃어버리지 않고 유지할 수 있다. 분화의 정도를 알 수 있는 지표는 가족의 의견이나 감정적 힘에 의존하지 않고 스스로 주관적으로 의사결정을 할 수 있으면서도 가족에게 섬세하게 반응할 수 있는 정도로, 진짜 자신의 감정과 지각을 유지하면서 가족의 일원으로서 생활을 영위하는 정도를 통해 알 수 있다. 즉, 다른 사람과 건강한 경계

---

3) 보웬은 자아분화를 타인으로부터 자기의 분리와 지적 과정으로부터 감정적 분리라는 두 가지 측면으로 보아 미분화된 가족 자아집합체의 융합을 설명하였다.

4) 보웬은 핵가족 감정체제로 가족원들이 융해되거나 감정적으로 하나가 되는 상태를 표현하기 위해 '미분화된 가족의 자아 덩어리'라는 용어를 사용하여 핵가족 감정체제를 통해 가족들이 감정적으로 연결되어 있는 감정 상태와 질을 설명하고자 하였다. 즉, 가족의 성원들이 가지고 있는 감정적 연결의 강도를 나타내는 개념이 핵가족 감정체제라고 할 수 있다.

5) 감정반사행동의 빈도에 따라서도 일정 정도 짐작이 가능하다.

를 유지하면서도 상호 책임과 균형을 이루는 정도이다.

때로 불일치나 적대감에 직면할 때에도 정직하게 진짜의 자신으로 타인과의 관계에서 자신을 잃지 않으면서도 그들과 건강한 관계를 유지하고 반사 행동을 하지 않고 지적인 반응을 할 수 있는 정도가 건강한 자아분화의 상태라고 할 수 있다[6].

이와 같이 보웬이 언급한 자아분화의 개념은 정신내적인 개념과 동시에 대인관계적인 개념으로 정신내적 측면의 분화로 이는 자신의 사고와 감정을 분리시킬 수 있는 능력이며 주위 사람들의 감정의 지배를 받기보다는 자율적인 사고와 감정이 균형을 이루는 객관성을 가지고 있다.

### (2) 투사

자아분화가 낮은 경우에는 부부체계에서 감정 반사행동이 증가하며 부부 중 한 사람이 신체나 감정적인 역기능 상태에 처하기 쉽고 부부간의 문제를 자녀에게 투사할 수 있을 가능성이 있다. 이와 같은 가족의 투사과정은 핵가족 감정체계에 따른 미분화로 감정적 불안정을 다루기 어렵거나 혹은 인지의 과정을 통해서 처리하지 못하는 경우는 자신의 불안을 다른 가족 구성원에게 투사하는 현상으로 나타나게 된다. 이러한 현상이 부모와 자녀 간에 나타날 때를 가족투사과정(family projection process)이라 한다. 이는 가족의 구성원이 자신의 미성숙함과 분화의 부족을 다른 구성원에게 전가하는 경우이다.

투사의 대상은 자녀로 볼 때에 장남이나 장녀가 되는 경우가 많으며 이때 자녀는 부모와의 삼각관계로 분화의 수준이 낮은 상태로 성장하게 될 가능성이 높게 된다. 그런데 심각한 것은 이러한 가족투사현상이나 삼각관계의 행동양식은 다음 세대를

6) 보웬은 자신과 타인의 구분으로 정서적 과정과 지적 과정을 구분할 수 있는 능력으로 표현되는 확고한 자기(solid self)와 거짓자기(pseudo self)로 구분하여 제시할 수 있다고 하였다. 그는 분화의 종류로 정신내적 측면의 분화와 지적 기능이 정서적 기능과 얼마나 분화되어 있는가를 살펴보았고, 대인관계적 측면의 분화로 다른 사람과 구별되는 확고한 자아발달과 자신의 신념에 의해 자주적이고 독립적인 행동이 가능한가 하는 두 가지 측면을 관찰하였다. 분화가 이루어지지 않은 사람은 미분화된 가족자아(undifferentiated family ego self)의 상태로 남아 혼합된 감정 상태로 독자적인 정체감을 형성하기 어렵다.

통하여 다세대로 전이될 수 있는데, 예를 들면 화를 많이 내는 감정반사행동의 양상을 많이 보이는 부모 아래 성장한 아이는 부모의 행동이 내면화되어 같은 방식으로 다른 사람과 관계를 맺을 가능성이 높아진다는 것이다.

이와 같은 현상은 삼각관계의 형성이나 가족투사를 통하여 전수되는데 이것을 세대 간 전수라고 한다. 즉, 다세대 전수과정(multigenerational transmission process)을 통하여 이러한 환경에서 자라는 자녀의 분화수준은 높아지기 어렵다. 이렇게 부모세대의 핵가족 감정체제는 자녀세대의 감정 분화수준을 일정 정도 예견할 수 있게 한다[7].

한편 보웬이 주장한 바로는 자녀의 출생 순위, 즉 자녀의 위치(sibling position)는 분화수준과 관련이 있다. 이것은 부모들의 기대수준과 관련이 있는 것으로 장남과 장녀의 경우는 부모의 기대수준에 의하여 분화수준이 떨어질 가능성이 있으며, 부모의 기대수준이 낮은 자녀의 위치는 자녀가 독립된 생각에 의하여 행동할 가능성이 높아지게 되는데 독립된 생각의 정도에 따라 분화수준은 올라가게 된다.

이에 대한 반사적 행동으로 부모와의 관계에서 해결되지 못한 정서적 애착의 처리로 과거로부터 자신의 삶을 위해 자신을 분화시키고자 멀리 떠나 생활하거나 부모에 대한 거부의 표현 등의 표출은, 실상 불안이 높고 정서적 의존이 높은 경우의 단절로 나타나는 현상이 많으며 물리적 단절과 감정적 단절의 형태로 나타나나 실제로 이러한 감정단절(emotional cutoff)은 오히려 융해 관계에서 오는 경우가 많다. 따라서 가족 간의 외로움과 오해가 있다면 이러한 부분을 살펴볼 필요가 있음을 점검해 보아야 한다.

### (3) 핵가족 정서과정

핵가족 정서과정(nuclear family emotional process)[8]은 과거 해소되지 못한 불안이 가족에게 투사되는 것으로 분화되지 못한 불안과 스트레스에 대한 대처능력의 저하는 각종

---

7) 보웬은 정신분열을 연구하였는데 이러한 역기능의 문제는 가족체계의 누적된 미분화와 융합의 결과로 보았다.

8) 보웬은 핵가족 정서과정이 다음과 같은 현상으로 나타날 수 있다고 보았다. 정서적 거리(emotional distance), 부부갈등(marital conflict), 자녀에게 전이(transmission of the problem to a child), 배우자 역기능(dysfunction in one spouse)으로 나타날 수 있다.

역기능으로 나타나기 쉬우며 결혼은 자아분화가 같은 수준인 사람 간의 선택에 의한 만남이 되기 쉬우므로 결혼 후의 부부 융화나 부부 갈등은 이러한 문제의 점검을 요하게 된다.

또한 자녀의 이러한 미발달은 양육자인 어머니로 하여금 **통제의 구실**을 제공하게 하며 일종의 **병리 현상**을 사용하여 부모로 하여금 더욱 관심을 쏟게 하는 기제로 작용하여 기존의 미발달적 가족 유대를 굳히는 결과가 된다.

따라서 보웬의 치료의 목표는 개인보다는 체계 내에서 불안을 경감시키고 자신에게 초점을 맞추어 자아분화를 촉진하는 것을 목표로 한다. 또한 합리적인 객관성을 통하여 분화를 성취하여 감정과 사고를 분리할 수 있도록 하고 핵가족 및 확대가족과 유대를 끊지 않으면서도 **독립성**을 발달시키도록 하는 것이라고 할 수 있다.

### (4) 삼각관계

삼각관계(triangular relation)란 두 사람이 불안정한 관계를 형성하는 경우에 다른 사람과 연합하여 상대적으로 강한 사람에 맞서 보다 안정된 균형 관계를 만들고자 하는 것이다. 세 사람으로 형성된 삼각관계는 불안을 낮추는 역할을 하게 되는데 그 근원은 불안의 전이현상으로 해석될 수 있다. 예를 들어, 남편과 아내의 갈등관계에 아이가 개입되어 아이와 연합한 아내가 남편과의 관계를 **힘의 관계로 완화**하고자 하거나 문제를 아이에게 전이시키는 관계 등이다.

이때 삼각관계가 고착된 형태로 지속되면 자녀가 증상을 일으킬 수 있다. 그런데 이러한 삼각관계는 사람이 아닌 대상이 될 수도 있으며 일 중독, 알코올 중독, 기타 취미가 될 수 있다. 이러한 삼각관계는 불안이나 긴장과 같은 위기 상황에서 일시적인 도움을 줄 수는 있으나 가족 간의 갈등 문제에 대하여 만성적이게 하고 가족 간의 감정을 혼란스럽게 하기 쉽다.

문제는 이러한 병리적인 현상이 **사회 정서적 과정**(societal emotional process)으로 나타날 수 있는데 사회 정서적 과정은 가족의 이론이 사회로 확대된다는 것으로, 예를 들어 부모가 10대 자녀들을 다루는 낮은 수준은 부모들이 명확한 원리 없이 자녀들을 달래기 위한 항복이나 상황에 도움이 되지 않는 경직되거나 가혹한 반응으로 인하여 관계를 악화시키게 된다. 즉, 자녀의 일탈과 달래기, 그리고 다시 억압 등의 악순환으로 이어져 사회의 이런 경험에 노출된 하위 집단끼리 상호작용하고 융합되기 시작하는 경우는 가족의 문제가 사회적으로 확대되어 폭력과 불신이나 비행을 비롯한 범죄율이 보다 높아질 수 있다.

## 2. 미누친[9])의 가족상담

미누친

미누친(Salvador Minuchin)은 체계론적 시각으로 경계선(Boundary)의 건강성을 통하여 문제를 진단하며 경계를 통하여 개인과 하위체계를 둘러싸고 있는 체계 간의 역동성을 살펴보았다. 미누친은 가족의 건강한 기능은 하위체계의 경계선[10])이 분명한 경우로 보았다.

또한 가족의 역할수행을 위해 가족 구성원 간의 일정한 형태의 상호작용이 있으며 이는 부부 하위체계, 부모 하위체계, 형제 하위체계 등에서 이들에 대한 제휴(Alignments)[11]) 등을 살펴보아 건강한 경계와 하위체계의 개입을 통한 재구조화로 가족

9) 미누친은 구조적 가족치료의 선구자로 2차 대전 이후 미국에서 아동정신과 의사 활동을 하는 가운데 1952년에 버려진 아이들의 치료를 위한 이스라엘의 방문에서 가족의 중요성을 깨닫게 되었다. 이후 1954년 미국에서 정신분석훈련을 받고 뉴욕 근교에서 비행청소년과 빈곤가족에 관심을 가지게 되었고 이후 『가족들과 가족치료(Families & Family Therapy), 1974』를 저술하였으며 1981년에는 가족학연구소(현 미누친 가족연구소)를 설립하고 구조적 가족치료(Structural Family Therapy)에 대한 연구를 하였다.

10) 미누친은 가족의 경계를 다음과 같이 구분하였다. 즉, 이는 분명한 경계(Clear Boundary), 애매한 경계(Diffused Boundary), 경직된 경계(Rigid Boundary)이다.

11) 가족 성원 간에 형성하는 정서 및 심리적 연결에 관한 것을 뜻하며 치료적 차원에서 병리적인 가족의 경우는 제휴의 재구조화에 개입하게 된다.

을 치유하고자 하였다.

첫째, 가족관계에 있어서 부부 하위체계(spouse subsystem)를 살펴보아 부부 하위체계의 정서적 안정과 원활한 기능이 가족체계에서 중요하다고 보았다.

둘째, 가족관계에 있어서 부모 하위체계(parental subsystem)를 살펴보면 적절한 부모와 자녀의 위계 안에 자녀는 부모의 보호 또는 권위 및 지도에 의하여 성장한다고 보았다.

셋째, 가족관계에 있어서 형제 하위체계(sibling subsystem)를 살펴보면 자녀들 간의 협동, 경쟁, 협상, 지지를 통해 가족관계 및 사회에서의 동료 관계를 학습할 수 있다고 보았다.

또한 보웬은 가족관계를 살펴보기 위하여 가족 간의 지배적인 규칙을 살펴보고자 하였다. 이를 통하여 가족 구성원의 상대적인 위치, 가족관계, 기능 및 문제 등에 관한 관점을 구조화하는 것에 기여하였다. 여기에 활용되는 개념은 다음과 같은 것이 있다.

## 1) 주요 개념

### (1) 모호한 경계선

가족관계에 있어서 모호한 경계선이란 가족원 사이에 정보는 공유하지만 필요 이상의 밀착된 관계를 형성하게 되는 관계이다. 지나치게 친밀하거나 깊이 관여하는 상황은 각자의 개인적 자아분화가 덜 이루어져 있다는 것을 의미한다.

### (2) 경직된 경계선

가족관계에 있어서 경직된 경계선이란 가족 구성원 사이의 생각이나 감정 등을 공유하지 못하고 유리된 관계로 고립되고 친밀감이 부족하여 가족 외의 다른 집단에 강한 연합을 형성하기도 하는 관계이다. 경직된 경계의 가족체계는 지역사회, 이웃과의 관계에서의 상호작용이 제한되는 결과를 낳는다.

### (3) 분명한 경계선

가족관계에 있어서 분명한 경계선이란 경계가 적절히 투과적이고 유동성 및 융통성이 있는 경계선으로 바람직한 상호작용으로 설명될 수 있다.

미누친은 이와 같이 가족 간의 관계를 구조주의적인 입장에서 바라보았으며 이를 적용하여 가족의 관계를 회복하기 위하여 가족이 보다 기능적인 교류유형을 발달시킬 수 있도록 돕는 맥락을 만드는 것이 중요하다는 관점으로 다음과 같은 기법을 활용하였다.

첫째, 가족관계의 회복을 위한 기법은 교류의 창조(creation of transaction)기법으로 치료적인 효과가 연결될 수 있도록 가족 구성원 간의 교류를 치료자가 이끌어 낸다. 이를 위해서 활용되는 기법으로는 구조화(structuralization)와 실연화(enactment inducement)가 있다.

둘째, 가족관계의 회복을 위한 기법으로 상호 교류와의 합류(joining with the transaction)를 통하여 가족의 체계가 순기능적인 순환에 적응(accomodation)을 유지할 수 있도록 한다.

이를 통하여 교류를 재구성화(restructuring the transaction)함으로써 보다 기능적인 가족구조를 이루고 가족 구성원 간의 교류 체계를 재편성(system recomposition)하여 가족 구성원의 구조를 수정(structural modification)하는 것을 가능하게 할 수 있다. 미누친의 건강한 가족관계를 위한 치료의 특징은 가족의 교류유형에서의 경계선, 제휴, 위계를 움직여 변화를 도모하는 기법이라고 할 수 있다.

미누친은 이와 같이 가족의 구성원들이 상호작용하는 것을 관찰하여 고착화된 패턴의 발견을 중요하게 생각하였다. 그는 같은 행동들의 반복을 통해 가족들은 지속적인 패턴이 있다고 파악하였다. 이렇게 반복되는 패턴들을 통하여 가족의 상호관계를 지배하는 일련의 은밀한 규칙(covert rule)를 발견할 수 있다는 것이다.

따라서 가족의 반복된 행동으로 나타나는 결과는 구조적 패턴을 보여 준다. 그런데 가족 내에서 어느 한 사람이 주도권을 가지고 모든 의사결정을 하는 경우, 상대 배우자는 가족 외부에서 감정적인 지원을 얻으려는 심리로 가족의 외부로 주의를 돌리며 다른 하나의 구조를 만드는데, 이것이 취미이든 다른 인간관계이든 무엇이든 자기 영속성(self-perpetuating)을 유지하기 위한 경향이며 이를 발견하는 관찰이 필요하다.

### (4) 하위체계

미누친의 구조주의적 접근에서는 부부 하위체계나 부모 하위체계를 통하여 설명되는 병리적 밀착현상에 주목한다. 이것은 인간이 자신을 보호하기 위한 심리적 방어이기도 하다. 예를 들어, 부부가 너무 엄격한 경우 자녀관계가 부부관계보다 밀착될 수 있으며 따라서 각자 분화된 자아와 권위가 필요하며, 이러한 경우에는 상호 건강한 방식으로 협상하는 방법을 익히는 것이 치료의 한 기술이 된다.

부부 하위체계의 경우는 적당한 권위를 가지면서도 과도하지 않은 통제력을 통하여 부모로서의 역할을 아동의 성장과 발달 및 자율적인 권리에 사용할 수 있어야 한다. 한편 형제 하위체계는 자녀가 사회에서의 건강한 또래 관계를 형성하는 데 도움을 주는 기본 사회화의 과정이 될 수 있다. 형제간의 상호작용은 상호 지지나 반대 등을 통하여 협동력과 양보 및 감정유보 등의 경험을 하며 자신을 방어하거나 경쟁하고 타협하는 방법을 익히는 가운데 형제 하위체계를 통한 다양한 경험을 통해 사회생활에 적용된다.

### (5) 미분화의 교정

구성원 간의 밀착된 관계는 미분화성을 형성하게 되며 혹은 반대의 경우로 유리나 방임 등의 경향을 보이기도 하므로 가족학에서는 명확한 경계(clear boundary)를 중요시하게 된다. 또한 부부가 체계를 이루면 원가족들로부터 그들을 건강하게 분리시키는 경계를 분명히 하는 것도 중요한 적응 과제이다. 즉, 자녀의 출생 이후 아내와 남편으로서의 기능적 역할은 전통과 함께 상호작용하며 적절한 관계성을 가지고 성장해나가야 하는 과제인 것이다. 이것은 각각의 역할에 따른 정체감과 소속감 및 분화를 촉진시킨다.

반면 병리적인 가족의 특색은 상황의 변화에 수정되지 않고 경직된 구조에 고착된다. 그에 따른 예는, 부부갈등을 직접적으로 해결하기 어려운 경우로 이를 직면하지 않고, 자녀에 초점을 맞추고 자녀에 지나치게 애착을 가지는 경우 오히려 자녀의 장애를 불러올 수 있다.

따라서 가족관계를 위하여 상담자는 특수한 상황에서 가족의 문제를 재현시키고 그에 따른 역할 제안과 모델링을 통해 가족의 상호작용을 수정할 수 있도록 지도한다. 그리고 상담자는 가족 구성원의 어느 쪽이 공격적이며 어느 쪽이 방어적이며 누구와 심리적으로 밀착되어 행동하고 있는가 등을 관찰하여 개입하도록 한다.

가족관계를 다루는 상담자는 특히 가족 간의 관계에서 '숨겨진 문제와 메시지'를 발견하고 도움을 줄 수 있어야 한다. 역기능적인 가족은 지나치게 경직되어 있거나 산만하거나 유리된 방임적 상태를 유발하는 경계선을 가지며 만성적 역기능이 오랫동안 학습된 경우가 많으므로 가족치료에서는 변화의 방향을 제시하기 위해 모델링을 시도한다.

이와 같이 모델링의 경험된 행동을 통해 가족 구성원의 느낌을 공유하도록 하고 바람직한 행동을 구축하도록 한다. 한국의 가부장적인 가족제도는 엄한 전통적 규율 속에서 억압을 배우는 역기능적 형태로 스트레스를 유발하거나 행동을 가장하기 쉽다. 따라서 미누친의 구조적 가족치료는 가족관계의 개선에 효과적이다.

## 3. 휘태커와 사티어

건강가정을 지향하기 위한 경험적 접근은 1960년대 개인 심리의 실존 및 인본주의적 접근에 그 기원을 두고 있다. 이 시기는 인간의 경험, 감수성 훈련 및 인간 잠재력의 성취에 관심을 가졌던 시기이다. 따라서 **경험적 가족치료**(Experiential Family Therapy)는 통찰이나 설명보다 구성원의 특성에 맞는 경험을 통하여 **명료한 표현의 훈련, 경청, 감정 표현, 관찰 등의 경험**이 중요하며 이를 통해 개인의 성장, 표현 및 기회 등을 제공하려고 노력한다.

그들이 제공하는 경험이란 구성원이 자발적으로 자신을 열어 보일 수 있는 기회의 **표현, 자유, 개인의 성장**들을 의미한다. 경험주의적 가족치료자로는 휘태커(C. Whitaker)와 사티어(V. Satir)가 유명하다.

이들은 치료과정에서 내담자의 경험을 중시하고, 치료자의 구성원에 대한 관여로 사람의 변화를 촉진한다는 공통점이 있다. **휘태커**는 **개인적인 만남**을 강조하고 치료자와 집단 구성원 간의 인간 대 인간의 원조 관계를 강조하였고 사티어는 치료가 **성장 과정의 경험**이라고 주장하였다. 이들은 치료자의 성장을 돕는 성장기법의 역할을 강조하였다.

### 1) 휘태커(1912~1995)[12]

**휘태커는 상징적 경험주의 모델**(symbolic-experiential model)에 근거하여 내면의 표면화를 통해 특정 이론에 근거한 치료보다 자신을 가족관계 개선에 적극 활용하는 자발성을 주장하였다. 휘태커에게 건강한 사람이란 성취적인 사람이며, 그들이 경험하는 문

12) 휘태커는 정신분열의 원인 중에 가족의 역할이 크다는 것을 통하여 내적 심리 딜레마와 대인관계의 딜레마로 정신분열증을 개념화하면서 가족을 치료에 참여시켰으며 이론에 의해 억제되지 않는 치료자의 자발적이고 창의적이며 적극적인 치료를 강조하여 이를 통해 치료자와 가족이 모두 성장한다고 보았다.

제들에도 불구하고 성장하는 사람들이라 하였다.

일반적으로 가족은 자신의 심리 내적 차원에 자신만의 신화, 언어적인 역사나 스토리를 가진다. 건강한 체계는 자신의 네트워크를 통해 다른 체계와 건강한 상호작용이 가능하며 자율적이고, 상호 존중을 기반으로 개방적이며 협상 과정을 통하여 문제를 해결한다.

휘태커는 구성원이 친밀할 수 없고 개별화할 수 없기 때문에 치료를 받으러 온다고 가정하고 경험에 대한 구성원들의 잠재력 촉진을 통해 집단의 잠재력을 방출하는 방식으로 기능을 회복하는 성장을 가족관계 개선의 초점으로 두고 있다. 휘태커는 임상의 경험을 통하여 가족의 변화는 특정 기법에 있는 것이 아니라는 사실을 알게 되었다.

이에 참 만남을 창조하여 방어 심리를 줄이고 정서적인 자발성을 고취하는 것이 중요하다고 보았으며, 경험적 치료과정에서 깊은 관여로 인하여 전이-역전이 현상이 일어나지 않도록 공동치료의 중요성을 강조하여 치료자들의 상호 조언과 확인이 중요하다고 보았다. 이러한 공동 치료는 다양한 방법의 시도와 함께 치료자에 대한 보호의 효과도 있다.

## 2) 사티어(1916~1988)의 성장기법[13)]

사티어는 조직 구성원들을 성장을 돕는 일원으로 보아, 상호 가치 있으며 사랑 받고 있음을 느끼도록 배려하고 경청하며 의사소통에 있어서 건강한 상태를 유지하는 구성원의 존재라고 보았다. 그러므로 기능적이고 건강한 사람은 융통성이 있으며 문제해결에 적극적이라고 할 수 있다.

---

13) 사티어의 치료모델은 전통적 의료모델이 아니며 성장모델(Growth Model)이다. 사티어는 경험적 치료에서 합류(Joining), 추적(tracking), 유지(maintenance), 모방(imitation), 실연(Enactment), 재구조화(Restructuring), 재명명(redefining), 경계선 만들기(boundary making), 재조직화(reframing), 과제(tasks), 장점탐색(search for strength), 상호보완(complementarity) 등의 방법을 활용하였으며 경험적 가족치료자는 가족 개개인의 경험 수준을 증가시켜 정직하며 친밀한 가족 상호작용을 통해 성장할 수 있다고 보았다.

경험주의 치료자들은 가정에서의 각종 경험을 지지하고 격려하며 구성원들에게 그 자신이 될 자유와 연대감뿐 아니라 개인적 사생활도 존중한다. 따라서 이와 반대로 역기능적 사람이란 상호 정서에 무관심하고 냉담하며 강요된 규칙을 적용하는 분위기에서 의사소통하는 사람이라 할 수 있을 것이다. 따라서 구성원 간의 우정이나 가치, 창조성보다는 외적인 일에 몰두하는 경향이 있다.

이에 사티어는 인간이 근본적으로 긍정적으로 성장하기 위한 잠재력과 생명력을 선천적으로 가지고 있으므로 이러한 측면이 적절하게 양육되면 건강한 성인으로 성장할 수 있다고 보아 가족 구성원 간의 성장적 의사소통 방식을 강조하였다.

사티어는 인본주의에 입각한 온정적 태도를 치료자가 제공해야 하는 것은 물론 인간적인 성숙을 위해 민감하고 정확한 의사소통이 필요하다고 하였으며 문제해결을 위하여 자신을 치료도구로 활용하여 가족 구성원 각자의 자존감과 긍정적 의도를 확대하여 우호성을 도왔다.

이러한 과정에서 가족 구성원은 개인의 치료에 대한 기대를 분명히 표현하고 구성원에 따른 개인 의견 차이에 대하여 견해와 지각이 서로 다를 수 있음을 인식하고 의사소통의 불일치를 인정하는 가운데, 보다 긍정적으로 상호 구성원 간의 개별성을 인정하도록 하는 시도를 하였다. 즉, 서로가 다를 수 있음을 충분한 의사소통을 통해서 경청하고 친밀하게 상호 성장할 수 있는 방향을 모색하였다. 사티어는 **치료적 변화**가 **내면의 과정**에서 일어난다고 보아 치료의 변화를 위하여 치료자와 내담자의 정서적인 교류를 통한 참 만남을 강조하였다. 이러한 참 만남을 통하여 치료자는 전문가의 역할을 유지하면서도 가족과 가까운 거리에서 자신의 영향을 발휘하여 진실한 변화를 촉진할 수 있어야 한다고 보았다. 그 밖에도 사티어는 면담과정에서 **가족조각, 안무, 은유, 유머, 접촉, 의사소통, 재정의**로 부정적인 상황을 '긍정적인 것으로 전환'하기, '긍정적 표현' 등을 통해 정서적인 친밀함을 회복하도록 노력하였다.

또한 경험주의적인 치료는 현상학적 기술, 심리극, 내담자 중심의 만남을 통하여 자발적인 선택, 자유 의지로 자기 결정과 자기 달성을 위한 인간의 성장능력을 강조하는 관점을 지향한다. 이를 위하여 각 개인의 **개별성을 인정**하여 스스로의 잠재력을 깨닫고 이를 개발할 수 있도록 내담자들의 느낌, 감정과 감수성, 상상 및 내면적인 경험에 가까워질 수 있는 다양한 방법을 사용하였다.

### (1) 의사소통 치료

사티어의 의사소통 치료의 주요 개념[14)]은 성숙(Maturation)을 바탕으로 자신에 대하여 충분히 책임을 지며, 자신 및 타인에 대한 지각을 기반으로 자신이 내린 선택과 결정에 대해 책임질 수 있어야 한다는 것을 강조한다. 또한 자신에 대한 자각에 의하여 자신의 의사표현을 타인에게 명확히 전달할 수 있으며 다른 사람의 의견에 대한 차이성(differentness)을 존중하여 실제 상황(how it is)의 관점에서 행동하므로 자신과 타인과의 사이의 의사소통의 상호 자유로운 선택을 존중하는 것을 권장한다.

이를 위해 사티어는 무엇보다 "자기 존중감"(Self-esteem)[15)]을 핵심적인 회복 과제로 보았다. 자기 존중감이 높은 사람은 타인에 대한 존중과 배려가 가능하며 자신에 대한 사랑, 신뢰, 존중은 다른 사람에게도 적용될 수 있다고 보았다.

그러므로 사티어는 치료의 목표로 자기 가치와 존중감(self-esteem)을 향상시켜 새로운 희망을 가질 수 있도록 하였다. 사티어는 이를 위하여 가족 구성원들의 의사소통에서 가족 규칙을 발견하였는데 성원 간의 감정을 표현하는 방법, 거절이나 반대에 관한 표현, 이해하지 못할 때 다시 설명해 줄 것을 요구하거나 하는 과정을 관찰하였다.

사티어는 가족의 분명한 규칙[16)]보다는 '감정의 규칙'을 중시하였으며 가족 구성원

---

14) 사티어는 자기 존중을 통하여 타인의 독특성, 차이 및 유사점을 인정하고 이를 상호 탐색과 협상을 통해 의사결정을 하도록 하고 있다. 이를 위해 적합한 의사소통 능력은 타인과 조화로운 관계를 맺게 하며 '일치형' 의사소통을 통하여 건강한 가족의 통합의 단계(the stage of integration)를 구축하고자 한다.

15) 자기 존중감이 낮은 경우는 불확실한 감정과 불안감을 통하여 불신, 외로움, 소외감으로 건강한 의사소통을 하지 못할 가능성이 높아진다. 반대로 자기 존중감이 높은 경우는 자기 능력의 신뢰로 원만하고 정직하고 타인을 신뢰하며 가치를 인정하고 일시적으로 낮아진 자존심을 있는 그대로 표현하거나 보다 창의적으로 극복하고자 한다.

16) 가족규칙은 명백한 '명시적 규칙(meta-rule)'과 '암묵적 규칙'도 존재한다. 상위규칙은 '규칙을 총괄하는 규칙'이며 가족을 어떻게 유지하며 변화시킬 것인지를 포함한다. 그런데 역기능적 가족의 경우는 중요한 상위규칙을 가지기보다 경직되거나 가족규칙을 변경할 수 없다는 식의 상위규칙을 갖는 경향이 있다.

에 대한 문제의 원인을 나쁜 사람이 아닌 '나쁜 규칙'에서 찾았다. 즉, 의사소통의 언어 및 비언어적 과정과 메시지의 일치성과 불일치성에 관심을 두었다.

### (2) 가족의 재구조화 작업

이를 위하여 다양한 치료방법이 적용되는데 그 일부로는 재정의(Reframing), 가족재구조화(Family Reconstruction), 가족생활 연대기(Family Fact Chronology), 가족조각(Family Sculpture), 역할극(Role Play) 등이 활용된다. 사티어는 만일 구성원이 이미 학습된 듯이 행동한다면 그 상황 속에서는 그 사람의 최선이며 모든 행동에는 적절한 동기가 있다고 보았다. 그리고 모든 사람은 치유될 수 있으며, 치료과정에 치유가 내재되어 있다고 보았으므로 치료를 할 때 인간이 가지고 있는 신체적 활동과 정서 등의 모든 회로를 활용하고자 하였다.

가족의 재구조화는 문제시되는 태도나 사건 뒤에 숨은 좋은 의미를 재정립하기 위해 활용된다. 이러한 활동의 주요 사항은 내담자의 주요 사건의 어느 한 부분을 선택하여 재연하게 하고, 이를 통하여 새로운 정보와 자신의 다른 감정과 시각을 가질 수 있도록 재구조화하여 가족 구성원의 인지적 재구조화와 건강성을 회복하도록 하였다. 또한 건강한 가족 규칙과 표면에 나타난 가족 규칙 및 가족의 주제, 가족 신화 등을 함께 다루며 순기능적인 대처 체계로 건강한 기능적 체계의 변화하는 과정을 통하여 가족의 재구조화 작업을 하였다.

## 4. 전략적 가족치료의 헤일리와 매더네스

전략적 치료의 개입기법은 직접 및 은유적 지시, 시련기법 등이 있으며 역설적 지시는 가족이 치료자의 지시의 내용에 저항함으로써 변화를 일으키도록 하는 전략의 기법이다. 경우에 따라서 치료자가 변화가 필요한 가족들에게 변화하지 말라고 요청하는 것은 가족이 이러한 지시에 저항하여 궁극적으로는 가족 스스로 변화할 수 있도록 하는 기법이기도 하며 경우에 따라 재정의를 통한 가정이 요구되기도 한다.

### 1) 가정기법

가정기법은 가족의 저항을 직면하는 역설적 기법과 유사하나 보다 부드러운 기법으로 긴장 상황에 대하여 반항심을 유발하는 대신 놀이를 하는 기분으로 하여 가족 구성원의 저항을 우회하는 방법이다. 예를 들면, 분노를 조절하지 못하는 아이에 대하여 극단적 상황에 헐크 놀이라 명명하여 긴장감을 낮추고 여유를 가지고 사건을 바라보아 구성원의 긴장도와 자기방어 정도를 낮추어 이를 통하여 개입하고 행동의 변화를 가져오도록 유도하는 방법이다.

### 2) 시련기법

**시련기법**(The Ordeal Technique)에 대하여 헤일리(Haley)는 "사람은 증상을 갖는 것이 포기하는 것보다, 많은 어려움이 있을 때 증상을 포기한다"는 전제를 통하여 증상에 대해 역설적으로 개입하였다. 예를 들면, 불면증이 있는 내담자에게 잠을 자지 말고 밤을 새워 운동을 하라고 지시하는 것 등이 있다. 이때 저항이 많은 클라이언트는 이러한 지시에 저항하여 잠을 청하고자 한다.

**전략적 가족치료의 핵심**은 역설적인 경우가 많은데, 예를 들어 내담자에게 문제증상을 계속해서 실행하라고 지시하는 지시 등은 내담자가 오히려 변화를 바라게 되는 모순적 상황을 통하여 변화를 이끌어 내는 방식이다. 즉, 내담자의 저항을 처리하고자 하는 효과적 방법을 사용하는 것이다. 따라서 지시와 은유적 언어사용, 역설적 개입, 시련기법 등의 전략적이며 **다양한 방식은 내담자를 치료적으로 이중구속하여 문제의 증상을 스스로 포기하거나, 어떤 쪽을 택하게 하는데 어느 쪽이든 변화하지 않을 수 없도록 하는 방법**이다.

### 3) 피드백 고리

**전략주의 가족상담가**들은 가족의 변화를 위하여 가족원의 행동이 바뀌는 **일차적 변화**(first order change)와 이후 가족체계의 규칙까지 바뀌는 **이차적 변화**(second order change)를 제시하여 완전한 변화를 가져오고자 하였다. **일차적 변화**는 일시적이고 내재적으로 가족의 규칙까지 변화한 것은 아니나 **진정한 변화**는 가족 규칙까지 변화하여 가족의 행동뿐 아니라 신념까지 바뀌는 수준이라고 할 수 있다.[17)]

가족 규칙은 명시적 규칙과 암시적 규칙, 그리고 상위의 규칙(meta-rule)이 존재한다.

17) 예를 들어, 늦게 귀가하는 남편에게 잔소리를 한다면 그것은 기존 가족규칙을 적용하는 일차적 변화이겠으나 '혹시 일을 하는 데 시간이 부족하세요? 혹은 회식 때 이른 귀가는 너무 지키기 어려운 약속이세요?'라고 한다면 그것은 가족체계 규칙을 검토하는 이차적 변화를 요구하는 것이라고 볼 수 있다.

상위 규칙은 일반적 규칙 위에 작용하는 '규칙을 총괄할 수 있는 규칙'이며 가족원이 가족 규칙을 유지하고 변화시키는 것에 대한 규칙이다.

이와 같은 규칙의 개념은 전략적 구조주의 모델이 가족의 구조적인 질서에 관심을 갖고 가족원이 갖는 **통제나 힘의 균형**, 그리고 가족의 위계질서를 중요시하였다. 반면 **역기능적인 가족은 증상을 통하여 가족 항상성을 유지**할 뿐 아니라 증상을 통하여 가족원을 통제한다고 믿었으므로 이러한 피드백에 개입하는 것이 중요하다고 보았다.

이와 같이 피드백에 대한 개입이 중요하다고 본 것은 순환적 인식론에 근거하여 의사소통의 내용보다 상호작용의 과정을 중시하여 개인의 심리내적 문제를 가족 구성원 간의 상호작용으로 전환시켜 상호작용에 개입하고자 하였다.[18)]

전략적 가족치료의 헤일리와 매더네스(Madanes)는 이와 같이 모두 **가족 내의 위계에 염두**를 두고 가족치료 작업을 하였는데 가족원은 **자신의 위치에 맞는 권력과 통제력**을 통하여 타인을 보호하며 돌보아야 한다고 보았다.

### (1) 헤일리

헤일리는 내담자의 개인 문제적인 접근보다 내담자의 가족을 포함하여 대인간의 **상호작용 및 교류를 분석**하였다. 즉, 전략주의 관점에서 볼 때에 증상은 가족 구성원 간의 항상성을 유지하기 위한 기제로, 증상의 이면에서는 상호 관계를 통제하기 위한 IP의 증상을 통한 **관계 통제의 전략**이 숨어 있다는 것이다.

그 밖에도 심한 갈등을 겪고 있는 결혼 관계에 있어서 적대적이며 심한 갈등을 겪는 부부가 자녀의 증상에 매달리면서 결혼 관계를 유지할 수 있을 때, **자녀의 증상은 위기상태에 있는 부모의 관계와 가족을 유지하는 역할**을 한다. 또는 아내의 불안증

---

18) 1990년대 이후 가족치료분야에서 협동적인 치료와 인지적 변화에 초점을 두는 추세가 강화되면서 MRI모델은 전략적 접근을 유지하면서 포스트모더니즘의 치료적 방법을 도입하며 발전하고 있다. MRI모델은 상호작용적인 것으로 문제를 둘러싼 상호작용의 연쇄과정에 대하여 관찰하고 개입하는 것에 관심을 두며 헤일리는 동기에 관심을 두고 클라이언트가 **다른 사람을 통제하려는 소망(desire)에 관심**을 가지고 매더네스는 **사랑하고 사랑받고자 하는 소망**에 관심을 가지는 미묘한 차이가 있다.

은 남편을 무의식적으로 자기 곁에 있도록 하는 통제의 전략이 될 수 있으며 아내는 증상을 통하여 아내가 남편과의 관계에서 권력과 통제를 얻고 있는 것으로 해석할 수 있다.

#### (2) 매더네스

**헤일리와 매더네스는 모두 가족의 경계에서 위계**[19]를 중요하게 보았다. 그러나 헤일리와 매더네스와의 차이로 매더네스는 특히 인간의 딜레마가 사랑과 폭력 간의 투쟁 속에서 발생한다고 보았다. 즉, 인간은 **보호와 관심의 차원**에서 위계의 개념에 접근한 차이가 있다는 것이다. 다시 말하면, 가족은 서로 자신의 위치에서 상대를 잘 돌보는 역할을 하여야 하며 이를 수행하지 못하는 경우 폭력이 발생한다고 보았다. **매더네스**는 따라서 모든 인간의 딜레마가 **사랑과 폭력 간의 투쟁** 때문에 발생한다고 보았으므로 가족 구성원의 보호와 관심이라는 측면에서 위계에 접근하였다. 이러한 관점에서 보자면 가족은 자신의 위치에서 상대를 잘 돌보는 역할을 해야 하는데, 이것을 제대로 수행하지 못할 때 폭력이 생긴다고 본 것이다.

### 4) 전략적인 구조주의 모델

헤일리는 역할에 따른 의사소통 이론에 관심을 가지고 가족 구성원 간의 상호 교환하는 메시지에 내재된 통제와 권력의 투쟁 안에서 '**누가 그리고 무엇에 의하여 의사결정과 관계가 정의되는가?**'라는 쟁점에 근거하여 가족의 역동성을 관찰하였다. 위계질서를 혼란하게 만드는 원인으로는 세대 간 결탁이나 권력 다툼으로 부모가 특정 자녀와 결탁하여 대항하기도 하며 가족의 문제는 다양한 양상을 보인다.

---

19) 가족원은 자신의 위치에 부합하는 권력 및 통제를 가지는 경우에 위계질서가 유지되고 균형이 깨어지는 경우 위계질서에 문제가 발생한다고 보아서, 헤일리는 증상의 해결을 위해서 치료자는 관계의 이면에 존재하는 권력과 통제 방식 및 권력투쟁에 관한 가족관계를 파악하고 명확한 치료목표의 설정과 구체적 개입방식을 계획할 수 있어야 한다고 하였다.

이에 가족의 위계질서 평가를 목적으로 가족 구성원 간의 반복적인 상호작용을 관찰하기 위해서 가족만의 독특한 유형을 분석해야 한다고 하였다. 즉, 병리적 가족은 위계가 거꾸로 있거나 가족 구성원 간의 연합의 특징이 있다고 보았으며, 가족 항상성에 대한 집착으로 상황의 변화에 대처하기 어려워 병리적 연쇄과정에서 벗어나지 못하는 현상을 보이고 있다고 하였다. 이것은 일종의 가족 게임과 같은 것으로 역기능 가족이 힘을 얻기 위해 가족 게임을 한다고 보았는데, 즉 증상 자체가 게임을 의미한다고 보아 게임을 멈추기 위한 역설적 개입이 필요하다고 보았고 이에 역설적 지시의 기법을 활용하였다.

### 5) 전략적 치료과정

전략적 치료의 핵심은 병리적 가족은 치료자에게 도움을 청하는 행동을 하지만 막상 치료를 통하여 도움을 주려고 하면 저항하는 현상을 보인다는 것에 주목하였다. 그것은 가족의 유지 방식인 항상성인 안정성이 위협받는다고 인지하게 되기 때문이다. 이것은 가족상담가와 내담자 가족 간의, 즉 치료자와 내담자 가족 간의 미묘한 권력투쟁을 가져오게 한다.

이러한 저항에 대한 개입으로 치료자는 앞서 설명한 바와 같이 이중구속의 상황을 통하여 내담자의 역설적 개입과정에서 증상을 포기하도록 하는데, 보통 증상을 더 강하게 유지하기 등의 방법이 활용되며 치료 초기부터 사용하는 것보다 다른 치료적 방법의 효과가 없는 경우 권장된다. 상담의 구조화는 문제의 규정단계인 첫 면접으로부터 가족의 상호작용과 연쇄과정을 관찰함으로써 문제를 야기하는 가족의 위계질서 및 문제를 관찰한다. 이후 전략적이며 역설적인 개입 후에 치료자는 가족의 역기능적 상호작용의 연쇄 과정이 변한 후 가족의 체계에서 분리되어 나오게 된다.

# 제7장

# 가족과 생활철학

## 1. 배우자의 선택-사랑의 삼각형

배우자의 선택에 있어서 사랑에 관한 점검이 필요하다. 사랑에는 3가지 필수 요소가 있다고 하는데 이에 대하여 스턴버그(Sternberg)에 의하면 사랑은 여러 가지 종류가 있으나, 두 사람이 공유하는 사랑에는 세 개의 변이 있는데, 이 각각은 열정, 친밀감 그리고 헌신이라고 하였다.

그리고 사람들을 행복하게 하는 사랑은 이 세 가지 요소가 어떻게 조합되는가에 따라 그 색깔이 달라진다고 주장하였다. 먼저 친밀감과 열정으로 구성된 사랑은 낭만적인 사랑이라고 보았다. 그리고 친밀감과 헌신이 전제가 된 사랑은 동료애적인 사랑으로 스턴버그는 보았다. 이러한 사랑은 친밀감과 헌신 속에서 서서히 발전해 가는 사랑이라는 것이다. 이러한 우정의 기초 위에 세워진 동료애는 지속적이고 성공적인 관계로 발전할 가능성이 크다.

반면 친밀감과 헌신이 없는 열정만이 있는 사랑은 지속성이 없는 사랑으로 보았다. 또 헌신만 있고 친밀감도 열정도 없다면 그것은 공허한 사랑이라고 지칭하였다. 그렇다면 완벽한 사랑은 어떤 것일까? 그것은 바로 친밀감과 열정과 헌신이 있는 사랑이다.

행복한 사랑을 위해서는 바로 이 3가지 요소인 '친밀감과 열정과 헌신'을 점검해 보는 것이 필요하다. 예를 들면, 'Away from her'이라는 영화는 뉴욕 타임즈가 북미 최고의 작가로 격찬한 앨리스 먼로(Alice Munro)의 단편 소설 '곰이 산을 오르다'를 각색한 영화인데, 알츠하이머 병에 걸려 기억을 잃어 가는 아내와 요양원에서 새로운 사랑을 하는 아내를 지켜보는 남편의 오랜 시간에 걸친 아름다운 사랑을 그린 영화이다. 영화를 통해 아내는 남편의 사랑을 기억하고 가족의 사랑과 의미를 다시금 떠올려 보게 한다.

물론 본문에서 피오나가 남편의 기억을 잃어버리고 오브리와의 친구 관계를 유지하는가 하는 것에는 보는 이들의 의문이 있을 수 있으나, 노부부의 극진한 아가페의

사랑을 보여 주는 예로 충분한 영화이다.

결혼은 이와 같이 오랜 시간을 두고 서로의 생각과 느낌을 충분히 표현하고, 이와 같은 것들이 충분히 존중되는 것은 가족애가 무엇인가 하는 것에 대하여 숙고한 이후에 이루어져야 한다. 본 영화를 '사랑의 유형'에 대입하여 본다면, 이 영화에서 보여 주는 사랑은 친밀감과 열정과 헌신이 있는 완전한 사랑을 보여 주고 있다고 할 수 있다. 또한 우정의 단계인 **스토르게**의 측면과 **아가페**의 측면에 가깝다고 할 수 있다. 피오나는 노년에 알츠하이머라는 자신의 현실을 인정하고 이에 대한 현실적인 이야기 및 도움을 그랜트에게 요청하고 있으며 그랜트 역시 이를 받아들이고 최대한 피오나의 입장을 이해하려고 한다.

사랑의 속성(Fehr, 1988)에서 볼 수 있는 다음과 같은 속성들, 즉 **신뢰감, 돌봄, 정직성, 우정, 존중, 상대방이 잘 되도록 마음을 쓰는 것, 관심, 충실함, 헌신, 상대방의 방식을 받아들이는 것, 상대방을 지지해 주는 것, 상대방과 함께 있기를 원하는 것** 등이 건강한 결혼생활을 위해서 그리고 자신에 대한 점검으로 이루어져야 할 것이다.

## 2. 행복과 긍정심리

긍정심리의 용어를 처음 언급했던 심리학자는 셀리그먼이다. 1998년 셀리그먼은 미국의 심리학회 연설에서 심리학이 과거의 진단주의, 질병이론 등 학술적 연구가 그동안 인간의 부정적인 측면에 관심을 갖었음을 지적하였다. 그는 이후에는 심리학이 인간의 보다 좋은 점을 향상시키는 방향으로 관심의 전환이 필요함을 언급하면서 긍정심리학을 제시하였다.

그는 '학습된 무기력'에 대한 연구에서 방향을 전환하여 2000년대의 심리학의 새로운 전환을 가져오게 된다. 이것은 칼 로저스가 제시하고 있는 '전인적 인간상' 즉, 인간의 본성이 기본적으로 '긍정적인 잠재력'을 가지고 있으며 이러한 잠재력의 실현이 바로 삶의 진정한 원동력이 된다고 한 것과 비교하여 보다 긍정성을 부각하고 강조한 것이라 할 수 있다.

긍정심리학은 우리의 정신과 삶에 대하여 보다 긍정적인 측면을 중심으로 생활할 필요가 있음을 과학적으로 알려 주고 있다. 이에 관련한 연구에서 술과 담배를 하지 않는, 즉 수명에 영향을 미치는 다른 요인이 동일하게 통제된 상태에서, 180명의 수녀를 대상으로 수명을 연구한 결과 긍정적 정서와 수명은 정비례 관계로 두 집단의 평균 수명의 차이는 무려 10.7세로 조사되었다.

이것은 긍정심리는 우리의 삶과 밀접한 연관이 있는 심리를 다루는 학문이라는 뜻이기도 하다. 긍정심리는 삶을 즐겁게 하고, 몰입하게 하며, 의미 있고 풍요하게 한다. 또한 일상 생활 중에 일반인도 실천할 수 있는 다양한 실천방법을 가지고 있다. 예를 들어, 긍정 정서와 부정 정서를 이분화하여 각기 다르게 일주일을 생활해 본다면 그에 대한 삶의 의미가 확연히 다름을 알 수 있으며 이러한 생활이 누적된 경우 그에 대한 결과도 상이하게 다를 수 있음을 체험적으로 경험하도록 하는 과학적 방법을 긍정심리학은 활용하였다.

구체적으로 긍정과 부정의 정서로 인한 경험적 결과를 기록하여 긍정성과 부정성이 갖는 결과에 대하여 '무엇이 하루를 더 풍요롭게 하는가'에 관한 답을 어느 정도 얻을 수 있을 것이다. 긍정심리의 감사 헤아리기, 몰입의 시간 측정해 보기, 몰입이 가져다주는 효과 헤아리기, 영성에 관하여 이야기해 보기, 자기와 가족 혹은 친구에게 매일 감사편지를 써 보기, 거울을 보며 칭찬해 보기 등을 한 달 동안 실천해 보고 자신의 삶에 어떠한 변화가 일어났는지 이야기해 보는 것을 실천하는 것이다.

이러한 상호작용이 관계를 보다 풍요롭게 하고 있음을 체험할 수 있을 것이라 생각된다. 이것은 일상생활에서의 행복이 사실은 연습에 달려 있을 수 있음을 함의하기도 한다. 한마디로 긍정심리는 삶을 보다 행복하게 하고 다양한 좋은 정서를 경험하게 할 것이다.

독일의 철학자 칸트(Kant)는 권태를 방지하기 위해 매일의 산책 일과를 바꿔 가며 즐겼다고 한다. 긍정적인 습관과 부정적인 습관은 결국 감정의 선택을 의미하기도 하다는 것을 나타내 주고 있다.

### 1) 삶에서의 부정성향 vs 긍정성향

일상생활에서 본인과 상대방의 부정성향과 긍정성향에 대해 객관적인 체크와 점검은 중요하다. 즉, 부정적인 감정과 경험들은 파급력이 크기 때문에 긍정적인 것들을 덮어 버리고 있을 수도 있다. 부정적인 감정은 당장 급한 문제들 혹은 객관적으로 존재하는 위험을 반영하고 경계를 강화하고 자신의 행동을 바꾸게 할 만큼 강력하므로 어떤 측면에서 심리학이 부정적인 측면에 초점을 맞추는 것은, 부정적인 감정 대 긍정적인 감정의 생존 가치상의 차이를 반영하는 것일 수도 있다.

인간은 태고로부터 위험상황에 대처하도록 프로그래밍되기도 하였기 때문이다. 하지만 어쩌면 긍정적인 감정들이 너무나 중요하기 때문에 그 생존가치를 잘 잊어버리는지도 모른다. 그것은 마치 물고기가 자신이 헤엄치고 있는 물에 대해 의식하지 않는 것처럼, 우리도 어느 정도의 희망, 사랑, 기쁨, 그리고 믿음 등을 당연한 것으로 받아들인다고 할 수 있다(Seligman, 2002; Snyder & Lopez, 2008).

셀리그먼(2002)은 심리학이 주로 사람들의 손상된 부분과 부정적인 부분들을 교정하고 치료하는 데에 치중하였다고 하였다. 즉, 정신장애의 진단 및 통계편람(DSM)은 문제행동을 중심으로 기술되고 있다. 대조적으로 그동안 심리학에서는 인간의 긍정적인 측면, 강점, 자원, 미덕, 긍정적 가치 등이 거의 주목을 받지 못해 심리학은 대다수의 보통 사람들이 잘 되고 있는 것, 긍정적인 부분에 대해 배울 수 있는 기회를 갖지 못했고 이는 인간 이해의 측면에서 심각한 불균형을 가져오고 있다.

따라서 긍정심리학에서 강조하고 있는 긍정심리(positive psychology)는 이러한 불균형을 해소하고 인간의 잠재력을 계발하여 행복을 추구하는 하나의 과학적인 패러다임이라 할 수 있다. 다음의 체크리스트는 한국판 향유신념에 관한 문항으로, 다음의 20문항을 체크해 보자. 각 문항을 강도가 높을수록 1~5 사이의 점수를 부여하면서 체크해 본다. 본 척도는 사람에 따라 차이가 있을 수 있으며, 자신을 돌아보거나 각종 상담자료로 활용될 수 있다.

1. 나는 과거의 행복했던 기억들을 떠올리면서 즐겁다(　　).
2. 재미있는 경험을 하게 되면 나는 나중에 다시 떠올릴 수 있도록 잘 기억해 두곤 한다(　　).
3. 나는 과거의 즐거웠던 일들을 회상하면서 나의 기분을 즐겁게 만들 수 있다(　　).
4. 즐거웠던 기억을 통해서 나는 그때의 즐거움을 쉽게 다시 느낄 수 있다(　　).
5. 좋은 일이 있었더라도 나는 그런 일들을 되돌아보는 것을 좋아하지 않는다(　　).
6. 일단 즐거운 일들이 지나가고 나면 다시 그 일에 대해 생각하지 않는 것이 최선이다(　　).
7. 즐거운 일들에 대해 회상하면 나는 종종 슬퍼지거나 낙담하게 되곤 한다(　　).
8. 행복한 순간에도 나는 그 기쁨을 잘 느끼지 못하는 것 같다(　　).
9. 나는 행복한 시간을 최대로 즐긴다(　　).
10. 어떤 일에서 남들이 그렇듯 당연히 느껴야 하는 즐거움을 충분히 즐기지 못한다(　　).
11. 나는 내가 경험하는 즐거운 일들을 충분히 즐길 수 있다(　　).
12. 나는 즐거움을 느낄 수 있는 경우에도 좀처럼 즐거움을 느끼지 못한다(　　).
13. 내가 원할 때 시간을 즐겁게 보내는 일은 나에게는 쉬운 일이다(　　).

14. 나는 좋은 기분을 오래 유지하기 어렵다(　　　).
15. 좋은 일이 생긴 경우 어떤 생각이나 행동을 함으로써 그 즐거움을 좀 더 오래 유지할 수 있다(　　　).
16. 나는 좋은 일이 있을 것으로 예상되더라도 실제로 그 일이 일어나기 전까지는 너무 기대하지 않는다(　　　).
17. 좋은 일이 일어날 것으로 예상될 때 나는 그 일을 기대하며 즐겁다(　　　).
18. 나는 곧 일어날 좋은 일에 대해 상상하면 기분이 좋아진다(　　　).
19. 즐거운 일들이 일어나기 전에 미리 그 생각을 하면 종종 마음이 불안해진다(　　　).
20. 내 생각에 어떤 즐거운 일들이 생길 것이라고 상상하면 기분이 좋아진다(　　　).

### 2) 긍정심리학의 동서양 차이

긍정심리의 측정에서 동양과 서양의 차이는 있다. 사실 인간행위의 목표가 행복을 추구한다는 데는 서양이나 동양사회 모두 이견이 없지만 어떤 삶이 행복한가, 또 어떻게 행복을 추구하는가에 대해서는 서양사회와 동양사회 간에 차이가 있다.

이에 대하여 조긍호(2006)는 그의 저서 『이상적인 인간형론의 동·서 비교』에서 이 문제와 관한 중요한 구분을 제시하고 있다. 그에 의하면, 서양문화는 **자기고양**(self-enhancing)의 문화이며, 이에 반해 동양문화는 **자기개선**(self improvement)의 문화라고 하였다.

먼저, 개인주의 사회로 대변되는 서양문화는 **얼마나 행복한가를 평가하는 과정**에서 자기 자신의 **고유성, 자율성, 전문성, 주도성** 등이 중요한 참조 준거(a frame of reference)가 되며, 인간행동의 원인을 그 사람의 **성격, 능력, 감정과 같은 개인의 내적 속성**에서 찾는 경향이 많다. 이러한 문화에서는 개인이 자신의 부정적인 성격 측면이나 부정적인 감정은 축소하고, 대신 자신의 긍정적인 측면을 더 발전시키고 **자존감을 고양**하는 데 매진하게 된다는 것이다. 융(1963)이 말한 **개성화**(individuation), 이부영(2002)이 말한 **자기 실현** 등은 이러한 자기고양의 문화를 잘 반영하고 있다.

그러나 자기고양을 강조하는 서양문화와는 달리, 동양문화는 조긍호(2006)가 말한 자기개선의 문화라고 할 수 있다. 즉, 집단주의 문화에서 얼마나 행복한가 하는 것을 결정하는 중요한 참조 준거는 개인이 사회 속에서 얼마나 조화롭게 자신의 역할을 잘 수행하면서 사는가 하는 것이라는 것이다. 따라서 이러한 문화에서는 겸양의 미덕, 신뢰성, 협동성, 다른 사람의 욕구에 대한 민감성 등이 중요한 가치를 지니게 된다. 동양문화에서는 성취동기 역시 개인의 욕구 추구를 반영하기보다는 집단의 목표 추구 쪽에 더 무게를 두게 된다. 또한 동양문화에서는 자신이 부족한 부분에 주의를 기울이고 이를 보완, 개선하려는 것이 중요한 과제가 될 수밖에 없다(이희경, 이동귀, 2007).

실제로, 서구인들은 자부심, 행복감, 기쁨, 유쾌함, 즐거움 같은 긍정적 정서에 민감하고, 이에 대한 경험 빈도가 높은 것으로 밝혀지고 있다(차경호, 1995; Diener et al., 1995). 이러한 서양문화에서는 개인의 부정적인 측면에 대한 언급이나 부정적인 정서경험의 표현보다는 긍정적인 성격특성과 긍정적인 정서의 경험을 바탕으로 한 자기만족과 자아실현이 중요할 수밖에 없고, 따라서 긍정적인 정서를 고양하고 개인의 강점과 자원을 강조하는 긍정심리학이 강조되는 것은 당연한 일이라 추측할 수 있다.

이에 반해 한국문화는 일반적으로 한 개인의 자율성이나 고유성보다는 집단 속에서 이루는 조화와 사회적 맥락과 규범 속에서 자신이 어떤 역할을 해야 하는가에 대해 민감하게 되며 따라서 남에게 피해를 끼치거나 부담을 주지 않으려고 노력하는 것이 중요한 가치이다(조긍호, 2006). 경험적 연구 결과에 의하면, 집단주의 문화가 만연한 동양사회에서는 타인에게 얼마나 수용되는가와 대인 관계에서 얼마나 잘 조화를 이루는가가 그 개인이 느끼는 주관적 행복감과 관련이 있다(Diener et al., 1995; Heine & Lehman, 1995; 이희경, 이동귀, 2007).

### 3) 긍정심리학 관련 연구

긍정심리학 관련 연구들은 대체로 긍정적 상태 및 긍정적 믿음을 지니는 것과 삶의 다양한 영역, 즉 성취, 발달, 친밀한 관계, 집단 과정, 대처, 일, 건강과의 관련성을 연구한다. 예를 들면, 긍정심리학적 개인 특성변인 중의 하나인 '희망'은 '목표 달성과 관련되는 긍정적인 기대 혹은 동기부여 상태'(Snyder, 1994)로 정의되며, 희망 수준이 높은 사람은 그렇지 않은 사람에 비해 더 높은 학업 성취를 보인다(Curry, Snyder, Cook, Ruby & Rehm, 1997). 또한 스트레스를 관리하는 데 더 적극적이며(Snyder & Pulvers, 2001), 다른 사람으로부터 더 많은 지지를 경험하고(Barnum, Snyder, Rapoff, Mani & Thompson, 1998), 외로움을 덜 느낀다(Crothers & Schraw, 1999).

그리고 '낙관성'은 '인생에서 긍정적인 측면을 보고 긍정적인 기대를 하는 심리적 특성'(Peterson & Bossio, 1991)으로 정의되는데, 낙관성이 높은 사람들은 비관적인 사람들에 비해 높은 행복감을 느끼고(Matlin & Gawron, 1979), 신체적으로 더 건강한 것으로 나타났다(Scheier & Carver, 1992; 이희경, 이동귀, 2007). 그리고 인간의 강점 중의 하나인 '유머'는 '어떤 상황에서 기대하지는 않았지만 웃음을 자아내는 요인('Lefcourt, 2001)으로 정의되며, 높은 유머 수준은 부정적인 사건에서 생기는 불쾌감을 완화시키는 효과가 있으며(Lefcourt & Martin, 1986), 높은 자기 존중감 및 삶의 만족도와 관련된다(Frecknall, 1994; 이희경, 이동귀, 2007).

그 밖에도 긍정심리학에서는 자신의 대표 강점을 깨닫고 이를 생활에 활용하여 행복한 인생을 살 수 있다고 한다(이경아, 2011). 그중 가장 훌륭한 방법으로 현재 하고 있는 일에 완전히 몰입하는 상태를 설명하고 있으며 긍정심리학자들은 이것을 몰입이라는 'flow(플로우)'라는 용어로 이야기한다.

심리학자 칙센트미하이(Csikszentmihalyi)는 사람들마다 완전히 몰입하게 하는 그 무엇이 있으며 이후에도 그 순간을 만족스럽게 회상하는 시간과 활동이 있다고 언급하였다. 플로우 상태는 창의적인 활동을 시간 가는 줄 모르고 몰두하는 것이 어떤 것인지 몰입하는 즐거움을 이야기하고 있다. 그렇다면 자신만의 플로우를 찾아내는 것도 중요할 것이다.

플로우를 통하여 내면의 기쁨과 활기 그리고 행복을 많은 일에서 느낄 수 있다. 물론 사람마다 이러한 플로우를 경험하는 방법은 다르다. 무엇을 할 때 즐거운지 생각해 보는 것도 좋다. 칙센트미하이는 연구서인 「플로우: 행복에 도달하는 방법」에서, 면담을 통해 사람들에게 만족스러웠을 때의 느낌에 대하여 설명해 보라고 했을 때 사람들이 "마치 어떤 흐름 플로우에 몸을 맡긴 것과 같다"고 했다고 한다. 이러한 몰입의 경험은 사람들로 하여금 강점을 개발하고 큰 자신감을 얻게 한다. 또한 그것은 정신적 에너지의 성공적 사용이라고 할 수 있다.

칙센트미하이

칙센트미하이 교수가 주장하고 있는 몰입에 대한 비결 이외에 리차드 스티븐스(Richard Stevens)는 프로젝트의 지원자들에게 상상력을 발휘해 지루한 업무를 더욱 즐겁게 바꾸는 방법을 찾아보라고 조언했다고 한다(이경아, 2011). 즉, "일을 즐길 것인지 말 것인지는 모두 당신의 태도에 달려 있다."라고 하면서 일을 좀 더 즐겁게 하기 위한 방법을 생각해 보라는 것이다. 어떤 일에 열중한다면 일을 마치 게임처럼 즐기고 관심을 쏟으라고 한다. 그러면 그 일이 여러분에게 즐거움을 선사할 것이라는 것이며 긍정심리학에서 주장하는 바와 같이 인생을 보다 풍요하게 하는 연습이 될 것이다. 행복도 연습을 필요로 한다.

### 4) 긍정심리의 유용성

긍정심리학은 기존의 심리학을 일상생활로 끌어올려, 측정 및 적용범위의 폭을 훨씬 구체적으로 제시하고 있기 때문에 각종 집단이나 영역에 다양하게 활용될 수 있다. 또한 긍정심리학에서는 긍정적 감정과 부정적 감정을 대비하여 다룸으로써, 사람들이 그 특성을 잘 이해하고 실생활에서 실천해 보도록 하는 것에 유익하다.

이와 같은 특징들은 특히 청소년들과 같이 감정적으로 통제하기 어려운 시기에, 여러 가지 감성들을 **예비적으로 탐색**하는 것이 도움이 되며, 일상생활을 점검하는 시야를 좀 더 넓게 함으로써 다양한 상황에 맞추어 활용할 수 있는 가능성이 있다. 특히 가족 모두가 함께 일정 기간 활용해 보는 것도 바람직하며 다양한 탐색활동을 통하여 기존의 인지 행동치료의 활동에 도움을 줄 수 있다. 그렇기 때문에 긍정심리학의 이러한 다양한 활동들은 상담이나, 프로그램 혹은 각종 개인 및 그룹 활동에 유용하게 적용될 수 있는 가능성이 있다.

그러나 긍정심리학의 제한점도 생각해 볼 수 있다. 즉, 긍정심리학에서 감성적 인식을 긍정의 측면과 부정적 측면으로 이분화하여 살펴보는 것은, 긍정을 좋은 측면, 부정을 좋지 않은 측면으로 이분법으로 인식하게 할 수 있다는 것이 바로 그것이다. 또한 긍정심리학이 사회의 부정적인 사건들에 대한 구체적인 비판의식을 제시하고 있지는 않다. 그럼에도 불구하고 **긍정심리학의 다양하고 유용한 특성**은 이 분야가 **각종 훈련 프로그램으로 구조화**될 수 있는 가능성을 지니며 일상생활 속에서 **자신만의 커다란 장점**을 이끌어 내어 **강점 관점의 가치관을 지향**하고 행복한 삶을 이끌어 가는 데 분명 도움이 된다고 할 수 있다.

### 5) 긍정심리학의 연습

이와 같은 긍정심리도 연습이 필요하다. 즉, 행복도 연습이 필요하다고 강조한 오혜정은 그녀의 저서 『행복도 연습이 필요하다』에서 다음과 같이 역설하고 있다. 즉, 행복에 이르는 길, 즉 연습으로써 감사와 낙관주의를 위해 **감사의 표현**, **과도한 생각의 지양, 사회적 비교를 피하라**는 것이다. 그리고 사회적 관계를 위한 친절 실천, 인간관계에 대해 이야기하고 있고 스트레스를 관리하기 위한 **대응 전략, 행복 연습, 용서에 대한 연습**이 필요하다고 하고 있다. 그 밖에는 '몸과 영혼의 건강을 돌보기 위한 종교생활과 영성훈련, 명상과 신체활동 및 행복한 사람처럼 행동하기'라는 다소 이색적인 소개를 하고 있다. 마지막으로는 행복을 지속시키는 5가지 비결을 소개하고 있는데, 이것은 긍정적 감정, 적절한 타이밍과 변화, 사회적 지원, 동기 · 노력 · 헌신, 그리고 습관이 있다.

이에 대하여 존 밀턴(John Milton)은 '실낙원'에서 마음은 그 자신만의 장소로써 천국도 될 수 있고 지옥도 될 수 있다고 하였다. 그리고 로버트 에몬스(Robert Emonons)는 감사는 삶을 향해 일어나는 경이, 고마움, 이해의 느낌의 폭넓은 행위라고 하였다. 따라서 감사의 경험에 대한 음미의 표현은 가치와 자존감을 높이고 정신적 외상에 대처하며 도덕적 행동을 촉진하고, 사회적 유대를 쌓고 다른 사람과의 비교를 억제하는 효과로 부정적 감정과의 공존이 어렵다고 했다.

또한 6주간 일정 시간을 정해 감사를 헤아리는 연습만으로 행복 지수가 높아진 실험이 있었다고 오혜경은 말하였다. 그리고 때로 부정적으로 사로잡혀 있는 생각으로부터 벗어날 필요가 있는데, 이를 위해 '멈춰', '워워' 테크닉이 필요하다고 하였다. 그러므로 오혜경은 스트레스에 대한 대응으로 직면하는 역경, 나쁜 사건, 또는 문제의 성격을 글로 적도록 하였다. 그것은 그로 인해 생긴 부정적 믿음을 파악하는 데 효과가 있다는 것이다. 또한 문제의 결과로 어떻게 행동하는지 문제의 결과들을 기록하는 것이 필요하다. 이것은 부정적 믿음에 도전하고 논쟁하며 문제의 다른 원인이 될 수 있는 새로운 가능성을 생각하게 한다. 그리고 문제를 좀 더 낙관적으로 설명하려고 생각하면 활력이 나고 기분이 상승되어 덜 불안해지고 희망을 갖을 수 있게 한다. 그 밖에 오혜경의 저서에서는 몇 가지 더 유익한 방법을 소개하였는데 다음과 같은 것이 있다.

### (1) 용서를 배워라

용서를 표현하고 너그럽게 생각하며 과도한 생각에서 벗어나라. 사과는 사람을 움직이는 힘이 있으며 너그러움은 지각과 상황을 변화시킬 수 있다. 빌 클린턴(Bill Clinton)

전 미국 대통령이 넬슨 만델라(Nelson Mandela)에게 어떻게 간수들을 용서할 수 있었는지 물었을 때, 만델라는 감옥 문을 나서는 순간 내가 그 사람들을 계속 미워한다면 여전히 감옥에 갇혀 있게 된다는 사실을 깨달았다고 답했다고 한 부분에 대하여 생각해 보라.

#### (2) 영성생활을 해라

기도는 종교와 영성을 실천하는 보편적인 방법이다. 실제로 미국인 10명 중 7명이 거의 매일 기도한다고 응답했고, 6퍼센트는 절대 기도하지 않는다고 응답했다. 그러나 일상생활에서 성스러움을 발견하는 것은 그야말로 축복이며 영성과 그에 따르는 보상의 핵심이 될 수 있을 것이며 명상도 가능하다.

#### (3) 신체활동을 하라

신체활동은 다양한 긍정적인 경험으로 이어지며 건강한 삶과 활기를 제공해 줄 수 있다.

#### (4) 습관을 점검하라

긍정적인 습관과 부정적인 습관을 점검하라. 즉, 이것은 감정의 선택을 의미하기도 한다. 우울이나 심리적 취약성은 없는가? 생각해 보라.

이 외에도 다양한 방법을 제시하고 있다.

### 6) 긍정심리학과 자아의 실현

긍정심리학을 통한 자아의 실현을 점검하기 위하여 다양한 척도를 통한 점검은 긍정심리학을 보다 과학적인 체계로 자리 잡게 하고 있으며 자신의 일상을 통한 과학적 분석이 가능하도록 하고 있다. 이것은 인간이 스스로 간단하게 자신의 일상을 컨트롤

할 동기와 계기를 부여하고 자신을 객관적으로 바라보는 데 도움이 되는 역할을 한다.

이에 대하여 칙센트미하이(1997)는 감정과 목표만큼 중요한 것이 바로 사고의 인지적인 과정이라고 언급하면서, 자신의 **일상적인 생활의 패턴**을 ESM(Experience Sampling Method)으로 분류하여 생각해 보도록 권하였다. 이것은 바로 자신의 생활 가운데 **시간의 쓰임**들을 되짚어 보도록 하여, 불필요하게 할애되는 시간을 점검해 보는 기회를 갖도록 하라는 것이다. 또한 몰입이란 아무런 감정(의식적인 사고)없이 현재에 대해 갖는 긍정적 정서라고 정의된다고 하면서 몰입의 상태에서 경험하는 성과나 감정의 종류 및 질에는 차이가 있으므로, 삶의 질을 끌어올리기 위해 알고 있는 것, 활동, 시간, 장소, 사랑의 느낌의 포착과, 잘할 수 있는 것을 하는 것과 자신과의 대화가 중요하다고 하다고 하였다(Csikszentmihalyi, 1997).

이러한 특성은 우리들이 무심코 흘려 버리는 시간의 양과 질을 체크하는 것과 자신의 적성과 삶의 탐색에 유용한 활동이 될 수 있을 것이다. 또한 조화적 관점으로써 볼 때, 긍정적 심리학에서는 내면적 자아를 탐색하는 것에 다양한 시간을 할애한다. 즉, 내면적 자아와 가정, 사회, 영성 등의 측면을 다양하게 살펴보는 것은, 사람들이 치우치지 않는 균형 잡힌 시야를 형성하는 데 도움이 될 수 있다. 더욱이 다양하고 간략하게 구분된 체크리스트들(Seligman, 2002)은 긍정심리학을 통해 사람들이 스스로 자신을 탐색하고 균형적 차원에서 평가해 보도록 하는 것에 용이하게 활용될 수 있을 것이다.

이에 대하여 셀리그먼(2004)은 체크 목록을 통하여 일반 행복도, 긍정 및 부정적 감정상태, 낙관주의, 대표감정 등을 다룰 수 있도록 하고 있다. 이를 위해 긍정적 심리의 핵심 요소로 **긍정적 정서**(positive emotions), **몰입, 흥미 그리고 의미 및 목적의 예**를 들면서 추가적으로 **자존감**(self-esteem), **낙관주의**(optimism), **회복탄력성**(resilence), **활력**(vitality), **자기결정능력**(self-determination), **긍정적 관계**(positive relationship)가 조화를 이루어야 한다고 말하고 있다(Seligman, 2009).

이것은 인간의 강점중심의 역할 이해에 초점을 맞추어 강점과 함께 자기실현이 균형을 이룰 필요가 있음을 역설하는 것이라고 할 수 있다(Lopez & Snyder, 2003). 그리고 긍정심리학이 제공하는 또 다른 것은 부정적 감정과 긍정적 감정의 성과나 사례 및 효과를 과학적인 방법으로 비교하여 제시하고 있다는 것이다. 즉, 부정적 감정들에 탄력적으로 제공할 수 있는 방법을 제시하면서 다양한 감정들을 분류하고 이들을 탐색하는 시간들을 갖을 수 있도록 하고 있다. 특히 **감정의 대비과정**을 통하여 사람들로 하여금 다양한 감정들에 대한 객관적 지식을 얻을 수 있으며, 문제를 좀 더 **낙관적인 각도**에서 바라볼 수 있는 훈련을 할 수 있게 될 것으로 전망된다. 또한 다양한 대처방법으로써 스트레스의 사건을 위협보다는 도전으로 지각하도록 하여 문제에 대해 이성적이고 효과적으로 접근하도록 권하고 있다(Lopez & Snyder, 2003).

그 밖에도 류보머스키(Lyubomirsky, 2007)는 긍정적인 습관이나 부정적인 습관이 결국 감정에 대한 자신의 **선택**을 의미한다고 하면서, 자신의 심리적인 취약함은 없는가 하는 문제에 대하여 스스로 생각해 보도록 하는 시간을 갖도록 해야 한다고 하였다. 류보머스키(2007)는 스스로 직면하게 되는 역경이나 좋지 못한 사건 등의 문제의 특성을 글로 적어 보도록 하여 이를 좀 더 구체적으로 파악하도록 권하고 있다. **부정적인 믿음**에는 어떤 것들이 있는가 하는 것들을 탐색해 보고 그에 따른 결과적 행동 및 결과에 관해 기록하게 함으로써, 부정적 믿음에 대해 도전하는 과정에서 문제의 다른 각도의 해석과 가능성에 대해 탐색하도록 하고 있다.

이러한 활동들은 가족 구성원으로 하여금 부정적으로 인식되는 상황에 머무르지 않고, 스스로 그 문제를 탐색하여 분석하고 그에 따른 **대안**을 세우며 실천하는 과정에서 중요한 훈련이 될 수 있다. 따라서 긍정심리학에서는 행복, 의미 있는 삶 등의 가치 있는 정의에 관하여 생각해 보도록 함으로써 일률적 사고로부터 **탐색적 사고**가 가능하도록 하는 견지를 지향하고 있다. 이러한 과정을 통하여 청소년들은 자신의 감성을 실생활을 통해 살펴보는 기회를 가지게 되고 이에 대한 주관적인 가치에 대해서 각자의 경험을 비추어 구체적으로 생각해 볼 수 있다. 또한 이러한 활동은 사회적 관계를 위한 친절함의 실천, **인간관계** 및 **스트레스 관리**에 대한 **대응전략, 행복의 연습, 용서하기** 등을 통하여 훈련될 수 있다.

### 7) 긍정심리학과 생활의 기여

긍정심리학의 가장 중요한 것은 긍정심리학이 동양의 사상이나 철학에서 거의 논의되지 않는 행복이라는 주제를 탐구하도록 하는 시간을 갖도록 한다는 것이다. 즉, 긍정적인 감정과 삶에 대한 의미를 다룰 뿐 아니라 행복의 근원에 대한 탐색을 하도록 한다(Lyubomirsky, 2007). 또한 이를 위하여 적절한 **타이밍**의 변화에 대한 중요성을 사례로 들고 있다. 사회적 예로는, 유사한 문제를 지닌 사람들의 모임이나, **동기, 노력, 헌신의 중요성**을 이야기하고 있다. 즉, 동기가 분명한 헌신적으로 노력하는 것은 **행복의 활동**을 계속 실천하도록 하여 그렇지 않은 사람들보다 더욱 장기적인 혜택을 누릴 가능성이 있다고 언급하고 있다(Lyubomirsky, 2007).

류보머스키(2007)는 이러한 활동들이 행복을 헤아리는 행위를 통하여 삶을 향한 고마움과 이해의 폭을 넓히는 행위가 된다고 하면서 다음과 같이 말하였다. "**6주간 일정 시간을 정하여 감사를 헤아리는 연습만으로 행복지수가 높아진 실험**이 있으며, 감사의 경험에 대한 음미, 표현은 가치와 자존감과 정신적 외상에 대처하며 도덕적 행동을 촉진한다. 또한 사회적 유대를 쌓을 뿐 아니라 다른 사람과의 비교를 억제하는 효과와 부정적 감정과의 공존이 어려운데, 행복을 지속시키는 5가지 비결은 **긍정적 감정, 적절한 타이밍과 변화, 사회적 지원, 동기·노력·헌신, 그리고 습관**이다"(Lyubomirsky, 2007; 오혜경 역, 2008).

이와 같이 셀리그먼(2009)은 긍정심리학에서 과거와 현재 미래의 긍정적 정서 키우기에 대하여 언급하고 있다. 뿐만 아니라 미래의 직업이나 행복한 결혼생활에 대한 사례 등을 언급함으로써 사람들의 미래 탐색활동에 도움을 줄 수 있을 가능성이 있다. 즉, 사회적 관계로써 **우정관계, 사랑과 결혼, 직업과 직무만족, 여가생활, 가족 및 관계성의 일반적 효과에 대하여 탐색**해 보도록 돕는다(이훈구, 1997).

이와 같이 긍정심리학은 일상생활의 자원과 피드백을 통한 생활과 학문의 접목이며, 따라서 이론에서 출발하였으나 다양한 실천적 차원을 함의하고 있는 행복한 삶을 위한 중요한 분야가 될 가능성이 있다고 할 수 있다. 다음은 긍정심리학의 생활적 기여 및 교류 가능성을 알기 쉽도록 도표화하여 나타낸 것이다.

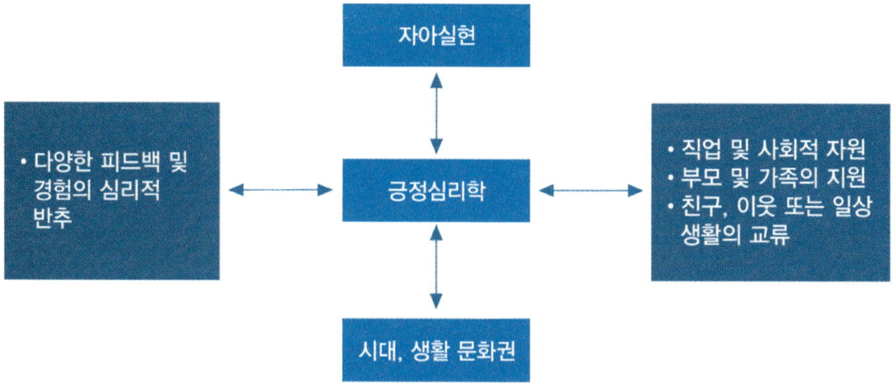


**그림 7-1** 긍정심리학의 다양한 생활적 기여 및 교류 가능성

권석만(2008)은 웰빙의 차원에서 심리학을 다룰 때, 행복이 개인이 주관적으로 경험하는 유쾌한 상태라는 '쾌락주의적 입장'과, 행복이 개인의 잠재적 가능성을 충분히 발현하는 것이라는 '자기실현적 입장'에 기반하고 있다는 점을 들어 생활만족도 연구를 진행하였다. 그리고 이 두 입장은 심리학에서 '긍정심리학'이 태동하게 된 철학적 기반이 되었다. 이때 전자의 입장에서 행복을 탐구하는 학자들은 긍정적인 주관적 경험(주관적 복지감, 행복감, 생활만족도, 몰입 경험, 긍정 정서 등)에 초점을 맞추고 있으며, 후자의 입장을 중시하는 학자들은 인간의 긍정적 특질, 즉 성격적 강점과 덕목(지혜, 용기, 창의성, 관용, 절제, 영성 등)에 초점을 맞추고 있다(권석만, 2008). 이와 같이 심리학자들의 노력에 의하여 행복은 추상적 개념정의보다는 실증적인 연구가 가능하도록 구체적인 방식이 적용되고 있다.

## 8) 행복

### (1) '행복' 가운데 복을 얻기 위한 방법 12가지

다음은 예담(2011)의 영국 BBC 다큐멘터리 '행복' 가운데 복을 얻기 위한 방법 12가지 방법을 정리하여 소개한 것이다. 이에 의하면 심리학자들은 긍정적인 기분으로 바꾸고 나아가 생활에서 행복을 누릴 수 있는 12가지 방법을 소개하고 있다.

**첫째**, 좋아하는 일을 하라.

**둘째**, 즐겁게 행동하라.

**셋째**, 가장 좋은 친구는 바로 자신이다.

**넷째**, 자신에게 작은 보상이나 선물을 함으로써 매일 현재를 살아라.

**다섯째**, 친구와 가족을 위해 시간과 노력을 투자하라. 즉, 행복을 위해서는 좋은 집이나 높은 소득보다 친구와 가족이 더 중요하다.

**여섯째**, 현재를 즐기라. 문제가 발생하면 낙천적으로 생각하라. 문제를 과장하지 말고 좌절하지 않으면 행복의 바탕이 되는 '중심'을 찾을 수 있다.

**일곱째**, 인생의 즐거움을 만끽하라. 신선한 채소 샐러드를 맛보고 햇빛을 받아 푸름을 더해 가는 신록을 즐기라. 심리학자들은 즐거운 순간을 '마음속 사진'에 담아 두면 스트레스를 훨씬 잘 이겨 낼 수 있다고 한다.

**여덟 번째**, 시간을 잘 관리하라. 상위목표를 세우라. 그리고 그 목표를 매일매일 실천할 수 있는 작은 목표들로 나누라. 작은 목표들을 하나씩 달성하다 보면 어느새 시간을 잘 관리하는 즐거움을 맛볼 수 있을 것이다.

**아홉 번째**, 스트레스와 역경을 헤쳐 나갈 수 있는 나름의 방법을 준비하라. 신앙이든 긍정적 사고든 다 좋다. 예를 들면, "최악의 상황은 이제 지나갔어", "날 쓰러뜨릴 수 없어. 오히려 더 강하게 할 뿐이지"와 같은 생각을 하라.

**열 번째**, 음악을 들으라. 휴식과 자극을 동시에 느낄 수 있으며 머리 회전도 빨

라진다.

**열한 번째**, 활동적인 취미를 가지라. 안락의자에 앉아서 하는 일보다 사람을 훨씬 행복하게 만든다. 정원을 가꾸거나 영화관에 가서 영화를 보면 집에서 TV를 보는 것보다 훨씬 행복하다.

**열두 번째**, 자투리 시간을 생산적으로 활용하라. 친구가 약속시간에 나타나지 않는다면 기다리는 시간을 생산적으로 활용해 보라.

출처: BBC 다큐멘터리 '행복' by 예담(2011).

### (2) 긍정심리를 위한 24개의 항목

하이트(Haidt, 2002)와 라시드와 안줌(Rashid & Anjum, 2005)은 긍정심리를 위한 24개의 항목을 다음과 같이 소개하고 있다(문용린, 김인자, 백수현 역).

**첫째**, 심미안으로 친숙하지 않은 미술관이나 박물관에 방문하고 내가 보았던 아름다운 것에 대한 일기를 쓴다. 그리고 적어도 하루에 한 번 멈추어 일출이나 자연의 아름다움을 느낀다.

**둘째**, 진정성으로 내가 가치 있게 생각하는 것이 무엇인지 생각하고 그것과 관련된 일을 한다. 또한 내가 어떤 일을 하고자 하는 동기를 다른 사람에게 말할 때 진실하고 정직하게 설명한다.

**셋째**, 용기로 집단에서 대중적으로 호응받지 못하는 아이디어도 당당히 말하며 평소 두려움 때문에 잘하지 못했던 일을 한다.

**넷째**, 창의성으로 도예, 사진, 조각, 그리기, 채색하기 등의 수업에 참여하거나 내가 쓴 시를 담은 카드를 친구에게 보낸다.

다섯째, 호기심으로 내가 모르는 주제에 대한 강의를 듣는다. 익숙하지 않은 음식을 하는 식당을 방문한다. 우리 동네에 새로운 곳을 발견하고 그곳의 역사에 대하여 배운다.

여섯째, 공정함으로 적어도 하루에 한 번 정도는 내가 썩 좋아하지 않는 사람에게도 신임을 보내며 사람들의 이야기를 방해하지 않고 듣는다.

일곱째, 용서로 용서의 편지를 쓰되 그것을 보내지 말고 1주일 동안 매일 그것을 반드시 읽는다.

여덟째, 감사로 하루 동안 내가 얼마나 고맙다고 말하는지 세어 보고 그 횟수를 늘려 간다. 또 매일 하루를 마감하며 현재 잘 되고 있는 세 가지 일을 쓴다.

아홉째, 희망으로 다음 주, 다음 달, 내년의 목표를 쓰고 이 목표를 성취할 수 있는 구체적인 계획을 세운다.

열째, 유머로 하루에 적어도 한 명씩은 미소 짓거나 웃게 만들고 또 자신을 웃게 만든다.

열한째, 친절로 병원에 있는 사람의 병문안을 가며 운전 중 보행자에게 양보하고 보행할 때는 운전자에게 양보하며, 친구나 가족에게 익명으로 도움을 준다.

열두째, 지도력으로 친구들을 위해 사교모임을 만들고 처음 만난 사람이 편안하게 느끼도록 행동한다.

열세째, 사랑으로 사랑하는 사람에게 짧은 편지를 쓰고 그날 그 사람이 쉽게 발견할 수 있는 곳에 둔다. 그리고 가장 친한 친구가 정말로 좋아하는 무언가를 함께 해 준다.

열네째, 학생이라면 학구열로 필독서가 아니라 권장도서까지도 읽는다. 그리고 새로운 어휘를 매일 배우고 비소설류의 책을 읽는다.

열다섯째, 겸손으로 하루 종일 나 자신에 대한 이야기를 하지 않고 나보다 친구들이 더 뛰어난 점이 무엇인지 생각하고 그 점을 칭찬한다.

**열여섯째**, 개방성으로 대화 중에 선의의 비판자가 되고 나와 의견이 반대되는 입장에서 생각하며 나와 다른 정치노선의 입장에 대한 신문을 읽어 본다.

**열일곱째**, 인내로 해야 할 일의 목록을 만들고 매일 목록의 한 가지씩의 일을 한다. 또한 일정에서 중요한 일을 마친다.

**열여덟째**, 통찰로 내가 아는 가장 현명한 사람에 대해 생각하고, 할 수 있는 한 심사숙고하여 행동한다.

**열아홉째**, 절제로 간식을 먹기 전에 '이것은 살이 찌더라도 꼭 먹어야 하는가'라고 자문한다.

**스무째**, 종교성으로 나의 삶의 목표에 대해 매일 생각하며 매일 하루 일과를 시작할 때 기도하거나 명상한다.

**스물한째**, 자기조절로 운동 프로그램을 시작하여 일주일 동안 꾸준히 실천한다. 또한 이성을 잃으려고 할 때 열을 세고 그것이 정말 필요한지 반추한다.

**스물두째**, 사회성으로 친구나 가족이 어려운 일을 한다는 것을 알아 주고 격려의 말을 한다. 또한 누군가 나를 귀찮게 하더라도 그들의 동기를 이해한다.

**스물세째**, 협동심으로 내가 할 수 있는 가장 멋진 팀 구성원이 되어 주며 자선단체에서 봉사한다.

**스물네째**, 활기로 적어도 일주일 동안 매일 알람을 맞출 필요가 없을 만큼 일찍 잠을 자고 일어나서 영양이 풍부한 식사를 한다. 그리고 '왜 해야 하는가'라고 말하기보다 '해 보는 게 어때?'라고 말하는 것을 세 배만큼 늘린다.

이와 같은 것들은 가족관계에서 역시 긍정적인 변화를 가져올 수 있을 것이라 생각한다. 한번 이를 생활 가운데 실천하여 어떤 변화가 있는지 살펴보자.

출처: 문용린 외 역(2010).

### (3) 행복한 식습관

식습관에 있어서 예담(2011)의 영국 BBC 다큐멘터리 '행복'은 다음과 같이 식습관에 대하여 소개하고 있어서 이를 함께 생각해 보고자 소개하고자 한다. 예담(2011)의 영국 BBC 다큐멘터리 '행복'에서는 기분이 좋아지는 영양소에 대하여 소개하며 조사결과 뇌에서 분비되는 화학물질 중 특히 음식에 의존하는 화학물질이 우리의 기분을 조절한다는 사실에 대하여 언급하였다. 이를 다음과 같이 언급하고 있다.

정신과 육체의 건강을 유지하기 위해서는 **세로토닌 베타 엔도르핀과 혈당 사이의 균형**이 맞아야 하며 그렇지 않을 경우 우울이 발생할 수 있음을 소개하면서 행복에 도움이 되는 영양소 몇 가지를 다음과 같이 소개하고 있다.

첫 번째, **포도당**이다. 포도당은 신체의 기본 연료로, 소화가 이루어지는 동안 섭취된 탄수화물은 포도당으로 분해되어 에너지를 필요로 하는 세포에 의해 소비된다. 우리의 세포는 지속적으로 당을 공급받아야 하며 특히 뇌세포가 그렇다. 따라서 우리 몸의 혈당수치가 최적이 되면 기분이 좋아지며 그렇지 않을 때 피로나 짜증을 느끼기 쉽다.

두 번째, **탄수화물**이다. 탄수화물은 맥주, 설탕, 밀가루에서 볼 수 있는 단순 탄수화물도 있고 감자, 오트밀, 곡물에서 볼 수 있는 복합 탄수화물도 있는데, 저탄수화물 다이어트는 때로 사람들에게 분노, 긴장, 우울증 같은 이상심리는 느끼게 해 줄 수도 있으므로 스트레스 해소를 위해서는 복합 탄수화물의 섭취가 중요하다.

세 번째, **단백질**은 뇌와 신체의 성장과 회복을 돕는데, 특히 기분, 수면 및 식욕 조절을 담당하는 화학물질인 세로토닌을 만드는 데 필요한 트립토판을 공급하고 있다.

네 번째, **세로토닌**은 긴장을 풀어 주는 물질로 이 물질은 이외에 자기조절과 미래를 계획하는 능력에도 영향을 미치므로 이 물질이 낮으면 우울과 불안을 느낄 수 있다. 트립토판을 함유한 음식은 세로토닌의 수치를 높일 수 있으며 이것은 탄수화물과 함께 섭취할 경우 흡수가 잘 된다.

다섯 번째, **트립토판**은 신체에 자연스런 도취감을 유발하는 물질인 엔도모르핀의 수치를 증가시킨다. 이것은 닭, 참치, 연어, 강낭콩, 씨앗, 아보카도, 바나나 등에 함유되어 있다. 하루에 500mg의 트립토판은 좋은 기분을 유지하는 데 도움이 된다.

여섯 번째, **도파민과 노르아드레날린**은 사람에게 각성효과를 나타내는데, 이 두 물질이 부족하면 우울, 무관심, 의욕상실 증세가 나타나며 단백질이 풍부한 음식은 두 물질의 수치를 향상시킨다.

일곱 번째, 뇌의 60%가 **지방**으로 이루어져 있다는 것을 알면 우리가 왜 지방을 먹어야 하는지 이해할 수 있다. 지방은 뇌가 적절한 구조를 갖추고 제대로 기능하기 위해 필수적이다. 따라서 낮은 지방수치는 불안, 우울증에서 과잉행동 등 다양한 증세의 발현과 연관이 있다.

그 밖에 예담(2011)의 영국 BBC 다큐멘터리 '행복'에서는 행복감을 일으키는 허브로 다음과 같은 것을 소개하고 있다.

첫째, 생강은 따뜻한 성질을 지니고 활력을 불어넣는 역할을 한다.

둘째, 고추과에 속하는 카바카바는 불안감 해소 및 불면, 스트레스 및 우울증 완화에 효과적이다.

셋째, 페퍼민트는 분노와 신경질을 완화하며 정신적 피로를 푸는 데 효과적이다.

넷째, 라벤더는 머리를 맑게 하고 피로를 회복하며 숙면에 도움을 준다.

다섯째, 만다린은 기분을 밝게 해 주며 흥분이나 자극을 진정시켜 우울증이나 불면을 개선하는 데 효과적이다. 그리고 녹차, 커피, 콜라, 초컬릿에 들어 있는 행동조절 물질인 카페인은 피곤하거나 짜증날 때 활기를 되찾을 수 있으며 일을 하다 쉴 때, 친구와 수다를 떨 때 긍정적인 작용을 하지만, 너무 많이 섭취하면 불안, 우울 및 멜라닌의 수치를 낮추어 숙면에 방해가 될 수 있다.

따라서 다양한 식사 플로우를 경험하기 위해 칙센트미하이 교수는 이색적인 요리재료에 익숙해지고 다른 조리법과 식사법을 배워서 경험을 통해 음식이 지닌 경이로운 세계를 탐구하려는 호기심을 경험할 필요도 있을 것임을 언급하고 있다.

또한 크리스토퍼 피터슨(Christopher Peterson)의 긍정심리학(문용린, 김인자, 백수현 역)에서는 행복과 삶의 만족도의 상관관계에서 나이, 성별, 교육, 사회적 지위, 수입, 자녀의 유무, 인종, 지능, 외모 등은 낮은 상관관계를 갖었다고 하였다. 반면 낙관주의, 감사, 긍정적 감동 등은 행복과 삶의 질에서 높은 상관관계가 있을 수 있다고 언급했다.

따라서 긍정심리의 많은 글에서 감사편지와 용서편지에 대하여 제안을 하고 있다. 즉, 우리는 우리에게 특별히 친절하게 대해 주었으나 감사의 말을 전하지 않았던 사람들, 부모님, 친구, 선생님, 코치, 팀원, 직원 중 한 명에게 감사의 편지를 쓰면서 가능한 편지를 직접 전달하고 감사의 이유를 분명히 담아서 쓰기를 권하고 있는 것이다. 이와 같은 것은 가족관계의 회복에 도움이 될 것이다.

## 9) 영성

웰빙과 영성은 관계가 깊다. '영성'은 현재의 객관적인 상황을 초월해서 새로운 차원으로 볼 수 있는 능력'(Zohar & Marshall, 2000)으로 정의되는데, 스트레스를 감소시키며(Sheehan, 1979), 성공적인 대처 및 적응과 관련된다(Emmons, 1999). 또한 긍정적 성격 특성들이 보다 나은 삶의 질과 관련된다는 연구 결과들이 보고됨에 따라, 긍정심리학 분야에서는 인간의 강점 및 미덕에 대한 체계를 수립하게 되었다.

그 대표적인 예로 피터슨과 셀리그먼(2004)에 의해 개발된 강점과 미덕에 관한 강점 분류 체계(Values in Action)는 크게 6가지의 미덕(지혜와 지식, 용기, 인간성, 정의, 절제 및 초월성)과 24개의 강점(창의성, 호기심, 열린 마음, 학습에 대한 애정, 타인에게 현명한 조망의 제공, 진실성, 용감함, 인내심, 열의, 친절, 사랑, 사회적 지능, 공정함, 리더십, 협동심, 용서, 겸손, 신중함, 자기조절, 아름다움과 뛰어남에 대한 이해, 감사, 희망, 유머, 종교적인 신념)이 있다.

이를 바탕으로 긍정심리학에서는 이론에 바탕을 둔 훈련 및 개입 기법들이 개발되었다. 몇 가지 영성을 활용한 긍정적 기법의 예를 들면, 은총 헤아리기, 희망 상자 만들기 등이 있다. 셀리그먼과 동료들(Seligman & Peterson, 2005)은 영성 훈련이 실제적으로 인간의 삶의 질을 향상시키는지에 대한 효과성을 검증하여 긍정적인 결과를 얻었다. 즉, 몸과 영혼의 건강을 돌보기 위한 종교생활과 영성훈련, 명상 등을 활용할 수 있다고 제시하고 있다(Lyubomirsky, 2007). 이러한 활동 중 영성에 대한 함의로는 영성이 사람마다 각기 다른 형태를 취하는 개인화된 현상이고 위대한 잠재력 확증의 과정(Snyder & Lopez, 2002)이므로 사람들에게 유익한 활동으로 활용될 수 있다는 것을 들 수 있다.

행복은 먼 곳에 있는 추상적인 것이 아니다. 물론 외형적인 생애사가 자신에게 영향을 미치기도 했을 것이다. 하지만 가장 자신을 움직이게 하는 메커니즘은 때로 한 구절의 문구일 수도 있고 그것이 자신의 삶에 있어서 좌표와 원동력이 되고 있다는 것을 느낄 수 있을 것이다. 그것은 긍정심리와 행복을 느낄 때 더 커다랗게 자신을 움직이는 힘을 발휘할 수 있다. 긍정심리란 그리고 행복이란 현재 주어진 삶을 내가 느끼는 만큼으로 환경까지 변화시키는 놀라운 힘을 가지고 있다. 그것은 아무리 복잡한 상황이어도 긍정적으로 오히려 삶의 여러 사건들을 필터링하고 늘 새로운 여정이 되게 하며 행복을 느끼게 한다.

긍정의 심리학은 가장 좋아하는 것을 가장 잘할 수 있고, 가장 잘하는 것에 가장 잘 몰입할 수 있으며, 몰입은 행복 중에서도 질적으로 높은 위상의 것이라는 것을 이야기하고 있다. 스스로 마음의 정원을 잠시 거닐어 보면 함께했던 소중한 사람들과의 시간을 통해 우리가 공유했던 바람도 있고 꿈 밭도 있고 우리의 행복도 있을 것이어서 결국 인간의 삶은 이러한 것들을 발견해 나가는 것에 의미가 있다.

우리의 삶 곳곳에 묻어 있는 **행복을 긍정심리라는 필터**를 통해 극대화할 수 있으며 **행복을 추구하는 작은 습관**으로 시작하더라도 **상이한 결론**에 도달할 것이다. 그리고 이미 많은 사람들과 행복한 대화를 나누었으며 행복한 시간을 함께했다는 것을 발견할 수 있다. 좋은 사유(思惟)는 삶을 행복하게 한다. 시간의 나눔 자체에도 행복은 가능하다. 행복하기로 결정한 그 순간 행복이 찾아올 수도 있으므로 행복은 결코 환경에 있는 것이 아님을 자신의 내면에서 영성을 통해 발견할 수 있다.

극한 상황에서도 **삶이란, 의미부여**이며, 선택이 가능하다는 것을 솔직하게 자신에게 대입해 보기도 할 수 있을 것이다. 진정한 self-esteem은 여러 차원과 해석이 있겠지만, 진정한 자아실현이란 결코 남들이 말하는 동일한 자아실현이 아니라 자신이 인정하는 그런 자아실현일 것이다.

이것은 단지 규정된 행복감과 불행감 혹은 따뜻함과 차가움 그와 같은 양극의 상황 자체를 즐길 수도 있는 탄력 있는 삶을 제공할 수 있다. 끊임없이 내가 남과 같고자 할 때는 행복할 수 없을 것이다. 따라서 우리는 자신의 행복을 자신의 내면 안에서 존중된 고유성을 통해 찾아야 하는 것이다.

자연 앞에서 인간이 갖을 수밖에 없는 영성도 충분한 감성을 가지고 가족들과 논해 보기 바란다. 그러면 **영성의 공통분모**를 찾아낼 수 있을 것인데 그것은 **인간으로서의 동질감**과 같은 것이다. 인간은 모두 행복을 추구하는 소중한 존재이다.

### 10) 오즈의 마법사와 가족관계

오즈의 마법사의 내용은 황량한 도시 캔사스의 도로시가 환상적인 여행을 하고 다시 돌아온다는 내용으로 아이와 성인 모두에게 교훈적인 내용을 담고 있다. 김태형(2012)은 다음과 같은 것을 통해 성찰을 제안하였다.

동화의 주인공인 도로시가 여행 중에 세 명의 친구를 만나게 된다. 세 명의 친구 중 처음 만나게 된 친구가 허수아비였다. 이웃이라고는 아무도 없는 황량한 캔사스에 살았던 도로시는 고독과 지루함에 지쳐 가던, 뇌를 갖고 싶다고 하는 허수아비와 함께 여행을 떠나게 된다. 두 번째 만난 친구는 양철 나무꾼이었는데 양철 나무꾼은 세상에서 가장 소중한 것은 뇌가 아니라 심장이라고 반박한다. 나무꾼은 뇌는 사람을 행복하게 만들어 주지 못하며 세상에서 가장 소중한 것은 행복이라고 말하며, 타인을 사랑할 수 있는 심장을 갖고 싶다고 말하였다. 양철 나무꾼은 사람을 사랑할 수 없다는 것이 얼마나 슬픈지 깨닫고 잃어버린 소중한 심장을 찾고 싶다고 말했다. 세 번째 도로시가 만난 친구는 겁쟁이 사자였다. 사자는 용기도 없이 사는 것을 괴로워하면서 용기를 갖고 싶다고 했다. 세상을 살아가려면 허수아비가 원하는 똑똑함도 필요하고 양철 나무꾼이 갈망하는 사랑도 필요하며 사자가 원하는 용기 또한 필요하다. 더욱이 환상의 세계로 도피하여 그곳에서 벗어나지 못한 채 길을 잃고 헤매던 도로시에게는 세상을 힘차게 살아갈 용기도 필요했을 것이다.

허수아비는 자기에게는 똑똑함이 없다고 믿었고, 양철 나무꾼은 사랑의 마음이 없다고 믿었으며 겁쟁이 사자는 용기가 없다고 믿었다. 하지만 역설적이게 도로시 일행 중에서 가장 똑똑한 이는 허수아비였고, 가장 따뜻한 마음을 가진 이는 양철 나무꾼이었으며 가장 용감한 이는 겁쟁이 사자였다.

길을 가던 도로시 일행이 커다란 도랑을 만났을 때 허수아비가 도랑 근처의 커다란 나무를 가리키며 양철 나무꾼이 그 나무를 넘어뜨리면 맞은 편 둑에 닿게 된다는 아이디어를 제공했다. 그 외에도 세차게 흐르는 강이 나타나면 양철 나무꾼에게 뗏목을 만들게 해서 현명한 방안을 만들곤 했다. 또 양철 나무꾼은 길을 건너다 길 위를 기어가는 딱정벌레 한 마리를 실수로 밟아 죽이게 되자 늘 생물들이 다칠까 봐 조심했던 양철 나무꾼은 그 일로 속상해하며 슬픔과 후회의 눈물을 흘렸다. 또한 불쌍한 사슴을 죽이지 말라고 하는 따뜻한 마음을 가지고 있었다. 사자는 도로시 일행 중에서 가장 용기 있게 행동해서 성공을 뒷받침했다. 사자는 여행 중에 칼리다라는 무서운 동물이 나타나자 크고 무시무시한 포효를 내어 일행이 무사히 다리를 건너도록 했고, 칼리다가 뒤따라오자 죽을 때까지 싸우겠노라는 용기를 발현했다. 위기의 순간에 허수아비는 일행이 위기를 모면하게 했고, 사자는 일행을 위해 싸웠고, 양철 나무꾼은 따뜻한 마음을 이야기했다. 즉, 허수아비는 뇌를 얻기 위해서, 양철 나무꾼은 심장을 얻기 위해, 겁쟁이 사자는 용기를 얻기 위해 각자 오즈를 만나려고 했지만, 허수아비는 이미 똑똑함을, 양철 나무꾼은 사랑을, 겁쟁이 사자는 용기를 이미 가지고 있었다는 이야기이다.

그들 스스로가 그것을 알지 못했을 뿐이다.

오즈는 허수아비에게 이렇게 말했다. "너는 뇌가 필요 없어. 매일 새로운 것을 배우고 있으니까. 경험을 통해서만 무엇인가 배울 수 있단다. 세상을 오래 살수록 그만큼 경험도 쌓이는 법이야"라고 말했다. 또 오즈는 심장을 원하는 양철 나무꾼에게 이미 사랑의 마음을 가지고 있는데 무엇 때문에 심장을 원하느냐고 말했다. 그리고 용기를 갖고 싶어 하는 사자에게는 "넌 이미 용기 있는 사자이다. 너한테 필요한 것은 용기가 아니라 자신감이다. 생명이 있는 것들은 무엇이든 위험에 처하면 두려워하기 마련이나, 그런 두려움을 이기고 위험에 맞서는 것이 진정한 용기인데, 이미 그런 용기를 많이 가지고 있단다"라고 말했다.

이 대화를 통해 알 수 있는 것은 허수아비는 이미 똑똑했음에도 더 똑똑해지기를 원했고, 양철 나무꾼은 이미 선량했음에도 더 선량해지기를 원했으며, 사자는 이미 용감했음에도 더 용감해지기를 원했다는 것이다. 그렇다면 허수아비와 양철 나무꾼, 겁쟁이 사자는 왜 자기들이 이미 가지고 있는 것을 그토록 원했을까? '부정적인 자아상'을 가졌기 때문에 혹은 '자신의 잠재력을 신뢰하지 못했기 때문'이다. 그는 그들이 세상 사람들 모두가 자기의 장점과 재능을 인정해 주고 칭찬해 주더라도 그것을 액면 그대로 받아들이지 못하고 있음을 지적했다. 왜냐하면 자기 스스로의 장점을 모르고 자기를 높게 평가하지 못했기 때문이라는 것이다. 도로시 역시 고아 출신이었으며 무뚝뚝한 엠 아줌마와 헨리 아저씨에게 양육되어 가장 큰 약점으로 부정적 자아상을 가지고 있었을지도 모른다고 하면서, 따라서 그녀에게 가장 필요했던 것은 그런 부정적인 자아상을 긍정적인 자아상으로 수정하고, 뛰어난 잠재력을 실천 속에서 검증하는 것이었을 것이라고 추측하였다.

출처: 김태형(2012).

이런 점에서 김태형(2012)은 상처 입은 자신의 분신과도 같았던 허수아비, 양철 나무꾼, 겁쟁이 사자와 함께했던 여행은 바로 도로시 자신의 마음을 치유하는 여행이었음을 지적하고 있다. 또한 상상의 세계인 오즈의 나라에서 마음의 힘이 자라난 도로시는 이제 현실로 돌아가기를 원하며, 환상의 나라는 아름다운 나라이지만 현실에서 도피해 이상한 나라로 왔을 때 현실이 아닌 세계에서의 아슬아슬함 속에서, 긴 시간동안 정들었던 가족과 헤어져 지내는 과정에서, 엠 아줌마와 헨리 아저씨가 힘겨운 생활 속에서도 항상 자기를 걱정해 주고 사랑해 주었다는 사실을 새삼 지각하게 되었을 것이라 추측하였다(김태형, 2012).

그리고 이제는 황량한 초원에 있는 그 집에서 조차도 씩씩하게 살아갈 수 있을 것 같은 자신감을 가지게 된 것이라 이야기한다. 이야기의 마무리는 도로시가 집으로 돌아가고자 했을 때 남쪽 나라의 착한 마녀인 글린다는 도로시에게 이렇게 말했다. "네가 신고 있는 은구두가 사막을 건너게 해 줄 것이다. 신발의 마법을 알았다면 이 나라에 왔던 그날 바로 엠 아줌마 곁으로 돌아갈 수 있었을텐데..." 라고 말했다. 글린다가 말했던 것처럼 도로시에게는 진작부터 험난한 현실을 감당할 수 있는 충분한 잠재력이 있었던 것이다. 그러니 결국 현실에서 환상의 세계로 도피하는 것도, 그곳에서 벗어나 현실로 돌아가는 것도 모두 그녀의 선택이었고, 그녀가 마음먹기 나름이었던 것이라고 김태형(2012)은 지적했다. 이 의미는 오즈가 자신을 치유하는 힘이 자신에게 있음을 말하면서 마음의 상처를 극복함으로써 마침내 현실에 맞서 살아갈 마음의 힘을 되찾게 되고 도로시는 가족들 품에 안겨 행복하게 살아가게 된다는 점을 강조했다(김태형, 2012).

사람들의 마음속에는 이미 강점이 있으며 세상을 살아갈 내적 자원이 있음을 이야기하는 것이다. 행복을 의미하는 파랑새의 이야기는 어떤가? 결국 파랑새는 자신의 마음속에 있음을 깨닫는 것으로 이야기는 마치게 된다. 이 글은 우리에게 필요한 자원이 우리의 내면에 있으며 행복도 그렇다는 것을 깨닫는 것이 중요한 것이라는 교훈을 주고 있다.

## 11) 심리적 안녕감

심리적 안녕감에 대한 학문적 언급은 '긍정적 정신건강(positive mental health)'이란 용어를 처음으로 사용한 제이호다(Jahoda, 1959)로부터 시작되었다. 그 이후 라프(Ryff)와 그의 동료들은, 제이호다를 비롯한 여러 학자들(Maslow, Rogers, Jung, Allport & Erikson)의 주장을 통합하여, 심리적 안녕감을 개념적으로 정의하였다(Ryff, 1989; Ryff & Keyes, 1995; Ryff & Singer, 1996).

심리적 안녕감이란, 일상생활에 사람들이 적응하면서 느끼는 정서로, 환경에 대한 개인의 반응 혹은 환경의 자극 및 개인반응 간의 상호작용의 결과이며, 개인이 지각한 행복감 혹은 총체적 감정을 의미한다(Ryff & Keyes, 1995). 이에 라프(1989)는 심리적 안녕감이 다음과 같은 요인들로 구성된다고 하였다.

첫째, 자아수용(self-acceptrance)
둘째, 긍정적인 대인관계(positive relations with others)
셋째, 자율성(autonomy)
넷째, 환경에 대한 통제(environmental mastery)
다섯째, 삶에 대한 목적(purpose in life)
여섯째, 개인적인 성장(personal growth)

이에 따르면 심리적 안녕감이 높은 사람이란, 자기를 있는 그대로 수용하고, 긍정적 대인관계를 유지하며, 자신의 행동에 대한 조절능력과 환경에 대한 통제력 및 삶의 목적을 통하여 스스로 잠재력을 실현시키고자 하는 동기를 지닌 사람을 말한다(김명소, 김혜원, 차경호, 2001).

이러한 심리적 안녕감의 개념은 기존의 주관적 안녕감이 심리학 이론의 배경을 충분히 반영하고 있지 못하며 심리적인 기능의 측면을 간과하고 있다는 비판을 반영한 것이다(류정희, 이명자, 2007). 다시 말하면 주관적 안녕감은 개인의 주관적 요소가 많이 반영되어 측정되는 안녕감의 도구인 반면, 심리적 안녕감은 보다 복합적으로 안녕감을 측정하는 측정도구라 할 수 있으며 이에 대한 점검이 건강한 가족관계의 형성과 점검에 있어서 중요할 것이다.

# 제 8 장

# 가족건강성과 건강심리

# 1. 삶의 질

안화선(2008)에 의하면 삶이란 살아있는 존재, 살아가는 방식, 살아 있는 현상, 생명, 목숨을 의미하며, 질은 어떠한 것이 소유한 우월성의 정도, 어떤 대상의 특성을 일컫는 추상적인 복합어이다. 삶의 질이란 용어가 공식적으로 처음으로 언급된 것은 1960년 미국의 국가 목표에 관한 대통령 자문위원회의 보고서(The Report of the President's Commission on National Goal)에서 처음 등장하여 각종 사회문제에 대한 개선 방안을 모색하기 시작하면서 사용되었다(권용현, 2009). 이후 WHO(세계보건기구)에서 삶의 질이란, 한 개인이 살고 있는 문화권 및 가치체계 안에서 자신의 목표, 관심, 기대, 사회규범과 관련하여, 삶에서 자신이 차지하는 상태에 관한 개인적 지각이라고 정의하고 있다.

우리나라의 경우에 삶의 질의 개념은 박대식 등(2007)에 의하면 1980년 이후부터 이에 대한 연구가 본격적으로 시작되었다고 하였다. 그 이후 삶의 질에 관하여 박대식 등(2011)은 2000년대 초 여성가족부가 외국인 여성인권 위협에 대한 사업을 추진한 것을 기점으로 하여, 2000년대 중반부터 다문화가족의 안정적인 가족생활 영위와 삶의 질 향상 그리고 사회통합을 위한 정책을 추진해 오고 있다. 이에 대하여 송건섭(2007)은 삶의 질의 개념이 인간의 안녕과 복지의 정도를 표현하는 포괄적이며, 다차원적 개념이라 하면서 삶의 질을 신체적, 정신적 및 사회 경제 영역에서 각 개인이 지각하는 주관적 만족감과 행복감으로 정의하였다.

이러한 삶의 질에 관한 본격적인 연구에 대하여 김봉선(2007)은 1960년대 지속되는 경제성장에도 불구하고 사회 구성원들의 행복이 증가하지 않았다는 자성의 목소리로부터 시작하였다고 하였다. 즉, 사회가 지속적인 경제성장을 통하여 경제자원이 풍족해졌음에도 불구하고 빈곤, 양극화, 자살증가와 같은 사회문제가 높아짐에 따라 경제성장과 삶의 질과의 상관관계에 관하여 학문 및 정책적인 측면의 본격적인 논의가 시작되었다는 것이다. 이에 대하여 프레이와 슈투처(Frey & Stutzer, 2000)는 삶의 질의 개인적 요인, 경제적 요인, 정치적 요인이 행복도에 미치는 영향을 연구하여 이 중 소득은 행복도에 영향을 미치는 정도가 다른 요인에 비해 미미했다고 분석하였다. 이후 삶의 질은 노인, 장애인, 빈곤층 등 다양한 사회적 취약계층에 대한 개입과 사회복지 정책과 서비스의 목적이 되기 시작하였다(김봉선, 2007).

삶의 질과 유사하게 인간의 행복을 설명할 수 있는 이론으로는 욕구이론, 비교이론, 문화이론이 있다. 먼저 **욕구이론**(need theory)에서는 대다수의 사람들에게 보편적인 욕구, 즉 성취욕구, 명예욕구, 생리욕구 등이 있으며 욕구의 충족여부에 의하여 행복이 결정된다고 보았다. 그리고 **비교이론**(Michalos, 1985)은 비교대상과의 차이에 대한 지각을 전제로 출발하는 이론이다. 이 이론은 사람들이 어떤 기준과 스스로를 비교하며 특정 기준과의 괴리를 긍정적으로 인식할 때 행복감을 느끼게 된다는 것이다.

그러므로 이것은 객관적 사실 혹은 상태 그 자체보다는 **특정 대상과의 비교기준**에 의한 **기대수준**이 스스로 지각하는 행복에 영향을 주게 된다는 이론이다. 그런데 디너와 루카스(Diener & Lucas, 2000)에 의하면 이러한 비교이론에 바탕을 두는 행복 연구의 초점은 비교 표준 기준(relative standard)을 찾아 그 특성을 분석하는 데 있다고 하였다. 한편 **문화이론**은 사람들의 일상 행동의 기반이자, 배우고 공유하는 암묵적 가정(Schein, 1999)이라는 점에서 출발한다. 이것은 디너와 오이시(Diener & Oishi, 2000)에 따르면 우리 자신이 누구이며, 무엇을 생각하고 느끼며, 어떻게 행동하는가에 관한 것이 결국 **문화에 의해 결정**된다고 보는 관점이다.

이후 진행된 OECD의 더 나은 삶 지수(Your Better Life Index)는, 삶의 질(QoL)에 입각해 만들어진 삶의 질 지수(QLI)이다. 그 밖에도 국력을 고려한 삶의 질 지수(Quality and Power Index, QPI) 등은 삶의 질(QoL)과 연관된 척도들이다. 이들 연구를 통하여 삶의 질에 미치는 요소들을 종합적으로 정리하여 보면 **삶의 질에 영향을 주는 6가지 요소는, 소득, 주택 등의 경제적 요소**(economic factors), **친구 및 이웃관계 등의 사회관계적 요소**(social relational factors), **성격, 문화 등의 사회·심리적 요소**(social psychological factors), **재난, 치안 등의 환경적 요소**(environmental factors), **민주주의, 사회보장 등의 제도적 요소**(institutional factors)와, **건강, 연령 등의 신체적 그리고 인구학적 요소**(physical or demographic factors) 등으로 나타났다.

그런데 이러한 삶의 질이란 그 정의가 모호하고 복합적인 개념으로서 개인적인 특성에 따라 다르게 형성되며 인적 자본으로 교육, 취업 등도 포함된다(Schulz, 1961). 또한 외부환경이나 내부 환경의 영향을 받는데, 외부환경 요인은 자연환경과 정치 환경, 사회 환경이 해당되며, 내부 환경요인은 신체건강, 개인역량, 사회활동, 물질적 풍요가 해당된다(Lindstrom et al., 1993; Veenhoven, 2000; Pukeline, et al., 2011).

한편 교육수준이 높을수록 안정적인 직업과 사회관계를 가질 확률이 높으므로 개인으로 하여금 심리적 안정감을 갖게 할 수 있다(Ross et al., 1997). 그러나 이에 대하여 글래처(Glatzer, 2006)는 생활환경 등의 객관적인 차원이 향상되었음에도 사람들이 느끼는 만족도는 저하되는 사례를 통하여 객관적인 차원과 주관적인 차원이 반드시 비례하는 것은 아니라고 주장하였다.

따라서 델헤이와 본케(Delhey & Bohnke, 2002)의 연구에 따르면, 삶의 질은 객관적 영역과 주관적 영역으로 구분할 수 있는데, 객관적인 영역은 소득, 주거형태 등이 포함되며, 주관적 영역은 개인의 주관적 감정을 통해 측정되는 소득의 만족도, 직업의 만족도 등이 포함된다고 하였다.

삶의 질에 관련한 연구에 관하여 우리나라의 송건섭(2007)은 삶의 질이 인간의 안녕과 복지의 정도를 구체적으로 표현한 포괄적이고 다차원적인 개념이며, 삶의 질을 주관적 관점으로 신체적, 정신적 및 사회 경제영역에서 개인이 지각하는 주관적 만족과 행복감으로 정의하였다. 그 밖의 삶의 질과 관련한 학자들의 정의를 살펴보면 다음과 같다.

임진택(2003)은 일정한 범위 내에서 지역 주민들이 보다 만족하며 안락한 삶의 물리적인 상태나 조건을 영위하는 것이 삶의 질(행복)이라고 하였다. 그리고 이원일 등(2000)은 인간의 만족스러운 생활에 영향을 주는 객관적인 삶의 조건에 관하여 연구하였으며, 김구(2003)는 삶의 질 평가 및 측정대상자가 거주하고 있는 환경적 요소와 물리적 요소를 포괄하는 삶의 종합적인 상태가 바로 삶의 질이라고 하였다.

이와 같이 삶의 질의 차원과 정의는 학자마다 다양하다고 할 수 있다. 그러나 공통적으로 삶의 질이란 객관적인 자료나 지표에 의해서 보다 '개인이 삶에서 경험하는 만족감'과 같은 개인의 '주관적 의견'이라는 것이 지배적이다.

즉, 삶의 질에 대하여 김미령(2006), 안화선(2008), 그리고 박희봉과 이희창(2007)에 따르면 삶의 질의 개념은 복합적이며 함축적이어서 개인적인 경험을 포함한 신체, 심리 및 사회적 영역을 포괄하며, 한편으로 한 사회의 정치, 경제, 사회의 발달수준과 구성원의 가치관 및 관습에 따라 변하는 상대적 개념이라고 하였다. 따라서 이정규(2009)는 객관적으로만 삶의 질을 측정하는 측정지표는 인간의 삶의 내면적 수준을 고려하지 못하므로 사람들의 삶에 있어서 주관적인 만족을 반영하지 못한다고 하였다.

구체적인 삶의 질의 측정방식으로 펄스와 페리(Felce & Perry, 1995)는 삶의 질의 평가영역이 5가지 영역, 즉 신체, 물질, 사회, 정서, 생산적 안녕으로 구성되며, 신체적 안녕은 건강과 연관이 있고 물질적 안녕은 수입과 관련되며 사회적 안녕은 대인관계, 사회참여, 그리고 정서적 안녕은 정서 상태나 스트레스와, 생산적 안녕은 발전적인 성장을 하위요인으로 구성된다고 하였다.

또한 에스테스(Estes, 2004)는 교육, 건강, 경제, 환경, 여성지위, 문화 다양성, 인구학적 특성, 사회적 혼돈, 복지노력을 통해서 삶의 질을 측정하고자 하였다. 그리고 우리나라의 김태룡 등(2000)은 지방정부 차원의 삶의 질 수준과 그 결정요인을 분석하기 위하여 의 · 식 · 주, 가치관, 사회관계, 교육, 안전 · 보건 · 복지, 경제 · 노동, 여가, 행정과 참여, 사회제반시설, 환경의 10개 영역에 대하여 33개 하위변수를 사용하여 분석하였다.

한편 최준호 등(2003)은 재난관리, 치안 관리, 교통, 주거생활, 자연 환경, 환경관리, 교육, 복지, 문화, 주민참여를 통하여 삶의 질을 측정하였다. 또한 송인성(2004)은 삶의 질을 캐나다의 몬트리올, 토론토, 벤쿠버 등에서 평가하고 있는 삶의 질 지표를 우리나라의 삶의 질 평가지표와 비교하여 **평가영역**을 **인구, 주거, 소득 및 고용, 건강, 교육, 교통안전, 주민참여, 자연환경 및 여가활동, 인공환경, 토지시장 등**의 **10가지 항목**으로 제시하였다.

그 구성지표로 송건섭(2007)은 건강한 생활여건, 편리한 생활여건, 공공안전 생활여건, 자연환경여건, 여가활용 및 문화생활, 교육여건, 경제 생활여건, 기타 생활여건의

지표를 적용하였다. 그 외에 권용현(2009)은 건강한 생활여건, 가족 및 주거여건, 환경여건, 공공안전여건, 복지여건, 교육문화·관광여건, 경제여건, 참여여건을 통하여 삶의 질을 측정하였다.

이에 대하여 학자들이 주장하는 삶의 질을 정리하면 다음과 같이 분류할 수 있다. 첫째, 김영란 등(2005)은 **삶의 질**을 **객관적인 자료**를 통하여 측정하는 방식이 있으며 이를 통하여 삶의 질을 측정하는 예로 각종 **사회지표**나 **인구사회학적 요인**을 통한 측정방식이 있다고 하였다. 둘째, 개인의 **주관적인 차원**에 의하여 삶의 질을 측정하는 방식이 있다. 그런데 삶의 질을 주관적인 차원에서 보았던 대표적인 학자인 캠벨(Campbell, 1976)은 삶의 질이란 결국 개인이 **삶에 대하여 느끼는 만족감이나 행복감**이라고 하였다.

## 2. 가족건강성과 삶의 질 관계

김경아(2002)에 의하면 가정은 공동의 주거, 경제적인 협력 및 생식 등의 특성을 갖는 사회조직으로, 초기 사회화의 바탕이 이루어지며 정서적인 안정과 인격의 기초가 형성되는 곳이라고 하였다. 또한 김경아(2002)는 가정이 개인생활의 기초로써 많은 시간을 보내는 곳이며 사회생활의 출발점이기도 하다고 하였다. **건강가정**에 대하여 프랫(Pratt, 1976)은 건강한 가정이란 구성원들이 다양하고 규칙적인 상호작용을 통해 가족구성원에게 개별성과 자율성을 부여하여 문제의 상황에 적극적으로 대처할 수 있는 가족을 의미한다고 하였다.

**가족건강성**의 개념은 오토(Otto, 1962)가 건강한 가족의 특징에 대하여 강한 가족(strong family)의 개념을 제시하며 연구되기 시작하였다. 송경희(2004)에 따르면 이러한 가족건강성(family strength)의 개념은 최근 가족에 관한 연구에 있어서 점차 중요하게 인식되는 개념으로 건강한 사회를 유지하고 개인의 건강한 성장을 도모하는 것에 있어서 가족의 중요성을 간과해서는 안된다고 하였다.

또한 최희진(2006)은 가족건강성(family strength)의 의미가 가족의 기능성(family functionning)이나 가정생활만족도와 유사한 개념으로 가족관계 상호작용의 순기능 정도를 의미한다고 하였다. 이에 대하여 오토(1975)는 건강가족에 대한 개념으로 건강한 가족은 가족원의 자원과 잠재성을 발전시켜 가족 집단과 가족원이 만족스럽고 행복한 생활을 영위하도록 하는 힘과 역동적인 요인을 지니고 있다고 보았다.

즉, 가족원의 건강한 발달을 도모하고, 가족원 간의 상호작용(의사소통, 의사결정 과정, 스트레스 대처방안)이 원만하고 집단으로서 기본가치체계를 공유하며, 친족 및 사회체계와도 원활한 상호작용을 이루며 생활하는 체계라는 것이다. 또한 유계숙(2004)은 건강가족의 요인에 관해 가족원에 대한 존중, 유대 의식, 감사와 애정, 긍정적 의사소통, 가치관 및 목표 공유, 역할 충실, 가족원의 신체건강, 가족 및 사회와의 유대, 경제 안정과 협력, 문제해결 능력의 특성을 제시했다. 한편 유계숙과 정현숙(2002)은 건강한 가족은 가족 성원들이 문제나 위기에 처했을 때 대처할 수 있도록 도움을 주며, 다음 세대가 행복하고 성공적으로 자라도록 밑거름이 되어 주는 역할을 하고 응집성과 적응성이 균형적이며 긍정적 의사소통과, 가족의 난관을 극복할 수 있는 신념체계와, 친족 체계나 사회 체계와의 유대감에 대한 공통점을 지니고 있다고 하였다. 따라서 김정옥(2008)은 성공적인 가정과 가족건강에 관한 연구가 최근 더욱 중요시되고 있다고 하였다.

특히 국제결혼부부의 경우에는 이혼이나 부적응의 원인으로 부부 및 가족 간 의사소통의 어려움(양순미, 2006; 홍미기, 2009; 이현우, 2011), 남편의 상습적 폭행과 학대(박재규, 2007; 소라미, 2009; 정현미, 2010)와 같은 가정적인 문제가 발생할 수 있으며, 게다가 불평등 및 사회적 편견(김오남, 2006; 이혜경, 2005; 구차순, 2007)도 작용할 수 있는 것으로 보고되었다.

이 외에도 결혼이주여성들의 어려움은 제한된 언어로 인한 의사소통의 어려움과 함께 자녀양육의 어려움뿐 아니라 남편의 가부장적인 태도와 시부모의 통제 등으로 인하여 가정의 갈등 문제(설동훈, 윤홍식 2005; 이한동, 2008)가 있을 수 있다.

따라서 결혼이주여성의 삶의 질은 가족의 요인과 밀접한 관계가 있을 가능성이 높다고 할 수 있다. 또한 그동안 연구된 결혼이주여성의 삶의 질에 미치는 가족요인에 관한 연구로 김미숙과 김안나(2012)는 2009년의 전국 결혼이주여성의 실태자료를 2차 분석하여, 결혼이주여성의 삶의 만족도에 보유 자원이 미치는 영향에 대하여 가족관계의 요인이 영향력이 가장 크다고 하였다.

또한 김아리(2012)는 결혼이주여성의 삶의 질에 영향을 미치는 가족요인으로 자녀 수가 있으며, 독립변수로는 가족 간의 의사소통이 영향을 미치는 요인이라고 하였다. 이에 대하여 그동안 연구된 다문화가정의 선행연구를 살펴보면 다문화가정의 **부부간의 개방적인 의사소통**이 부부간의 **결혼생활 만족도에 긍정적인 영향**을 미칠 가능성이 있다는 연구(양순미, 2006; 장온정, 2007; 박은미, 이곤수, 2009; 이무영, 2010; Gottman & Krokoff, 1989)가 진행되었다. 그리고 홍미기(2009)는 '**부부적응**'이 '**한국생활적응**'의 일부분이면서도 한국생활적응을 위하여 상당히 중요한 과업인데, 왜냐하면 결혼이주여성은 결혼을 통한 이주로 결혼생활에서 가장 중요한 부부 적응이 이루어지지 않으면, 한국생활적응이 이루어질 수 없기 때문이라고 하였다.

또한 마이스(Mace, 1976)는 부부의사소통의 능력에 대하여 건강한 부부관계는 심도 있는 의사소통을 통해서만 유지될 수 있다고 하였다. 따라서 홍미기(2009)는 **부부의사소통**의 정의에서와 같이 건강한 부부관계를 위해서는 효율적인 의사소통 능력이 필수적이라고 하였다.

한편 홍미기(2009)는 의사소통(communication)이란 결국 인간이 타인을 이해하고 상대방에게 자신을 이해시키는 과정이며, 동시에 정보를 주고받는 과정이므로 사람들 간의 **감정, 태도, 사실, 믿음, 생각을 전달하는 과정**으로 **상호작용**을 통해 서로에게 영향을 주고 **서로를 이해하는 모든 수단을 포함**한다고 하였다. 그러므로 홍미기(2009)는 이러한 가족 간의 의사소통은 한 개인이 **타인과의 관계를 형성하고 발달, 유지**시키는 데 필수적인 과정이라고 하였다. 마지막으로 결혼만족도에 대한 측정도구로 로치 등(Roach et al., 1981)은 Marital Satisfaction Scale(MSS)에서 결혼만족도가 자신의 **결혼에 대한 태도 및 개인의 변화할 수 있는 인식을 포함**한다고 하였다.

## 3. 건강심리

### 1) 건강심리학의 개념

WHO에 의하면 건강은 단지 질병에 걸리지 않은 것을 뜻하는 것이 아니라 완전한 신체적, 정신적, 사회적 안녕의 상태를 의미한다(WHO, 1946). 이에 따라 건강심리학은 건강과 관련하여 건강 증진, 질병의 예방과 치료, 건강 위험의 요인 분류, 건강관리 체계 향상, 건강에 관한 아젠더 형성 등 건강에 관하여 심리학적 기술을 사용하는 학문이라 할 수 있다. 따라서 건강에 도움을 주지 않는 행동을 변화시킴으로써 건강한 상태를 도모하며 각종 질환 환자 및 가족과 구성원들을 도와주는 일이 이에 포함된다.

### 2) 건강심리학의 배경

소크라테스(Socrates)의 시대나 히포크라테스(Hippocratic) 시대로부터 심리나 정서적 요인들은 신체적 질환과 연관이 있다고 보았는데, 고대로부터 질병이란 신체적 요인에 국한되지 않으며 인간의 내면 심리적 상태와 연관이 있다고 보았다. 1932년 정신신체의학은 월터 캐넌(Walter Cannon)이 생리적인 변화가 정서에 수반되어 발생할 수 있다는 관찰을 하면서 신체 질환에서 심리적, 정서적 원인을 찾는 의학분야가 발달하게 되었다. 당시는 심리학이 많은 발전을 이룬 시기로 이에 정신분석으로 심리학이 발달하기 시작한 1939년에는 건강심리에 대한 관심이 확대되어 미국 정신 신체의학회가 당시 의사들에 의하여 창설되었으며, 정서가 신체 변화를 야기할 수 있고 신체적 변화가 질병을 일으킬 수 있다는 학설을 확고히 하였다.

뿐만 아니라 프란츠 알렉산더(Franz Alexander, 1950)는 정서적 갈등이 있을 때 그에 따른 스트레스는 신체적 질병의 전조가 될 수 있다고 하면서 정신신체 의학이 더욱 발달하게 되었다고 하였다. 건강심리학은 이후 1977년 행동 의학이 "건강이나 질병과 관련된 행동과 과학적이며, 생물 의학적 지식과 기술을 개발하고 통합하는 것이 필요한데 건강심리학은 이런 지식과 기법들을 예방, 진단, 치료 및 재활에 적용하는 다학제적 분야"라고 정의했다(Schwartz & Weiss, 1978, p. 250). 건강심리학은 의학의 목적을 치료에만 국한하지 않고 예방의 과정부터 중요한 부분으로 이를 정신적 부분과 연결하였다는 것에 의의가 있다. 이는 상해의 예방, 흡연, 알코올 남용, 식습관, 운동과 같은 영역을 포괄적으로 포함하는 분위기에서 이러한 행동 건강에서는 건강을 유지하고 질병을 예방하기 위해 행동 과학과 생물 의학의 지식을 활용하는 개인의 책임을 강조하게 되었다(Matarazzo, 1980).

이러한 건강 관리 수단인 행동 건강은 사회나 개인에게 큰 도움을 주었으며 오늘날 건강심리학(health psychology)에 기여를 하였다. 또한 심리학적인 기반의 지식은 오늘날 건강 지식에 많은 영향을 주었다. 즉, 이는 건강한 행동을 촉구하고 질병보다 건강에 포커스를 두며 이를 측정하기 위한 과학적 측정도구를 개발하는 기반이 되었고 건강에 관하여 유용한 이론적 모델을 형성하기에 이르렀다.

건강심리학은 이후 1982년에는 건강심리학(Health Psychology)을 발행하는 건강심리학회를 통하여 독립적인 전문 영역으로 자리를 잡게 되었다. 이에 포함되는 과목으로 병리생리학(pathophysiology), 약리학(pharmacology), 생화학(biochemistry), 심장병학(cardiology)이 있으며, 건강 전문학문으로 건강과 관련한 다학제적인 성격을 가지고 있음을 알 수 있다. 뿐만 아니라 건감심리학자가 되기 위한 전문 프로그램과 임상건강심리전문가로서의 다양한 훈련을 받게 된다.

임상건강심리학자는 진단과 면접, 심리학적 평가, 심리 검사, 심리 치료, 행동 치료, 정신생리학적 행동 조정 및 집단 치료를 할 수 있다. 이와 같이 행동주의 이론을 포함하여 정신역동 이론, 실존 이론, 사회 학습 이론 등을 수용하여 응용하면서 임상에서 질병의 극복을 위하여 진단 및 질병 예방 문제 등을 다각적 시각에서 접근하게 된다.

### 3) 한국의 건강심리학회

건강심리전문가는 인간의 건강 증진과 질병의 예방, 진단, 치료 및 재활을 위한 전문적 능력을 갖추고 스트레스 관리, 통증 관리, 건강관리, 행동 의학 등의 다양한 영역에서 활동하는 심리학자이라 할 수 있다.

한국의 건강심리학회는 신체, 정신, 사회적 측면에 관심이 있는 심리학자들과 건강관리(health care) 전문가들의 협력적 관계를 촉진하기 위해 전문적으로 구성되었다. 한국 건강심리학회는 인간의 건강과 질병의 원인을 통합적으로 이해하여 일상생활의 건강을 영위하고 질병을 예방하는 과정에 이르기까지 폭넓게 건강을 다룸에 있어서 심리학적 지식이 활용될 수 있도록 기여하고 있다.

이에 일정한 수련 과정을 마친 후에 자격시험에 합격하면 건강심리전문가로 활동할 수 있는데, 건강심리전문가 자격증은 한국 심리학회가 수여하며 건강심리 영역에서 최고의 자격이므로, 건강심리학적 원리를 삶에 적용하는 자세로 건강을 위해 노력해야 하는데 이에 대한 내용은 한국 건강심리학회 홈페이지를 참조할 수 있다.

### 4) 심리적 안녕감과 건강

인간의 심리적 안녕이란 중요한데, 이것은 일상생활의 사건에 사람들이 적응하면서 느끼는 정서로 환경의 자극이나 개인의 반응 사이의 상호작용의 결과로써 개인이 지각하는 총체적 감정이다(Ryff & Keyes, 1995)[1]. 그런데 가정이란 공동의 주거, 경제적인 협력 및 생식 등의 특성을 갖는 사회조직으로, 초기 사회화의 바탕이 이루어지며 정서적인 안정과 인격의 기초가 형성되는 곳이다(김경아, 2002). 이와 같이 가정은 개인생활의 기초로 많은 시간을 보내는 곳이며 인생과 사회생활의 출발점이기도 하다. 인간의 각종 효능감의 경험은 성장기 가족으로부터 얻어질 수 있으며 가족의 건강은 개

1) Ryff, C. D. & Keyes, C. L. M.(1995). The structure of psychological well-being revised. *Journal of Personality and Social Psychology, 69,* 719-727.

인의 심리적 건강과도 관련이 있다.

프랫(1976)에 의하면 건강한 가정은 가족 구성원들이 다양하고 규칙적인 상호작용을 하며 각 가족원에게 개별성과 자율성을 부여함으로써 문제 상황에 적극적으로 대처할 수 있는 가족이다(김경아, 2002 재인용). 즉, 건강가정은 가족의 화목 및 서로에 대한 충실, 친근감 등을 질문하는 '가족유대감'과, 가족단위의 여가생활과 공동의 관심사 및 함께 보내는 시간의 유익성, '시간공유', 상대방의 이야기에 경청하는 정도, 수용과 타협의 정도, 솔직성의 정도의 '의사소통', 위기문제에 당면한 상황에서의 태도, 인내심, 해결노력, 자원공유 등을 다루는 '위기대처능력'이 높으며 심리적 안녕감과 관련이 깊다.

심리적 안녕감은 인간의 긍정적 발달에 주요한 지표로 작용하므로 그 자체로도 중요하다고 할 수 있으나, 이것이 다른 긍정적인 결과에 공헌하게 되므로 더욱 중요하다(Park, 2004). 결국 심리적 안녕감이란, 일상생활의 사건에 사람들이 적응하면서 느끼는 정서이며, 환경의 자극이나 개인의 반응 사이의 상호작용의 결과로써 개인이 지각하는 총체적 감정이다(Ryff & Keyes, 1995)[2].

그런데 인간의 심리적 안녕감은 가정으로부터 형성되는 개념이라고 보는 것이 적절하다. 가정이란 공동의 주거, 경제적인 협력 및 생식 등의 특성을 갖는 사회조직으로, 초기 사회화의 바탕이 이루어지며 정서적인 안정과 인격의 기초가 형성되는 곳이다(김경아, 2002). 또한 가정은 개인생활의 기초로써 많은 시간을 보내는 곳이며 인생과 사회생활의 출발점이기도 하다.

2) Ryff, C. D., & Keyes, C. L. M.(1995). The structure of psychological well-being revisited. *Journal of personality and social psychology, 69(4), 719.*

# 4. 건강가정사

## 1) 건강가정사

건강가정사는 사회 내에서 발생할 수 있는 다양한 가정의 문제 해결을 예방 및 치료적으로 개입할 수 있는 전문가로 활동할 수 있다. 즉, 가정 문제와 관련하여 예방 · 상담 등을 통한 개선을 지원할 수 있는 전문인이다. 뿐만 아니라 **가정 관련 프로그램의 구성 개발 및 연구**를 통하여 가정 문제 분야의 다양한 교육 프로그램의 개발에 참여할 수 있으며 건강가정과 관련한 다양한 **콘텐츠 개발**과 **자료 작성 및 가정 문제 해결을 위한 활동의 추진**과 관련하여 다양한 활동이 가능하다. 따라서 건강가정사는 소정의 교육과정을 이수한 이후에 건강가정 지원센터, 가정 내 청소년 문제 해결을 위한 청소년 관련 단체 및 **가정 상담센터**와 **학교 내 가정문제 상담 센터** 등과 관련 각종 시설 및 심리상담 센터에 취업할 수 있다. 이에 건강가정사의 정의와 자격에 대하여 살펴보면 다음과 같다.

### (1) 건강가정사

**건강가정사란 「건강가정기본법」에 규정된 건강가정사업을 수행하기 위하여 관련 분야에 대한 학식과 경험을 겸비하도록 양성된 전문가**를 의미한다.

### (2) 건강가정사 자격

**건강가정사 자격**은 「건강가정기본법」의 규정에 따라 대학 또는 이와 동등 이상의 학교에서 사회복지학 · 가정학 · 여성학 등 관련 교과목을 이수하고 졸업한 자에게 자격이 부여되고 있다(「건강가정기본법」 제35조 제2, 3항). 따라서 가정관리사는 전문적 지식을 바탕으로 가정 내 모든 가사 및 돌봄을 지원하게 되었다. 이는 사회가 발전하면서 가사관리, 가정보육, 산후관리 등뿐만 아니라 가정과 관련한 역동성을 이해하고 이러한 영역에도 전문화가 요구되었다. 따라서 이러한 수요자의 전문화 요구에 맞추어 전문 교육 시스템을 갖추고 직업 교육과 인성교육을 이수한 가정관리사는 보다 체계적인 서비스를 지원하도록 양성되고 있다.

이에 한국여성단체연합은 2015년 107회 '세계 여성의 날'을 앞두고 전국가정관리사 협회에 여성운동상을 수여하였다. 전국가정관리사협회는 2004년 11월에 설립된 이래 기존의 가사노동자의 권리 보장과 사회적인 관심을 촉구하는 활동을 사회적으로 펼쳐 왔다. 이는 기존의 가정부와 같은 사회적인 약자로서가 아니라 '국제 가사노동자의 날' 행사를 개최하는 등 가사노동자의 권익이 향상될 수 있도록 이들의 권리를 위하여 활동하였다.

### (3) 건강가정사의 자격 및 특징

① 건강가정사는 대학에서 일정한 가정과 관련한 전문 과목을 이수한 자에게 부여하는 자격으로 별도의 자격 신청 절차가 없으며 따라서 자격증 및 인증서는 발급되지 않으나 보다 나은 가정의 전문인으로 지식을 갖출 수 있도록 일정 과목을 제시하고 있다.

② 건강가정사가 취업이나 기타 사유로 건강가정사 자격 요건에 대한 확인이 필요할 경우에는 이에 대하여 일정한 과목 이수증명서(성적 증명서)를 취업처에 제출하게 되면 건강가정사 자격을 취득한 것으로 간주될 수 있도록 행정적 단계를 간소하게 하였다.

### (4) 건강가정사의 직무

「건강가정기본법」 제35조 제2항의 규정에 의하여 건강가정사의 직무는 다음과 같이 제시할 수 있다.

① 가정문제의 예방과 상담 및 개선
② 건강가정의 유지를 위한 가정 관련 프로그램의 개발
③ 민주적이고 양성평등한 가족관계 교육을 포함하는 건강가정 교육
④ 가정생활문화운동 전개
⑤ 가정 관련 정보 및 자료의 제공
⑥ 가정에 관한 방문 및 실태 파악
⑦ 아동보호전문기관 등 지역사회자원과의 연계
⑧ 건강가정사업과 관련하여 여성가족부장관이 정하는 기타 활동

### (5) 건강가정사의 응시과목 및 이수교과

첫째, 「건강가정기본법」 제35조 제3항에 의거하여 응시자격으로 건강가정사는 대학이나 이와 동등한 평생교육원 등의 학교에서 사회복지학 · 가정학 · 여성학 등 여성가족부령이 정하는 관련 교과목을 이수하고 졸업한 자이어야 한다.

둘째, 건강가정사 이수 교과목(총 12과목, 36학점)은 다음과 같다. 먼저 필수 핵심 5과목은 다음과 같은 과목에서 선택하게 된다. 즉, 건강가정론, 가족정책론, 가족상담 및 치료, 가정생활교육, 가족복지론, 가족과 젠더, 가족과 문화, 건강가정현장실습, 여성과사회, 비영리기관 운영관리론이다.

그 외 건강가정사 이수 교과목은 총 12과목으로 36학점이다. 관련 과목의 기초이론은 다음의 과목 중에서 4과목을 이수하면 되는데 그 과목은 다음과 같다. 가족학, 가족관계론, 가족법, 아동학, 보육학, 아동복지론, 청소년복지론, 노년학, 노인복지론, 인간발달, 인간행동과 사회환경, 가계 경제, 가족관리, 가사 노동론, 여가관리론, 주거학, 생애주기 영양학, 여성복지론, 여성주의이론, 정신보건사회복지론, 장애인복지론, 가정생활복지론, 상담이론, 자원봉사론, 사회복지(개)론, 성과 사랑, 법 여성학, 여성과 문화, 일과 가족이다.

추가로는 상담교육 등 실제에 관련한 최소 3과목을 다음과 같은 과목에서 이수하면 되는데 그 과목은 다음과 같다. 즉, 생활설계상담, 아동상담, 영양상담 및 교육, 소비자상담, 주거상담, 부모교육, 부부교육, 소비자교육, 가정생활과 정보, 가계재무관리, 주택관리, 의생활 관리, 지역사회 영양학, 프로그램 개발과 평가, 사회복지실천기술론, 지역사회복지론, 연구방법론, 조사방법론, 부부상담, 집단상담, 사회복지실천론, 가족과 지역사회, 여성과 교육, 여성과 리더십, 여성주의 상담, 위기 개입론, 사례관리론이다.

한편 대학원에서는 건강가정사 이수 교과목 중 총 8과목과 핵심 4과목, 기초이론 2과목, 상담·교육 등 실제 2과목 이상을 이수하여야 한다. 단, 핵심과목 1/2, 관련 과목 1/2범위 안에서는 대학 또는 이와 동등 이상의 학교에서 이수한 교과목도 대학원에서 이수한 것과 동일하게 인정한다. 건강가정사 동일교과목으로는 가족상담 및 치료, 가족치료, 부부 및 가족상담, 가족과 문화, 한국가족생활문화, 한국가정생활사, 여성과 사회, 여성학, 비영리기관 운영관리, 공공가정경영, 사회복지행정론, 가족자원관리, 가정경영론, 노인학, 노년학, 여성주의 이론, 상담이론, 상담심리학, 사회복지조사론, 여성학방법론, 상담연구 방법론, 부부상담, 부부치료, 부부문제와 상담, 보육학개론, 가족생활교육, 가족생활교육프로그램, 가족생활교육 및 실습, 상담 이론 및 실제와 같은 과목을 이수하면 된다.

### (6) 건강가정사의 활동

첫째, 건강가정사는 「건강가정기본법 시행령」 제15조에 따라 전국 시도 및 시군구 소재의 건강가정지원센터에서 근무할 수 있다.

둘째, 건강가정사는 그 밖에도 다문화가족지원센터나 가족 관련 상담업무에도 참여할 수 있다.

제9장

# 가족 간의 교류

# 1. 교류분석

## 1) 교류분석의 개념

교류분석(Transactional Analysis)은 1950년대에 에릭번(Eric Berne, 의사, 1910~1970)에 의하여 창시되었는데 에릭 에릭슨(Erik Erikson)의 영향을 받았으나 자신만의 독특한 학문적 세계를 구축하였으며 무의식 과정에서 일어나는 일보다 기억할 수 있는 사건과 현재의 생활에서 일어나는 일에 보다 많은 관심을 가졌다. 기본전제는 인간이 자신의 운명에 대한 책임을 위하여 적절한 지지와 격려를 제공한다면 충만하고 창조적인 삶을 살 수 있다는 것으로 긍정적인 인간관을 지향하고 있다.

에릭번

기본개념으로는 인간은 3가지 자아상태를 가지고 있는데 이는 각각 부모자아, 성인자아, 아동자아라고 하였다. 또한 교류분석은 사회적 관계를 중요시하면서 사람들 사이에의 '스트로크[1)]'의 형태를 중요시하였다.

스트로크는 신체적이나 언어적 형태를 띠기도 하며, 다른 사람의 존재를 인정하는 것을 의미하기도 하는데, 스트로크의 교환이 교류를 구성하게 되며 이것이 사회적 관계를 형성한다고 하였다. 교류분석에서는 인간관계에 대하여 다음과 같이 관계를 설정하고 있다.

---

1) 스트로크의 원의미는 어루만지다, 쓰다듬다라는 등의 의미로 타인의 존재를 인정하는 행위이면서 자신의 존재를 인정받는 자극이기도 하다. 예를 들어, 어린 시절 머리를 쓰다듬거나 안아 주는 스트로크는 적절한 자극과 반응으로 심신의 발달을 촉진시키며, 스트로크는 같은 맥락으로 칭찬, 격려 등의 감성적인 접촉까지 포함한다. 오늘날 스토리텔링은 사물의 표상에 따른 심리적인 스트로크의 형성을 통하여 억눌린 감정의 표출과 정서적인 공감과 소통을 가능하게 하는 활동이다.

### 2) 세 가지 기본 가정

교류분석의 3가지 가정을 통하여 사람들에게 적절한 지원과 긍정적 스트로크를 제공해 준다면 사람은 충만하고 생산적인 삶을 살 수 있다고 가정하고 있다. 3가지 기본 가정은 다음과 같다.

#### (1) 자기긍정+타인긍정

교류분석의 기본전제로 사람들은 타고나기 때문에 사람의 건강과 성장을 촉진하거나 발달을 저해하거나 하는 것은 환경이 결정하며 여기에는 성장 과정에서 부모의 역할이 크다고 하였다. 따라서 양육자의 관심과 사랑의 스트로크를 받으며 성장하는 아이는 자기긍정을 토대로 타인을 긍정하는 바람직한 상태로 성장할 가능성이 크다.

#### (2) 능동적 존재

사람들은 문제해결에 관하여 능동적인 참여자이므로 치료자는 클라이언트를 문제의 해결에 능동적으로 참여시킬 필요가 있다.

#### (3) 선천적으로 선한 존재

기본적으로 인간은 선하며 타인의 삶을 침범하지 않는 건강하고 만족하는 삶을 살아 나갈 수 있다고 가정하며, 문제가 치유될 수 없는 것으로 보인다면 그것은 해결책을 발견하지 못하였거나 지식의 부족 때문이라고 하였다.

이상의 세 가지 가정을 종합하면 교류분석은 사람들은 자신의 운명에 책임을 질 수 있으며, 책임질 수 있다는 것을 전제로 삶을 통하여 적절한 지원과 긍정적 스트로크를 제공하면 충만하고 생산적인 삶을 가능하게 한다고 가정하게 된다.

### 3) 인생의 4가지 태도

교류분석에서는 상기의 개념을 토대로 하여 성장과정을 통해 자신과 타인에 대하여 취하는 인생의 태도를 네 가지로 구분하였다. 이는 자기부정－타인긍정, 자기부정－타인부정, 자기긍정－타인부정, 자기긍정－타인긍정의 태도를 보인다는 것이다.

#### (1) 자기부정-타인긍정

아동의 성장은 부모에게 달려 있으며 자녀에게 성장에 필요한 자양분을 주고 적절한 스트로크를 제공해 주면 자녀는 건강한 자존심과 안녕감을 지닌 성인으로 성장하게 된다. 반면 적절한 스트로크를 주지 않는 경우나 혹은 일관성이 없이 주게 된다면 아이는 내면적으로 '괜찮지 않다'라는 느낌을 가지고 성장하여 성인기 대인관계에 어려움을 겪게 될 수 있다. 이러한 '괜찮지 않다'는 신호는 정신건강에 영향을 미치게 된다.

① 스트로크를 받게 될 것이라는 기대를 갖는 성인은 '괜찮지 않다'는 현실보다, 유쾌한 환상을 통해서 '괜찮다'는 스트로크를 추구함으로써 확신을 하는 '인생 각본'을 형성해 나가면서 이러한 태도로 인생을 사는 경우가 있다. 괜찮다라는 스트로크의 추구가 그 사람의 가치관을 형성하기도 하는데 이는 인지행동치료에서의 핵심신념을 구성하는 것과 같은 역할을 한다.

② 바람직하지 않은 경우의 스트로크의 사용으로는 사람들을 화나게 하는 행동을 통해 부정적인 스트로크를 추구하는 '각본'을 가지고 있는 경우이며, '괜찮지 않다'라는 태도를 해소하는 궁극적인 해결책은 완전히 포기하는 행위로, 극단적 퇴행이나 자살의 절망적 행동과 같은 현상을 보이게 된다.

### (2) 자기부정–타인부정

자기부정–타인부정의 태도는 자신이 괜찮지 않다면 타인도 괜찮지 않다고 가정하고 있다. 이러한 경우는 다음과 같은 태도를 형성하게 된다.

① '나'인 본인에게 문제가 있을 뿐 아니라, 다른 사람인 상대에게도 잘못된 것이 있다고 보는 태도이다.
② 이러한 태도를 가지고 성장한 성인들은 친밀감을 형성하여 애정을 주고받는 데 있어서, 기쁨을 나누거나 느끼는 데에 문제를 가질 수 있다. 즉, 부정적 스트로크로 인하여 부정적인 관점이 내면화된 경우라고 할 수 있다.

### (3) 자기긍정–타인부정

아동기 학대의 희생자라고 전제할 수 있다.

① 아동기 학대의 희생자 경우에 잔인하거나 가혹한 성향의 부모에게 양육되어 스스로에게 스트로크를 주며 성장하면서 스스로를 위로하는 방식을 배웠다고 할 수 있다.
② 이러한 사람들은 타인이 언제나 잘못하고 있다고 생각하기 쉬우며 자신은 옳다고 생각한다.
③ 이러한 태도에서 타인들은 자신에 대해 제대로 인식하지 못하는 것으로 보이며 따라서 잘못을 다른 사람에게 투사하게 된다.

#### (4) 자기긍정–타인긍정

자기긍정－타인긍정은 감정뿐 아니라 사고와 행동을 포함하는 것이다. 사람들은 각 태도의 기저에 깔린 아동기의 감정을 표출하고 긍정적이지 못한 행동을 스스로 검토하고 변화하고자 하는 의식적 결정을 내리는 것을 통하여 점차 긍정적인 성향으로 나아갈 수 있다. 이러한 상태는 긍정심리에서의 긍정적 효과와 같이 삶에 있어서의 관계들에 보다 긍정적 관점을 가질 수 있는 장점이 있다.

### 4) 교류분석의 주요 개념

#### (1) 자아상태

교류분석에서 자아상태는 '일련의 행동 패턴에 동반되는 감정 체계'라고 보았다. 부모 자아상태는 정신역동이론의 초자아와 흡사하며, 사람이 살아 나가는 방식에 대한 당위성이나 규칙, 비판 및 처방 등에 관련하여 작동되는 "~해야 한다" 라는 식의 자아의 상태라고 할 수 있다.

성인 자아상태는 정신역동이론의 자아와 비슷하며 현실을 지향하는 성격의 부분이라고 할 수 있다. 따라서 객관적인 정보를 바탕으로 하여 정보를 받아들이고 정보를 방출하게 된다.

반면 아동 자아상태는 아동처럼 행동하는데 정신역동이론의 이드와 같은 역할을 하며 선천적이며 자연적인 감정, 행동, 감각, 욕구 등이 포함된다. 그런데 이러한 아동의 자아상태는 자유롭고 창의성의 근원이며 쾌락과 자유 등 가치가 있으며 따라서 부모자아와는 차이가 있다.

이렇게 사람들의 의사소통 방식은 그 사람이 주로 사용하는 자아의 기제가 작동하고 있음을 표현하는 사회적 존재라는 것을 교류분석에서는 묘사하고 있다. 그러나 아동자아는 자유롭게 기능하기도 하지만 부모의 명령에 의하여 지배되기도 하는 면을 가지고 있다.

### (2) 대인 간의 교류

교류의 개념은 두 사람의 자아상태 사이에서 일어나는 사회적인 관계이나, 교류는 사회적 수준과 심리적 수준 모두에서 일어나게 된다. 사회적 수준의 교류는 공적으로 일어날 수 있으며 심리적 수준의 교류는 내면적인 역동으로 일어나는 경우가 많은 측면이 있다.

사회적인 교류는 개인의 3가지 자아상태를 가지고 다른 개인의 3가지 자아상태와의 교류가 되며 따라서 경우의 수는 6가지 경우의 수를 가지는 수준에서 의사소통이 일어나게 되는 특징이 있다.

### (3) 스트로크

스트로크의 개념은 교류분석의 중심개념으로 인간은 사회적인 인정이나 피드백으로 스트로크를 받고자 하는 지속적 욕구를 가지고 있는데, 스트로크란 사회 및 교류분석 이론에서 다른 사람의 존재를 인정하는 행위를 뜻한다. 즉, 누군가에게 자신이 특별한 사람이며 괜찮으며 귀한 사람임을 인정받고자 하는데 이는 사람들이 전체 인생 동안 필요로 하며 긍정적인 영향을 미치는 긍정적 스트로크라고 할 수 있다.

### (4) 각본

교류분석에 있어서 각본이란 자신의 인생 초기에 만드는 인생 계획에 따른 실존상의 지도라고 할 수 있다. 일반적으로 자신이 괜찮은지 그렇지 않은지에 대한 각본을 5세까지 만들 수 있으나, 교류분석에서는 부정적 각본을 긍정적 각본으로 바꿀 수 있다는 믿음을 가지고 있는 것이 정신분석이론과 다른 점이며, 현재를 통하여 수정될 수 있다는 믿음을 가지고 있다. 즉, 인간의 자아의 능동적 기능을 인정하고 있다.

### (5) 라켓

라켓 감정이란 아동기에 생성되어 남겨진 만성적인 나쁜 감정들을 의미한다. 라켓의 예로는 분노감, 우울감, 불안감 및 혼란 같은 것이 될 수 있으며, 라켓은 각본을 지지하여 3가지의 구성 요소로 각본 신념과 감정, 라켓의 표현, 강화하는 기억이라고 할 수 있다. 따라서 라켓의 기능을 멈추게 하기 위해서 타인으로부터 긍정적인 스트로크를 받게 하는 것으로 새로운 대안적인 사고와 감정을 지향하게 된다. 이러한 점에서 교류분석에서는 인간 대 인간의 모든 사회적 상호작용을 중요시하는 이론이다.

#### (6) 게임

게임은 겉으로 드러나는 상황이나 메시지와는 달리 숨겨진 동기가 있는 교류들의 집합이다. 즉, 게임은 속임수나 함정을 지닌 일련의 움직임들이라 할 수 있다. 이것은 상대방에게 패배감을 주기 위하여 자신은 괜찮지 않다는 메시지를 주는 행위 등이 포함되는데, 치료의 상황에서도 적용될 수 있다. 즉, 클라이언트는 증상이 좋아지지 않았다는 메시지를 통하여 치료자에게 좌절감을 주고자 하는 것이 이러한 게임에 해당하며 인간이 사회에서 많은 게임의 원리로 행동하기도 하는데 상담치료에서는 이러한 게임의 존재에 대하여 개입하게 된다.

### 5) 교류분석의 목적과 유형

(1) 교류는 자극과 반응으로 이루어진다. 먼저 자극이 한 사람의 자아상태로부터 다른 사람의 자아상태로 보내지게 되는데, 기대했던 자아상태로부터 오는 반응은 상보적 교류라고 하고 기대하지 않았던 자아상태로부터 오는 반응은 교차적인 교류라고 한다. 따라서 교차적인 교류는 의사소통을 멈추게 할 수 있으며 상대방이 자아상태를 바꿀 때 의사소통이 다시 시작된다.

(2) 교류분석의 목적은 각 개인의 어느 부분으로부터 자극과 반응이 유발되는지를 알아내는 것으로 개인의 언어적 표현과 신체적 언어를 통하여 발견하게 된다. 예를

들면, 부모자아는 평가하는 말투나 자세 혹은 어떤 것을 해야 한다는 어투 등에서 찾을 수 있다. 반면 아동자아의 상태는 입을 삐죽거리거나 어리광을 부리거나 손톱을 물어뜯고 하는 것을 통해 알 수 있으며 성인자아의 상태에서는 6하 원칙으로 언제, 어디서, 무엇을, 얼마나 등의 객관적인 언어로 짐작할 수 있다.

(3) 사회적인 상황을 보면 각 유형들의 교류가 어떤 식으로 발생하는지 알 수 있는데, 교류분석으로 훈련을 하는 경우는 내담자로 하여금 부모(P), 아동(C)의 신호들로 인한 교류를 인식할 수 있도록 도움으로써 성인(A)의 힘을 확립할 수 있도록 돕는다. 또한 교류분석의 목적은 자신의 아동에 대해 보다 민감해지게 도우며 이를 가족관계의 상담에 적용한다면 상담을 통하여 다른 사람 속의 아동에 대해서도 적절하게 반응할 수 있다[2].

### 6) 치료관계의 수립

교류분석을 통한 치료의 목적은 상담가에게 의존하지 않도록 자율적으로 기능하도록 도우며 비교적 단기적으로 개입하는 것이다. 예를 들면, 치료자의 관점이나 방법을 이해시키므로 치료에 대한 신성시보다는 상호 협력적 치료 관계를 중요시하는 것이라고 할 수 있다.

### 7) 다양한 대상에 대한 치료접근

교류분석의 치료 효과는 자존감의 증진과 대인 간 성취적이며 긍정적 의사소통을 지향하며 정신건강도 향상시킬 수 있기 때문에 광범위하게 적용이 가능하다. 또한 교

2) 해리스(Harris, 1967)은 교류분석의 한 가지 팁으로 말하지 않은 것들에 의해서 공격을 받을 리 없으므로 "의심 날 때는 그냥 두라고" 언급하였다.

류분석은 인본주의적인 토대를 가지고 있어 문화와 인종에 대하여 제한을 받지 않으며 **다양한 계층에 활용**이 가능하다.

따라서 가족 구성원 중에서 아동에게는 **자기의식과 대처행동**을 향상시키고 성인에게는 **생활 만족과 불안 및 우울 수준의 감소 효과**가 있는 것으로 보고되었다. 그리고 창의적이고 생산적인 아동자아 등을 적용하여 **생활의 활력**을 가져올 수 있다. 또한 변화과정 중에 **따듯함과 유머와 함께 긍정적 스트로크를 제공**, 즉 미소, 주의 깊은 경청, 수용, 이해, 지지의 의미의 표현은 클라이언트로 하여금 스스로에 대한 긍정적 자아를 갖게 한다. 또한 문제 해결에 보다 자신감을 가지는 데 도움을 준다. 한편 가족상담가의 성숙한 태도는 클라이언트에게 모델이 되기 때문에 교류분석 치료자는 클라이언트의 각본뿐만 아니라 자신의 각본 또한 잘 다룰 수 있어야 하며 상담가로서 다양한 문제에 대하여 통찰하고 있어야 한다.

### 8) 가치기반

교류분석은 자신이 인생지침에 대하여 스스로 책임지고 결정할 수 있는 권리가 있다고 가르치며 탄력 있고 역량을 강화하는 **인간 중심의 긍정적인 가치**를 지향한다. 따라서 교류분석에 내재되어 있는 감정 관점은 다양한 가족상담 현장에서도 다양하게 적용될 수 있는 장점을 가지고 있다.

# 2. 게슈탈트 치료

## 1) 게슈탈트 이론의 개요

게슈탈트 모델은 인간의 삶에 대한 의미부여에 있어서 실존 철학에 그 기반을 두고 있으며, 독일어로 인간 경험의 '전체성' 혹은 '전체적 본질'을 의미한다. 이는 인간 개체로서의 개별적인 경험에 초점을 두지만, 과거의 배경만큼 현재도 중요하게 고려하고 있다는 의미로 지금-여기를 강조하는 개념이다. 다만 가족의 구성원이 현재 상황에 대한 이해의 폭을 넓히기 위해서 현재에서 과거의 경험과의 관계를 다루는 것이다.

그 외에 게슈탈트는 현재의 '클라이언트의 상황이 어떠한가'로부터 출발한다. 게슈탈트 치료자들은 전체성을 보는 생태학적 관점에서 인간을 이해하고자 한다. 게슈탈트 치료자는 자아를 긍정적으로 활용할수록 자기 지각이 증가한다고 강조하고 있다. 또한 현재에의 충실을 통하여 현재를 살아갈 수 있다고 하고 있다.

## 2) 역사적인 기원 및 본질적 지향

프리츠 펄스

게슈탈트 이론과 치료의 창시자인 프리츠 펄스(Fritz Perls)는 프로이트 학파의 과거성의 강조와 결정론적 시각의 초점에 동의하지 않았다. 따라서 개인의 경험은 개인에게 책임이 있다는 실존주의적 철학 및 게슈탈트 자체의 심리학을 견지하고 있다. 이후 1940년대 말부터 전성기였던 1960년대에 이르기까지 성격, 인간발달 및 치료의 본질에 관하여 지각과 앎의 충만한 삶을 지향하면서 다양한 영역에서 탁월한 치료방법으로 활용되고 있다.

특히 게슈탈트 치료는 지금-여기 경험의 방법들에 초점을 두고 있으며 이러한 철학적 세계관은 1990년대 이후 지속적으로 타당성을 갖는 치료적 방법으로 인정을 받았다. 또한 게슈탈트 이론은 환경적 자원들보다 클라이언트 개인에 보다 초점을 맞추고 있다. 그러나 기본적으로는 개인의 심리적 자원뿐 아니라 환경적 자원까지 포함하고 있어서 클라이언트 경험에서 오는 총체의 중요성에 관하여 강조하고 있다. 뿐만 아니라 게슈탈트 치료집단은 환경 내의 개인에게 초점을 맞추었던 것으로부터 변화하여 자각을 통하여 클라이언트 간의 상호작용을 증진시키는 데도 보다 중점을 두고 있다.

게슈탈트를 기반으로 하는 가족상담가 들은 성격의 다양성을 강조하면서 온전성과 전체성의 게슈탈트를 강조하고, 정신분석 이론과 대조적으로 인간의 기본적 욕구에 대하여 자기 행동화의 욕구를 정의하였다.

### 3) 치료의 목적

게슈탈트의 치료는 하나의 통일된 전체로서 자신 내면의 자아와 외부 자아에 대한 인식을 증진시키는 것을 목적으로 한다. 내담자는 변화 및 성장하고 자기 실현할 수 있는 역량이 있으며, 상담자는 이러한 과정을 돕는 촉진자의 역할을 한다. 그리고 게슈탈트 부부 치료의 적용에서 부부 각각에게 '지금-여기' 상황에서 자신에게 영향을 주는 상대방에 관한 자기 인식을 보다 잘할 수 있도록 권고하고 있다.

### 4) 주요 개념

게슈탈트 이론에서 강조하는 것으로는 인간 경험의 전체성과 개인적 가치에 관한 신뢰로, 주요 용어로는 전체성, 자각, 접촉, 장, 지금-여기, 미해결 과제, 전경과 배경, 알아차림과 접촉 등 다양하다. 각 용어에 대하여 알아보면 다음과 같다.

#### (1) 전체성

전체성의 개념으로 게슈탈트 이론은 마음, 신체, 생각, 감정, 행동 사이에서 분리가 없는 인간의 '전체성'을 강조하고 있다. 따라서 클라이언트에게 나타나는 문제나 문제의 증상은 그들이 경험하는 전체를 구성하는 한 부분으로 이해된다.

#### (2) 자각

클라이언트가 외부 환경만큼 민감하게 자신의 내부의 감정과 진행 과정을 더 많이 자각할 수 있도록 돕는다. 사람들은 누구나 자각의 능력과 성장의 능력을 가졌지만, 어떤 생각이나 행동에 있어서는 성장하지 못하거나 최소화하여 성장하게 된다. 게슈탈트 치료자는 이런 경우에 과거 억제되거나 표현할 수 없던 분노의 감정을 스스로 자각할 수 있도록 도와 클라이언트가 내부 및 외부의 경험을 자각하면서 지금 여기에서 더욱 적절한 행동을 발달시킬 수 있게 한다.

#### (3) 접촉

게슈탈트 치료의 초점은 인간의 내부에 민감하도록 하고 인간이 내부 및 외부의 자아와 환경의 접촉의 범위를 확장해 나갈 수 있도록 하는 것이 중요하다. 그러므로 개체 및 장의 이론을 통하여 게슈탈트 심리학의 개체 및 장의 개념은 환경과의 관계 속의 인간의 개념을 지지하며 클라이언트가 외부와 내부의 접촉점으로부터 통합된 성격으로서 기능하는 개체로 인식되도록 돕는다.

### (4) 자기조절

자기조절의 개념으로 개인적 책임감을 강조하는 실존주의적인 관점에 따라 게슈탈트 치료자들은 각 개인이 자신의 행동을 조절하는 능력을 지녔다고 믿고 있다. 프로이트 학파의 공격성과 성의 역동이론에 반대하여 자기 지지나 자기 행동화의 개념처럼 인간은 자기의 욕구를 스스로 조절할 수 있다고 믿고 있으므로 결정론적 시각과는 차이가 있으며 능동성을 강조한다.

### (5) 지금-여기

게슈탈트 치료자의 '지금-여기'의 개념의 강조는 정신분석 이론과의 가장 극명한 차이이다. 즉, 프로이트가 과거의 무의식을 탐색한다면 게슈탈트 상담가는 클라이언트와 외부 환경과 현재 접촉 부분에서 자기 인식을 증진시킬 수 있도록 하는 것에 관심을 갖는다.

즉, 지금 여기의 상황에서 클라이언트가 과거의 경험을 이해하도록 돕는 것을 통하여 클라이언트로 하여금 과거 경험들이 지금 여기에 어떠한 영향을 주며 과거의 해결되지 않은 과제에 관하여 현재에 초점을 두고 어떠한 작업을 할 수 있는지 알게 된다.

### (6) 전경과 배경

우리는 대상을 인식하는 경우 관심 있는 부분을 지각의 중심 부분에 떠올리지만 나머지는 배경으로 보낸다. 이와 같이 어느 한 순간의 초점이 되는 부분은 전경이라 할 수 있고, 관심의 밖에 놓여 있는 부분은 배경이라고 할 수 있다.

건강한 개체는 매 순간 자신에게 중요한 게슈탈트를 전경으로 떠올릴 수 있으나 그렇지 못한 경우는 전경을 배경에서부터 명확히 구분하지 못하는 경향이 있다. 개체가 전경으로 떠올렸던 게슈탈트를 해소하면 그것은 전경에서 사라져 다시 배경으로 물러나는 순환 과정을 게슈탈트의 형성과 해소 혹은 전경과 배경의 교체라고 할 수 있을 것이다.

건강성은 이러한 전경과 배경이 과거와 현재를 통하여 원활하게 교체되면서 현재에 집중하고 미래를 받아들이나, 건강하지 못할 때에는 과거에 마음이 머무르거나 일어나지 않은 미래를 염려하는 등으로 현재에 충실하게 살지 못한다.

### (7) 미해결 과제

미해결 과제는 게슈탈트를 형성하지 못했거나 게슈탈트를 형성했으나 과거로, 즉 배경으로 사라지지 못하고 전경으로도 떠오르지도 못하게 되므로 중간층에 남아 있게 되는 상태이다. 이와 같이 완결되지 않고 해소되지 않은 게슈탈트를 '미해결 게슈탈트'나 '미해결 과제'라고 지칭한다.

미해결 과제가 많을수록 현재의 성장과 심리적 상태에 영향을 미치기 쉬우므로 미해결 과제의 처리는 매우 중요하다. 미해결 과제로 예를 들면 과거 충분히 애도하지 못하고 억눌렸던 과거로 돌아가 그 감정을 꺼내어 충분히 다루어 주며 애도함으로써 과거의 미해결되었던 과제를 다루는 것이 중요하다. 미해결 슬픔이나 미해결 과제는 인간의 건강한 성장에 도움을 주지 못한다.

### (8) 알아차림과 접촉

알아차림과 접촉은 개체인 자신의 유기체적 욕구나 감정을 지각한 이후 게슈탈트를 형성하여 이를 전경으로 떠올리는 행위이며 선천적인 능력이라 할 수 있다. 그러나 접촉 경계의 혼란이 있는 경우에 개체는 알아차림을 차단하여 게슈탈트의 형성에 실패하게 된다. 환경과 상호작용하는 행위는 중요하며 환경과 만나도록 접촉하는 것 또한 중요한데 알아차림과 접촉은 게슈탈트를 형성하고 해소하는 일련의 순환과정을 돕는 역할을 한다.

### 5) 이론적 기본 가치

#### (1) 시간기준

게슈탈트 이론의 초점은 분명하게 현재인 지금-여기에 초점이 맞추어져 있다. 결정론적인 프로이트의 신념과 다르게 게슈탈트 치료자의 입장은 클라이언트가 과거를 재방문하여 현재나 미래를 새롭게 설계시킬 수 있다고 믿으며 과거와 미래는 현재를 위해 존재하는 것이라 믿는다.

현재의 실존적 순간, 즉 클라이언트가 자아 인식을 확장하면서 세상을 경험하는 방식이 가장 중요하며 이것이 과거로부터 미래를 연결하는 지금 여기의 현재의 중요성이라고 할 수 있다.

#### (2) 관계

게슈탈트 치료활동의 본질적인 특징은 치료의 핵심이 행동적 변화라기보다 감정적 경험에 있으며 클라이언트가 자신의 게슈탈트를 이해하도록 돕는 것이라고 할 수 있다. 게슈탈트 이론에서는 인간이 자연을 지배하거나 갈등을 일으키는 존재가 아니며 자연인 환경과 조화를 이루는 존재라고 본다.

#### (3) 치료의 초점

게슈탈트 치료의 목표는 가족 구성원이 현재를 중심으로 하여 자신의 생활상황에서 다른 사람을 비난하기보다 스스로 자신의 온전한 게슈탈트를 형성하는 데 책임감 있는 역할을 하도록 한다. 그리고 부정적 영향을 미치는 과거 경험이 지금-여기로의 경험을 통해 재생산됨으로써 새로운 인생경험에 좋은 영향을 줄 수 있도록 한다.

클라이언트가 확실하게 느끼고 행동하는 기회를 확대하는 것이 바람직하며 자아가 지지되는 상태에서 유능하게 변화할 수 있도록 책임감 있는 선택을 통한 유익한 접촉이 되도록 하는 것이 중요하다.

게슈탈트 치료에서 초점은 가족 구성원의 행동에 영향을 미치는 기초의 과정을 탐색하도록 돕는 촉진자로서 기능한다. 이를 위하여 게슈탈트 치료자의 중요한 자질로는 긍정적 자아 인식과 개방적이며 정직하고 확신을 주는 가족상담가가 되어 클라이언트의 내면에 힘을 줄 수 있도록 친밀함을 도모하며, 따라서 권위는 최소화하여 협력적 관계를 구축한다.

### (4) 치료단계에서의 혼란 다루기

인간의 상호관계나 인간과 환경 간에 발생하는 4가지 혼란은 다음과 같다.

#### ① 합류(confluence)와 개별성

인간의 상호 개별성의 차이에 대한 인식이 필요하다. 예를 들면, 어떤 부부가 서로 간의 차이를 부인하고 두 사람의 결합이 잘못되었다는 생각에 집착한다. 이때 게슈탈트 치료는 부부의 양가감정이나 당위성 및 기대의 감정을 탐색한다. 이때 부부는 서로의 연합된 관계에서 떨어져 나오고 싶은 개별적 욕구가 있음을 인식할 수 있게 되며 이를 존중하게 된다.

#### ② 투입과 분화

투입(introjection)의 개념은 관계 혼란의 개념과도 흡사하다. 즉, 과거의 중요한 타자로부터 얻은 정보를 부적절하게 적용하는 것 등이 이에 해당한다.

부모의 메시지나 스승의 메시지를 내재화하여 스스로의 당위성을 형성하게 되는 것이다. 따라서 게슈탈트 치료자는 의미 있는 과거의 타자로부터 스스로를 분리하여 스스로 자신의 목소리를 발견하고 지금-여기에서 대화를 돕도록 한다. 실연의 목적은 타자로부터의 투입에서 자신을 분화하도록 돕는 것에 있다.

#### ③ 투사와 자기성찰

투사(projection)는 다른 사람에게 자기 스스로에 대한 심리적 문제를 전가함으로써 발생한다. 따라서 게슈탈트 치료자들은 투사를 사용하는 클라이언트는 자기 자신의 중요한 부분을 상실했다고 생각한다. 그러므로 가족 구성원 자신의 힘을 강화시키며 클라이언트로 하여금 환경을 통제하도록 도우며 상실된 부분을 회복할 수 있도록 돕는다.

#### ④ 역반영과 관계회복

역반영(retroflection)의 예는 갈등의 상황에 대하여 직접적으로 대응하지 못하고 우회하는 것으로 남자 친구에게 거절당한 여자가 외모를 바꾸거나 화가 난 대상이 아닌 다른 곳에 반응을 집중하는 현상이다. 이것은 남용되거나 지금-여기 시점에서 기능하지 못할 수 있다. 즉, 어린 시절 부모로부터 거절당한 경험이 있는 클라이언트가 성인이 되어 다른 사람에게 다가가지 않으며 지지받기 위해서 자기 스스로에게만 집중하는 경우도 있다.

게슈탈트 치료자들은 클라이언트의 건강한 기능을 회복하기 위하여 스스로 자신을 지지하기 위해 자신의 현재 상황에서 다른 사람들과 건강한 관계를 맺도록 지지받을 수 있다는 것을 이해시키고 실천할 수 있는 기회를 부여한다.

### (5) 구체적 기술 및 전략

게슈탈트 치료자들은 클라이언트의 개입에 있어서 다양한 전략과 기술을 사용한다. 게슈탈트 치료자는 촉진자 및 지시자의 역할을 한다. 이에 대한 몇 가지 보편적이며 전통적인 게슈탈트의 치료요법을 소개하면 다음과 같다.

#### ① 빈 의자 기법

게슈탈트 치료기술로 가장 잘 알려져 있는 대화의 방식이다. 프로이트는 빈 의자 기법을 최면이나 자유연상에 활용하였으나, 게슈탈트 치료에서는 억눌린 감정을 다루는 것에 많이 활용한다. 이 기법은 지나치게 극적이라는 비평을 받으나 그만큼 극적인 효과가 있으며 특히 극단적인 갈등에 있는 많은 클라이언트의 감정을 해소하고 클라이언트의 성장을 촉진시키는 것에 활용되었다.

갈등이 심화된 타자를 빈 의자에 있는 것으로 상상하고 자신의 내면에 있는 이야기들을 여과 없이 풀어내어 감정을 해소하는 방식으로 상대방은 이를 상담실 밖에서 특수유리를 통해 상담자와 관찰하여 상호 이해를 돕는다. 갈등은 심화되었으나 서로에 대한 관계회복의 의지가 있는 경우 더욱 효과적이며 직접적으로 대화할 수 없는 경우 용이하게 활용될 수 있다.

### ② 꿈의 실연

게슈탈트 치료자들은 꿈을 클라이언트의 생활에서 현재 상황에 대한 반영인 '실존적 메시지'로 간주한다. 꿈의 해석과 다른 관점으로 게슈탈트 상담가들은 가족 구성원이 현재 자신의 게슈탈트를 표현하는 하나의 방법으로 꿈을 선택하여 표현할 수 있도록 한다. 꿈속에 억압을 주는 존재나 해결되지 못한 상대와 이야기를 통하여 풀어나갈 수 있도록 한다.

### ③ 현재화 기법

현재화 기법이란 클라이언트가 다루지 못한 사건 등에 대하여 과거 사건을 지금 여기에서 일어나는 사건으로 재현하여 다시 체험하게 해 줌으로써 클라이언트의 생각이나 감정, 욕구 등을 지금-여기에 일어나는 현상들로 다시 다룰 수 있도록 해 준다. 이것은 미완성된 상태로 남아 있던 과거를 완결시킴으로써 현재에 집중할 수 있도록 하는 기능을 가지고 있다.

### ④ 직면기법

클라이언트들은 회피되는 문제가 많을수록 더 많은 갈등을 경험하게 된다. 클라이언트들은 자신의 욕구나 감정을 다루지 않고 회피하여 미해결 과제들로 쌓아 놓으며 현재에 지속적인 영향을 미치는 잠재적 요인이 되도록 한다. 이러한 회피행동은 지속적으로 미해결적인 문제의 원인이 될 수 있으며 클라이언트로 하여금 자신의 내면을 탐색하여 진정한 동기를 직면해 주며 미해결된 과제를 해소할 수 있도록 돕는 것이 중요하다.

### (6) 가족상담의 적용

게슈탈트 치료는 우울증, 공포증, 강박증 등을 호소하는 가족 구성원을 치료하기 위해 개별적인 클라이언트 경험이 가지는 독특성과, 가치를 강조하는 실존주의에 초점을 두고 있다.

이를 통하여 다양한 경제, 사회, 문화, 인종적인 배경의 문제를 호소하는 가족 구성원을 다양하게 다루며 학대받는 여성 및 각종 중독 및 자살시도자 등의 성인뿐 아니라, 어린이 및 수술 후의 환자나 노인에게도 적용되어 치료가 이루어져 효과가 있었다.

#### ① 개인 및 집단 상담

현대사회에서 상담분야에서의 활용도로 인하여 더욱 관심을 받고 있는 게슈탈트 집단치료 모델은 개인 및 집단의 상담에서 효과적인데, 이 모델에서 치료자는 실험의 감독을 하는 역할을 통하여 집단 성원이 개입에 더 수용적이게 되도록 기여한다.

개인 및 집단의 상호작용과 가족의 응집력 개발이 장려되기도 한다. 접촉과 인식, 지금－여기에 대한 강조를 통한 이 모델의 특징은 집단모델에 있어서도 효과적이다. 지금－여기에 대한 핵심은 집단치료에서 중요하게 활용될 수 있다.

# 제10장

# 구성주의와 포스트모더니즘

# 1. 현대의 가족과 구성주의의 개념

구성주의(constructivism)는 최근에 클라이언트의 내면세계를 이해하는 준거의 틀로 인정을 받고 있으며, 역사적으로는 오랜 철학적 기반을 가지고 있으며 다양한 관점의 인정과 접근을 통하여 열린 이해의 장으로 활용되고 있다. 구성주의의 기본에는 현상학을 근간으로 하여 존재의 본질을 다루는 철학적이며 심리적인 독특한 사고의 체계가 토대를 형성하고 있다. 구성주의는 인식적 접근에 있어서 존재의 본질적 접근을 통하여 가족 구성원의 심리내적인 역동성을 형성하고 구성하고 있는 세계에 대하여 지식을 재구성하는 존재론적 접근 자세를 취하고 있다. 또한 지식의 재구성을 통하여 인식을 확장한다.

## 1) 발달 과정

칸트

구성주의는 고대철학에 뿌리를 두고 있다. 비코(Giambattista Vico, 1668~1744)는 인간의 지각과 인식[1)]에서 구성적 과정을 체계화하여, 인간은 정신적 범주들을 기초로 자신의 경험을 배열한다는 중요한 언급을 하였다. 또한 순수이성 비판을 통하여 인간의 선험적 지식을 주장하였던 임마누엘 칸트(1724~1804)도 인간의 정신은 사고와 경험을 결정짓는 고유한 구조를 가지고 있으며 선험적(a priori) 지식으로 인식론의 경험과 별개이거나 경험에 앞서 가지게 되는 지식은

1) 인식(knowing)의 과정과 지적 활동을 강조하는 것에 있어서는 인지이론에 기초를 둔 접근법과 유사한 면이 있다. 피아제(Jean Piaget, 1896~1980)의 발달적 인식론(developmental epistemology)에 의하면 신생아가 시간의 경과에 따라 발전하는 속성의 정신적 조절기제(mental regulatory mechanisms)는 선천적인 것으로 보았다.

존재 가능하며 실재로 존재함을 주장하였다.

이를 바탕으로 구성주의의 철학적 기본 전제로 모든 인간에게 공통적으로 적용하는 보편적 진리는 존재하지 않으며 오히려 존재하는 것은 개개인이 해석하는 여러 가지 방식이라는 것이다. 따라서 인간의 각 개인이 지각하는 방식이 곧 존재의 구조라는 입장이라는 것을 주장하였다. 또한 지식이란 관찰자의 수만큼 많은 세계들로서의 '현실들'을 만들어 내며 인식하는 사람, 즉 개인의 창조물이라는 입장이다.

이렇게 볼 때 살아 있는 체계는 조직적으로 폐쇄되어 있기 때문에 일반적으로 자가생성적(sutopoietic)이며 자가조직적(self-organizing)으로 실제 존재한다기보다는 실체로 간주되어 구조적인 연결(structural coupling)을 이룬다고 주장하였다.

### 2) 사정에 대한 시사점

실천가는 현대사회에서 지향하는 '다원주의 세계관'을 가지고 각 클라이언트의 사례에 개입해야 한다는 입장을 가지고 있다. 이러한 관점에서 본다면 자신의 문제에 대하여 클라이언트 각자가 가지고 있는 견해, 이해, 신념으로 클라이언트의 내면세계를 인정하고 존중하는 자세를 가지는 것을 기본으로 한다.

### 3) 진단의 시사점

구성주의에서는 개인의 개별성 및 독특성을 인정하며 구성주의적인 철학적 자세를 견지하여 클라이언트의 세계를 배우고자 한다. 이렇게 배우고자 하는 자세는 클라이언트가 존중받고 인정받는다는 느낌을 갖게 하고 자기방어로부터 자유롭게 되며 문제 상황의 재구성과 새로운 해결책에 있어서 좀 더 열린 태도를 가지게 된다.

## 2. 포스트모더니즘과 여성학

### 1) 포스트모더니즘

포스트모더니즘(postmodernism)은 1960년대 미국과 프랑스를 중심으로 각종 여성운동 및 사회운동을 중심으로 1970년대 중반 점검 및 반성을 거쳐 오늘날에 이르고 있다. 근대 혹은 모던(modern) 시대는 인간의 이성과 합리적 사고를 중시했으며 푸코(Michel Foucault) 등을 통하여 사회적 억압을 부정하고 인종 간의 차별, 남성이 여성을 억압했는지 등에 관해 이분법을 해체시켜 개인이 사회 및 언어의 영향하에 있음을 주장하였다.

따라서 개성과 자율성 및 다양성을 중시하는 포스트모더니즘은 절대적이며 객관적인 이념을 거부했기에 탈이념이라는 지적을 받았다. 산업사회는 분업 및 대량생산으로 개인의 맞춤형보다는 보편적 기준에 개인이 맞추던 시대로, 개인의 도전 의식이나 실험적이고 긍정적인 측면이 사회적으로 인정되지 않는 면이 존재했다.

여성주의(女性主義) 또는 여권주의(女權主義), 페미니즘(feminism)은 다양한 사회 이론을 지칭하는 용어로 정치적 움직임과 함께 도덕 철학을 기반으로 여성의 경험과 입장에서 사회, 정치, 경제적 상황에 대한 불평등을 논하기 시작했다. 페미니즘은 성 불평등으로부터 여성의 권리와 이익 및 사회 이슈를 '논의의 장'으로 이끌어 내고 여성의 '여권신장론'이나 '여성 해방운동'을 근거로 여성에게 가해지는 사회적 차별에 대하여 의식의 개혁과 사회의 개혁을 논하는 계기가 되었다.

따라서 이러한 관점에서는 가족관계에 있어서도 여성의 모든 상황을 이해하고 변화를 이루어 내는 새로운 방식들이 논해지고 있다. 여성주의 이론은 여성이 처하고 있는 다양한 경험을 반영하는 기존의 이론적 틀을 수정하거나 혹은 여성에 대한 새로운 이론들을 형성하여 기존의 전통적인 개념과 이론에 대하여 새로운 방향성을 제시하고 있으며 여성이나 억압된 사람들에 대한 사회적 구조의 반성을 촉구하는 등 새로운 관점을 제시하고 있다.

### 2) 사회적인 성

사회적인 성(gender)은 사회 문화적인 과정에서 획득 형성된 차원에서의 성의 구분을 뜻한다. 남성과 여성은 생물학적인 성 차이 이외에 말하는 모양, 행동하는 유형, 역할, 혹은 상징하는 색깔 등 다양한 차이들이 있다. 사회적인 내면화에 의하여 개인은 여성성, 남성성 혹은 여성적인 것, 남성적인 것, 그리고 여자다움, 남자다움 등을 내재해 왔다.

페미니즘이 발달하기 이전에는 이와 같은 사회적인 관념과 생물학적인 성 차이를 크게 인식하지 않고 자연스럽고 당연하게 받아들였다. 그러나 페미니스트들은 생물학적인 성이 '자연적'으로 생겨난 차이일 뿐이며 사회적인 성은 인간이 살고 있는 시대의 사회 문화적인 요인들에 의해서 사회적으로 혹은 인위적으로 만들어진 것이라고 주장한다.

보봐르

즉, 인간은 생물학적인 성 차이 이외에 존재하는 성은 사회적, 문화적, 환경적 혹은 양육방식의 차이로 인해 생겨나는 것이며 남녀는 성격이나 기질, 능력과 역할 등의 차이를 가진다는 것이다. 이러한 페미니스트들의 주장은 보봐르(Simone de Beauvoir)가 '제2의 성'이라 언급하며 "여성은 태어나는 것이 아니라 만들어진다"라는 유명한 말에서 상징적으로 잘 나타나고 있다. 즉, 페미니스트들의 주장은 여성의 지위는 '생물학적'인 것도 아닌 성차별적인 문화를 가진 사회에 의해 인위적으로 만들어졌다는 의미를 함축하고 있는 것이다. 즉, 인간은 생물학적인 성으로 '여성

(female)'으로 태어날 수는 있지만 '여성(woman)'의 상징적 이미지는 만드는 것은 인위적인 것이며 따라서 '여성적인 것(feminine)'이라는 것은, 미셸 푸코에 의하면 여성의 역할 등은 당시 논해지는 사회적 담론을 통해 내면화된 것일 뿐이라는 것이다.

다시 말해서, 성역할이란 문화적 기대치에 불과하며, 이러한 성역할을 내면화해 가는 과정이 성역할의 사회화라는 것이다. 성역할의 사회화는 사회적 측면에서 볼 때 사회화를 통해 통념상의 문화적 성을 전수하게 되는 것이다. 따라서 이에 대한 성찰이 없다면 사회에서 규정하는 대로 여과 없이 자신을 규정하고 사회적 정체감을 형성해 나간다.

그러므로 성역할의 사회화는 성구별에 의해 사회화되어 가는 분리적 경험이며 동시에 사회적 통제의 기능으로 사회화는 각 개인이 바람직한 성 역할을 기대하는 사회적 기대치가 성에 따른 고정관념에 의해서 문화적으로 나타난다고 하였다.

### 3) 여성주의 이론적 기본 틀

1970년대 여성운동은 인류의 인식이 성장하면서 자유주의, 사회주의, 급진주의적 여성주의 등의 용어로 설명되었고, 여성을 사회적 억압으로부터 해방하고 자유를 성취하기 위해 논의되기 시작하였다. 이러한 관점은 생물학적 성, 역할이나 이념적 젠더, 인종, 계층의 이해에 관하여, '여성'과 관련된 것을 차별화하여 담론화하는 것에 반대하고 있다.

### 4) 새로운 패러다임들

여성학은 여성이라는 이유로 관련되어 배제되거나 억압되는 모든 현상을 다루며 포스트구조주의[2]와 포스트모더니즘[3]을 중심으로 논의되었다. 따라서 사회적 배제

2) 구조주의에 대한 반발로, 구조주의가 인간 존재의 가치를 상대화(相對化)하여 모든 것을 비교하고 관계성(關係性)의

는 사회현실에 대한 각종 타당성을 검토하고 여성이 가지는 복잡하고 다양한 경험들을 통하여 일어나는 억압이나 부조리한 현상을 다루고자 하였다.

포스트모더니즘의 여성주의는 포스트구조주의, 포스트모더니즘 및 실존주의 철학 등에 영향을 받았다. 또한 프랑스의 여성 참정을 논한 여성주의[4] 이론에 뿌리를 두고 있다. 여성주의 이론은 성 구분에서 자유로운 여성의 인격을 인권의 차원으로 끌어올리는 중요한 운동이자 계기가 되었다.

### (1) 이론적 기반

성과 젠더를 확실히 구분 짓는 것은 여성과 남성에 대하여 젠더적 문화적으로 결정되고 기대되는 태도나 신념체계를 점검해 볼 때, 이것은 사회의 구조적으로 힘을 얻은 계층의 심리적 과정, 사회적 힘에 의해 영향을 받았을 가능성을 제시하였다. 여성주의에 기초한 분석은 여성의 삶의 조건에 영향을 미치는 사회적 힘에 주안점을 두고, 인간성이 '지배'나 통치의 억압에서가 아닌 독립적 방식으로 환경과 연계성을 갖어야 한다고 주장한다. 따라서 권력에 따른 유형 및 무형의 다양한 학대의 가능성에 대한 인식을 촉구하면서 동시에 클라이언트 삶의 경험에서 여성도 인권적으로 주인이라는 것을 인정하는 것이다. 또한 이를 통하여 비합리적인 것의 발견을 확대하여 모든 억

---

틀 안에서 보려는 것에 대해 포스트구조주의는 인간 경시를 배척하고 다원 결정(多元決定)의 역할을 중시하는 포스트모더니즘과 연관된 개념이다.

3) 포스트모더니즘(postmodernism, post- 반대의 혹은 이후의, modernism 모더니즘)은 근본적인 회의를 내포하는 사상적 경향으로 이성에 대한 탈중심적 다원적 사고를 특징으로 하며 보드리야르(Baudrillard) 등의 포스트모더니즘 철학자를 중심으로 활발히 논의되었다.

4) 프랑스에서는 1789년 프랑스 혁명이 일어난 해에 '정치상 남녀가 동권(同權)을 가져야 한다'는 건의가 되고 1790년 구즈(Gouges)가 여성공민권의 승인에 대하여 당시 루이(Louis) 16세의 왕비 마리 앙 투아네트(Marie Antoinette)에게 제출하였으나 이후 처형되었다. 1793년에는 여성의 집회가 금지되고, 모든 여성단체는 해체되었으며 여성의 참정권을 주장하던 여성들이 프랑스 혁명에 참가하여 투옥되었다. 이후 19세기 말에 영국과 미국의 여성운동의 영향을 받 1946년에 이르러서 법률상 여성참정권이 보장되었다.

압적 체계에 대한 변화를 촉진하는 것에 관여하도록 한다. 이를 위하여 인지-행동적인 오류는 없는지 각종 심리역동적, 심리사회적 문제를 해결하고, 뿐만 아니라 가족체계와 대인관계적 접근에 있어서 인지적이며 통념적인 오류는 없는지 점검한다.

그리고 개인이 이를 의식하고 인권의 평등을 실현하기 위하여 현장의 치료모델에 도입하고자 하였다. 여성주의의 관점을 사회적 맥락에서 재확인하고, 여성에게 규정된 지위를 재평가하는 것은 매우 중요하다.

물론 남성과 여성의 경험은 다를 수 있으나 이것은 다름의 의미이지 차별의 의미가 아니라는 것이다. 예를 들면, 권력의 역동성에 있어서, 개인적인 것에서, 가족이나 조직 및 정치적인 것에 있어서 권력구조나 불균형적 문제에 관심을 기울여야 한다는 입장이다. 이것은 개인적 변화뿐 아니라 사회적 변화까지 중요시하는 것이다. 동시에 이것은 여성중심 실천 활동[5]등을 통하여 여성들도 사회적 통제력과 대처의 강화방안을 갖으며 기존의 인식을 재구조화[6]하여 구조화된 변화를 이끌어 내야 한다고 주장하였다.

### (2) 가족관계에서 가지는 의미

그동안 사회는 남성중심인 경우가 많았고 가정 내에서도 가부장적 분위기로 여전히 남성중심적인 방식을 지향하는 경우가 많다. 따라서 여성의 치유는 상처가 발생한 아동기부터, 전이에 대한 인식 등에서부터 다루어질 필요가 있다.

여성주의 관점에 비추어 볼 때 여성은 개별적인 존재로 고려되어야 한다. 이것은 여성의 영역으로 양육 및 정서적 기능에 대하여 자기주장과 의사결정, 갈등해결에 있어서 인간으로서 충분한 역량이 있음을 개인적으로나 사회적으로 인지하는 것을 의미한다. 여성의 임파워먼트 역시 결국 편견을 극복하고 제도를 보완하고 변화시키는 원동력이 될 것이다.

---

5) 여성들도 여성만의 집단을 통하여 여성의 욕구를 수용하고 의사를 관철할 여성을 위한 자원을 증대시키는 것으로 여성을 기관의 의사결정이나 정책과정에 참여시키는 법적 제도화 등에 도움이 되는 활동을 할 수 있다.

6) 클라이언트의 감정의 흐름을 확인하고 이를 표현하여 파괴적인 건강하지 못한 신념을 재구조화하는 것이 필요하다.

그 밖에 여성주의에서 다루는 영역으로는 성폭력과 성적 학대가 있으며 부부 성폭력, 데이트 성폭력 등 다양하며 성폭력에 대한 관점도 구체적으로 명시되고 있다. 또한 여성에게 어릴 때부터 의사표현과 자존감을 키울 수 있는 자기주장 훈련, 분노의 표현, 감정 재정립, 폭력에 관한 정보의 제공 등의 예방활동과 사후 피해행동이나 우울 등에 대한 대처를 다루는 기술을 훈련한다. 한편 여성의 임신, 가족 계획, 유산, 임신 중 물질남용, 태아보호와 관련한 세미나 및 정책을 포함하여 여성의 권리에 대하여 다양한 부분이 논의될 필요가 있다.

## 3. 인본주의

칼 로저스는 가장 닮고 싶은 심리 상담가에 뽑힐 만큼 인간의 창의적 능력에 대하여 긍정적으로 인정하고, 내담자가 스스로 자신을 발견할 수 있도록 내담자의 인권을 극대화하여 지지하는 역할을 강조하였다. 1970년대 이후부터 칼 로저스와 그의 동료들은 이러한 접근 방법이 인간의 가치를 잘 대변하고 있다고 믿음을 통하여 인간중심적 접근법이라고 하였다.

이것은 인간의 성장과 변화에 대하여 인본주의적인 관점에서 진실성을 바탕으로 하므로 가족관계학에서 가지는 의미도 크다. 칼 로저스의 '인본주의'는 인간이 성장 지향적이며 스스로의 기본적 잠재능력을 충족시키는 데 대한 능력 및 신념이 있을 뿐 아니라 인간의 본성은 긍정적이며, 사회적으로 구조화된 형태로 강요되지 않고 있는 그대로 받아들여진다면 '선한' 존재로 나타날 것이므로 성장 가능성에 보다 초점을 두고 창의적인 인간의 능력이 발현될 수 있도록 돕는 것이 중요하다고 보았다.

### 1) 내담자 중심이론의 창시

내담자 중심이론은 가족상담 및 임상 심리의 영역에 지대한 영향을 주었고, 진단적 분석이나 엄격한 행동주의에 대한 바람직한 대안으로 환자나 피험자라는 용어를 지양하고 '내담자' 용어를 사용하여 인간의 적극적이고 자발적이며 책임감 있는 참여를 중요시하였다.

내담자 중심이론의 기본적인 목적은 인간이 잠재적으로 능력이 있는 선한 목적을 가지며 개인이 자아실현을 위해 이미 선천적으로 가지고 있는 능력을 나타내는 것을 전제로 하고 있다.

즉, 칼 로저스는 인간의 특성에 대하여 성장 지향적이며 긍정적이라고 보아, 부적응이 인간 개인의 문제보다는 환경의 문제라고 보았다. 그러므로 인간의 성숙은 인간-환경의 조화를 통하여 성취되고 창조적인 인간으로 성장하는 것을 지지하는 것이다.

따라서 가족관계는 상호 신뢰를 바탕으로 하여 이해와 개방성을 전제로 한다. 이를 위하여 구성원인 개인의 욕구에 보다 관심을 기울이고 주의 깊게 경청하는 것의 중요성과 자기 인식의 촉진을 위하여 자율성을 주고, 책임감을 증진하며, 자신의 발견과 개선과 성취에 대한 지지를 하는 것이 중요하다.

### 2) 현상학적 기반

칼 로저스는 구성주의적 입장에서 견지하는 바와 같이, 보다 본질적인 접근을 위하여 선입견을 내려 놓고 있는 그대로 수용하는 현상학적인 입장을 통하여 보다 클라이언트의 입장에서 클라이언트를 이해하고자 하였으며 이를 가족관계 상담에 적용하였다.

제11장

# 가족관계의 사례관리

# 가족관계의 사례 예시

다음은 가족관계에 대한 사례관리 예시이며 가명 처리되었다.

**부제: 다시 일어서고 싶어요**

## 사례관리 1

| 성명 | 박소라 | 성별 | 여 | 나이 | 18세 |
|---|---|---|---|---|---|
| 학력 | 고등학교 재학 | 전화번호 | 010-0000-0000 | 조사일 | 2017. 04. 13. |
| 주소 | 서울시 ㅇㅇ구 ㅇㅇ동 ㅇㅇ아파트 ㅇㅇㅇ호 | | | 작성일 | 2017. 04. 13. |
| 직업 | 학생 | 경제상태 | ■ 일반 □ 저소득 □ 수급자 | | |
| 의뢰과정 | 담임선생님과 상담 중 가족과의 심한 갈등을 알게 되었고, ㅇㅇ고등학교 담임선생님으로부터 의뢰받아 2017년 4월 13일부터 주 1회씩 총 7회 상담 | | | | |

# 1. 가계도

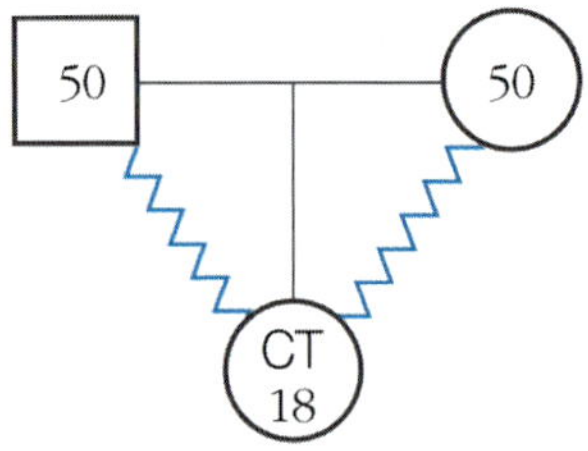


**의뢰인이 제시한 문제**

1학년 때는 공부도 열심히 하고 늘 상위권이었지만 항상 불안해하고 만족하지 못하는 모습을 보임. 1학년 2학기 때 성적이 점점 떨어지더니 2학년이 되어서는 학업에 집중하지 못하는 모습을 보이고 선생님에게 반항하는 모습을 보이기도 함. 부정적인 생각을 가지고 있음.

**클라이언트가 제시한 문제**

**〈박소라가 제시한 문제〉**

- 부모님이 자신의 의견을 들어주지 않고 무시한다.
- 성적에 대해 과도한 기대를 하시고 조금만 떨어져도 화를 내시거나 폭언을 하신다.
- 자신의 꿈을 무시하고 부모님이 원하시는 직업만 강요하신다.

**〈부모님이 제시한 문제〉**

- 철없는 이야기만 계속한다.
- 자기를 위한 일인데 이해해 주지 않는다.

| | | |
|---|---|---|
| **엄마** | 50<br>(가정주부) | 부드러운 말투를 사용하지만 언성을 높이기도 함. 자식을 위한 일이라는 말을 자주 사용하신다. 결혼하고 경력이 끊겨 일을 하지 못하고 있기에 자식만큼은 안정적인 직업을 갖길 바란다. |
| **아빠** | 50<br>(고등학교 교사) | 박소라의 아빠는 권위적인 부모님 밑에서 자라 왔기에 표현의 방식이 서툴렀다. 자식이 잘 되길 바라는 자신의 뜻을 이해하지 못하는 것에 서운함을 표현한다. |
| **박소라** | 18<br>(고등학생) | 어렸을 때부터 부모님의 과도한 기대 속에 성장하였다. 부모님, 선생님과 같은 어른들에겐 약간 신경질적인 모습을 보인다. 자신은 헤어디자이너의 꿈을 갖고 있지만 자신의 이야기를 들어주지 않아 대화를 하지 않는다. “열심히 해 봤자 소용없어”라는 말을 자주하며 어려운 일이 있으면 쉽게 포기한다. |

# 2. 가족사정

## 박소라의 문제와 상황검토

- 박소라는 어렸을 때부터 부모님의 과도한 기대와 성적이 떨어지면 화를 내는 부모님의 모습에 성적에 대한 부담감을 넘어서 불안해하는 모습을 보였다. 고등학생이 되고 안정적인 직업을 갖길 바라는 부모님과 달리 헤어디자이너가 되고 싶지만 두려움에 이야기를 꺼내지 못한다.
- 안 될 거라는 부정적인 생각과 어른에 대한 부정적 인식으로 인해 반항적인 모습을 보여 주게 되었다.

## 박소라의 욕구파악을 위한 학술적 개입

**행동주의 – 스키너**

- 인간은 자극–반응에 의해 조건형성된 산물로서 모든 인간행동은 강화에 의해 학습된 결과라고 보고 있다.
- 개인의 환경요인에서 강화를 찾아내면 그 인간을 조정 통제할 수 있으며, 어떤 행동을 할 것인지 예측할 수 있다고 하였다.
- 관찰 가능한 학습된 인간행동은 학습조건을 변화시키고 조정함으로써 수정될 수 있다고 보았다.

# 3. 박소라의 개입방법

박소라는 계속된 좌절로 인해 부정적인 생각과 함께 대화를 시도하지 않는다. 이러한 요인을 파악하고 행동적 문제를 해결해 줌으로서 가족과의 신뢰 회복, 부정적인 인식을 개선할 수 있도록 한다.

| 회차 | 상담내용 |
|---|---|
| 1회<br>2017.04.13.목 | 클라이언트의 이야기를 들으며 편안한 분위기로 라포 형성과 클라이언트의 욕구에 기반한 상담에 대한 협조를 구한다. |
| 2회<br>2017.04.20.목 | 클라이언트가 흥미를 갖는 요소를 함께 나누며 긴장감을 완화하고 유대감을 쌓고, 문제에 대해 이야기를 나누며 함께 상담 목표를 정한다. |
| 3회<br>2017.04.27.목 | 인형극을 통해 제3자의 입장에서 자신의 행동을 보고 문제점이 무엇인지 스스로 찾아볼 수 있도록 도와준다. |
| 4회<br>2017.04.28.목 | 마인드맵을 이용해 행동의 원인을 알아보고 해결할 수 있도록 도와준다. |
| 5회<br>2017.05.04.목 | 부모님과의 관계를 회복하기 위해 역할극을 통한 감정교류, 공감, 이해할 수 있도록 하며 부모님과 대화를 시도할 수 있도록 한다. |
| 6회<br>2017.05.11.목 | 2회 차에 함께 정한 상담 목표를 달성했는지 이야기를 나눈 후, 미래에 나는 어떤 모습일지 상상하고 그림을 그려 보고 실현하기 위한 이야기를 나눈다. |
| 7회<br>2017.05.18.목 | 종합 평가와 사후 검사지를 작성한다. |

## 4. 부모님의 개입방법

자식을 하나의 인격체로 존중해 줄 수 있도록 하며 표현의 방법을 찾고, 행복한 가정을 꾸릴 수 있도록 한다.

| 회차 | 상담내용 |
|---|---|
| 1회<br>2017.04.13.목 | 클라이언트의 이야기를 들으며 편안한 분위기로 라포 형성과 부모상담에 대한 협조를 구한다. |
| 2회<br>2017.04.20.목 | 클라이언트가 흥미를 갖는 요소를 함께 나누며 긴장감을 완화하고 유대감을 쌓고, 문제에 대해 이야기를 나누며 상담 목표를 정한다. |
| 3회<br>2017.04.27.목 | 클라이언트가 생각하는 가족의 역할, 그 이유를 들어보고 함께 이야기를 나눈다. |
| 4회<br>2017.04.28.목 | 역지사지 역할극을 통해 자신의 행동을 직접 경험해 보고 상대방의 입장을 헤아려 보는 시간을 갖는다. |
| 5회<br>2017.05.04.목 | 인형극을 통해 자신의 행동을 제3자의 입장에서 보고 느낀 점을 이야기하고 개선방법을 찾아본다. |
| 6회<br>2017.05.11.목 | 상담 후 클라이언트가 생각하는 가족의 역할에 대해 3회 차와 비교해 바뀐 점과 그 이유에 대해 이야기를 나눈다. |
| 7회<br>2017.05.18.목 | 자녀에 대한 신뢰를 갖고 사랑의 표현 방법을 바꿀 수 있도록 종결 후에도 사후관리를 한다. |

# 사례관리 2

## 1. 자료수집

### 1) 의뢰과정

클라이언트 김가영(16세)은 항상 어두운 표정을 하며 혼자 학교생활을 하는데 최근 들어 급격히 성적이 떨어지고 있어 담임선생님이 상담을 하는 중 다른 심리적인 문제들이 감지되어 학교상담으로 해결될 일이 아니라 판단해서 부모님과 여러 번 연락을 하였다. 이에 부모님과 상의 끝에 전문 상담기관에 의뢰하여 2017년 4월 1일부터 2017년 5월 13일까지 총 7회 상담을 진행하였다.

### 2) 클라이언트 소개

김가영(16세)은 학교에서 친구들과 어울리지 못하고 항상 혼자 있으며 최근 들어 수업에 대한 집중도와 성적도 현저히 떨어지고 있다. 여동생인 김지영(15세)은 언니 김가영과는 다르게 학교생활에 있어 뚜렷한 문제는 없으며 우수한 성적을 받으며 학교생활을 하고 있다. 아버지는 3년 전 사업실패로 현재까지 무직상태이며, 어머니는 가사도우미 일을 하시며 유일하게 가족의 생계를 책임지고 있지만 그 소득이 적어 기초생활수급비를 받고 있다.

### (1) 인적사항

| 관계 | 나이 | 학력 | 직업 | 성장지역 | 종교 | 수급유형 |
|---|---|---|---|---|---|---|
| 본인 | 16세 | 중3 재학 | 중학생 | 서울 | 무교 | 수급권자 |
| 아빠 | 48세 | 고졸 | 무직 | 서울 | 무교 | 수급권자 |
| 엄마 | 46세 | 고졸 | 가사도우미 | 서울 | 무교 | 수급권자 |
| 동생 | 15세 | 중2 재학 | 중학생 | 서울 | 무교 | 수급권자 |

### (2) 클라이언트 김가영 가족의 신체 및 행동특징

- 김가영: 짧은 단발머리에 앞머리로 눈을 덮고 있다. 사람들과 눈을 잘 마주치지 못하며 손톱을 물어뜯고 다리를 떠는 등 불안하고 초조한 자세를 보이고 있다.
- 아빠: 퀭한 눈빛을 띠고 있으며, 낮에는 집에서 주로 잠만 자며, 밤에는 술을 매일 마시며 필름도 자주 끊긴다.
- 엄마: 아침부터 늦은 저녁까지 매일 반복되는 일로 인해 심신이 지쳐 있으며, 말할 때마다 말끝을 흐리는 문장들이 많다.
- 동생: 가족들 중 표정이 가장 밝은 편이며 상위권에 속하는 학교성적으로 인한 자신감이 보인다.

## 3) 제시된 문제

### (1) 의뢰인이 제시한 문제

김가영은 상담 중 어두운 표정과 짧은 말투가 지속되었으며 공부에 대한 강한 집착이 보였다. 또한 부모님에 대한 얘기를 꺼려했으며, "이제는 한계다"라는 말을 반복적으로 사용하며 불안한 자세를 보이고 있다.

### (2) 클라이언트가 제시한 문제

#### ① 김가영이 제시한 문제

- 공부도 잘하고 성격도 좋은 동생과 비교되는 자신이 한심하게 느껴진다.
- 아버지는 술만 먹으면 동생과 자신을 비교하며 지속적으로 신체적, 언어적 폭력을 당해 왔다.
- 최근 들어 강한 자살충동을 느껴 오고 있다.
- 아무것도 하고 싶지 않다.

#### ② 김가영 부모님이 제시한 문제

- 계속되는 생활고로 자녀들에게 신경을 쓸 힘이 없다.
- 아버지는 술을 끊기가 쉽지 않으며, 그로 인해 감정조절도 안된다고 한다.
- 둘째 딸과 달리 김가영은 대인관계가 어려워 보이며 공부밖에 모르나 그만큼 성적은 안 나온다고 말한다.

▣ 가계도

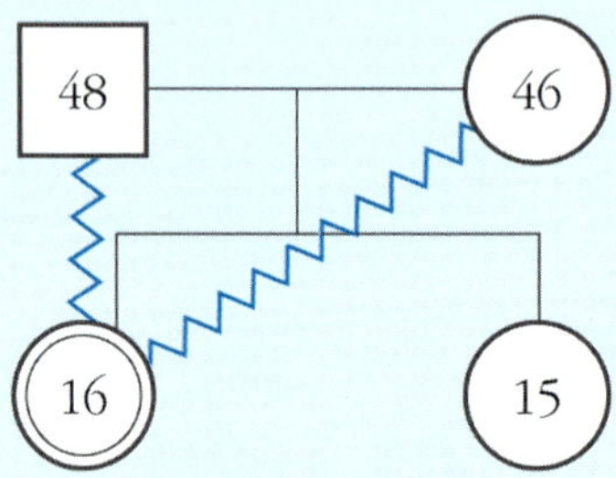

## 2. 가족사정

### 1) 김가영의 문제와 상황검토

클라이언트 김가영은 3년 전 아버지의 사업실패 이후 학교생활의 부적응과 대인관계에 대한 어려움을 보이고 있다. 또한 김가영의 부모님은 무의식적으로 김가영보다 둘째 딸인 김지영을 편애하는 경향을 보이며 성격이 어둡고 동생보다 공부를 못하는 김가영에게 종종 폭언을 일삼는 것으로 보인다. 그로 인해 김가영은 공부에 대한 강한 집착과 심리적 압박감 및 자책감 등으로 인한 우울증세로 자살충동을 느끼고 있어 상황에 대한 심각성을 알 수 있다.

### 2) 김가영의 욕구파악을 위한 학술적 개입

#### (1) 개인심리-아들러

개인심리학에서는 인간을 총체적, 사회적, 현상학적, 목적론적 존재로 보았다. 또한 인간은 사회 내에서 자신이 설정한 목표를 달성하기 위해 노력하는 존재로, 사회 속에서 살아가기 위해 타인과 자신을 비교하면서 열등감과 불완전함을 갖게 된다고 한다. 그러나 이러한 우월성의 추구는 발달을 이루고자 하는 동기를 형성하기도 한다.

**〈상담기법〉**

- 격려하기: 낙담하고 기가 꺾여 있는 내담자에게 수용적이고 지지적인 격려를 해 주어 열등감과 낮은 자기개념을 극복할 수 있도록 해 준다.
- 가상행동하기: '마치 ~처럼 행동하기'이다. 그동안 감히 시도해 보지 못한 어떤 새로운 역할의 행동이나 태도를 마치 자신이 그 사람인 양 해 보도록 하여 클라이언트에게 새로운 감정과 자신감을 갖게 해 준다.
- 과제 설정과 이행: 클라이언트가 성공할 수 있는 적절한 특별계획을 세워 수행하게 한다. 스스로 자신의 문제를 해결하도록 하는 동기를 부여해 준다.

#### (2) 이고그램 성격검사

한 개인의 관찰 가능한 언동, 즉 언어와 음성, 태도, 표정, 자세, 몸짓과 행동 등 다섯 가지 자아의 기능에 따라 개인의 성격을 알아내는 것이다.

이고그램(Egogram) 검사를 통해 클라이언트의 자기 인식을 증진시켜 주고, 타인에 대한 인식도를 높여 줌으로써 타인과의 바람직한 대인관계를 유지할 수 있도록 도와준다.

### 3) 김가영 부모님의 욕구파악을 위한 학술적 개입

#### (1) 인지 · 정서 · 행동상담–앨버트 앨리스(Albert Ellis)

사건 그 자체가 아니라 생각이나 신념체계에 의해 사건을 어떻게 해석하느냐에 따라 다른 삶을 살게 된다는 이론이다. 인간을 자기의 인지, 정서, 행동 과정을 변화시킬 수 있는 능력을 지닌 존재로 보았다.

**〈상담기법〉**

- **유추의 기법(인지적 기법)**: 클라이언트가 드러내 보이는 문제행동이 자신의 어떤 특성 때문인지 유추해 보도록 한다. 그로 인해 자신의 특성을 이해하고 나쁜 습관으로 인해 영향받는 자신을 깨닫도록 하여 변화가 일어나게 한다.
- **역할 연기(정서적 기법)**: 클라이언트가 겪는 문제 상황에서 클라이언트가 갖는 정서가 무엇인지를 알아보거나 정서를 끌어내기 위해 사용한다. 상담자가 클라이언트의 상황을 재연하며 느낀 심리적 장애를 바탕으로 합리적인 언어적 진술과 행동을 해 주며 다시 역할 바꾸기를 해 줌으로써 클라이언트는 합리적인 말과 행동을 하며 자신의 상황에 대한 신념을 변화시키게 된다.

### (2) 다세대 가족상담-보웬

상담자가 가족의 문제를 직접 다루기보다는 삼각관계의 과정을 지적하고, 그 역기능을 깨닫게 하여 삼각관계를 해소시키며 불안을 경감시키고 개인의 자주성을 높여 준다.

**〈상담기법〉**

- **가계도**: 가족의 정서 체계, 가족 성원에 관한 정보와 관계성을 도식으로 표시한 그림이다. 가계도를 그린 후 가족에 대한 각자의 견해와 느낌을 나누며 현재 상황을 이해시키며 긍정적인 해석을 해 준다.
- **코칭**: 상담자가 가족에게 몇 가지 기본이 되는 원리를 가르치고 이를 통해 가족들이 스스로 행동하도록 한다.
- **나-입장(I-position)**: 자기의 입장과 현재 감정 상태를 표현하는 것이다. 상대방에게 말하는 사람의 상태를 이해시킬 수 있으며 악순환적인 대화에서 벗어나 해결방법을 찾는 생각을 시작하게 한다.

# 3. 계획 및 실행

## 1) 클라이언트의 개입방법

### (1) 목표

클라이언트 김가영의 낮은 자존감을 회복시켜 주고 자아를 확립해 주어 원활한 대인관계를 맺을 수 있도록 해 준다. 또한 가족 간의 신뢰를 쌓아 주며 갈등을 해소시켜 주어 건강한 가족이 될 수 있도록 한다.

### (2) 개입과정

| 회차 | 상담내용 |
|---|---|
| 1회(2017.04.01.) | 클라이언트와 라포 형성을 하며 문제를 파악한다. |
| 2회(2017.04.08.) | 김가영: 개인심리치료 |
| 3회(2017.04.15.) | 김가영: 개인심리치료 |
| 4회(2017.04.22.) | 김가영: 이고그램 성격검사<br>부모님: 인지 · 정서 · 행동상담 |
| 5회(2017.04.29.) | 보웬의 가족치료 |
| 6회2017.05.06.) | 보웬의 가족치료 |
| 7회(2017.05.13.) | 종합평가와 사후 검사지 |

### (3) 서비스 자원 및 연계

① 정신건강증진센터 연계
② 알코올상담센터 연계
③ 부모교육프로그램 – 부모역할훈련(PET)
④ 집단가족 프로그램
⑤ 사후관리

# 4. 평가

■ 상담분석 결과

| 구분 | 김가영 | | 부모님 | |
|---|---|---|---|---|
| | 초기 | 후기 | 초기 | 후기 |
| 감정 지각 분석 | 거의 표정 변화가 없으며 불안하고 초조해 함. | 학교 친구들이 많이 생겼으며 표정이 밝아짐. | 자신들의 문제점에 대한 인지가 부족하며 상황을 잘 받아들이지 못함. | 김나영을 전보다 존중해 주며 대화가 많아졌음. |
| 일치적 의사 소통 분석 | 질문에 대해 일관적으로 대답이 짧거나 아예 회피함. | 긍정적인 대답이 많아지고 목소리 톤이 높아짐. | 김나영을 답답해하며 이해하지 못하면 화를 냈음. | 김나영의 말을 경청해 주며 공감해 줌. |
| 자기 존중 분석 | 상대방의 눈을 잘 마주치지 못하며 자신감과 자존감이 현저하게 낮았음. | 자신에 대한 표현이 많이 늘었으며 결과에 대한 자신감이 생김. | 자신들의 얘기에 대해 자신감이 없음. | 전보다 나아진 상황에 행복을 느끼며 가족에 대해 긍정적인 인식이 생김. |

## 사례관리 3

**부제: 우리 가족도 행복해지고 싶어요!**

# 1. 자료수집

## 1) 클라이언트 소개

클라이언트 최나영(15세)은 학교 부적응으로 수업에 참여하지 못하고 결석률이 증가하고 있었다. 또한 집 안에 있으면서도 방문을 닫고 부모님과의 소통마저 단절해 버린 상황이다. 아버지는 3년 전 교통사고로 하지절단 수술을 하여 후천적 지체장애가 되었고, 하던 일을 중단하고 재활치료를 감행하다가 작년에 장애인직업재활시설에 취업하게 되었다. 어머니는 밤낮으로 식당일을 하시며 생계를 근근이 이어 오고 있지만 소득이 적어서 수급비를 받으며 매우 어려운 생활을 하고 있는 상태이다.

### (1) 인적사항

| 관계 | 나이 | 학력 | 직업 | 성장지역 | 종교 | 수급유형 |
|---|---|---|---|---|---|---|
| 본인 | 15세 | 중2 재학 | 중학생 | 인천 | 무교 | 수급권자 |
| 아빠 | 42세 | 고졸 | 장애인직업<br>재활시설 | 서울 | 무교 | 수급권자 |
| 엄마 | 40세 | 고졸 | 식당 | 경기도 | 무교 | 수급권자 |

### (2) 클라이언트 최나영 가족의 신체 및 행동특징

- 최나영: 키가 작고 통통한 체격이며, 흘러내린 머리카락으로 얼굴을 반 이상 가리고 있다. 눈을 마주치지 않으며, 묻는 말에 단답형으로 짧게 대답한다. 이 상황이 불안한 듯 다리를 떨며 손을 만지작거린다.
- 아빠: 다리 한쪽이 절단된 상태로 휠체어를 타고 계신다. 자신의 상황과 가족의 소통 단절이 한없이 죄스럽기만 하다며 자책하는 모습을 보였다.
- 엄마: 얼굴이 수척하며, 마른 체형이다. 힘들어진 상황을 받아들이려고 노력했지만 암담한 현실에 점점 힘이 들어 6개월 전부터 우울증 약을 복용 중이다.

## 2) 의뢰 과정

최나영의 학교부적응과 잦은 결석으로 인하여 학교사회복지사가 상담을 통해 사태의 심각성을 감지하고, 최나영 어머니와의 연락 끝에 상담기관에 의뢰하여 2017년 6월 1일부터 2017년 7월 22일까지 총 7회 상담했다.

## 3) 제시된 문제

### (1) 의뢰인이 제시한 문제

최나영은 학교에서 어울리는 친구가 없으며, 항상 엎드려 있다가 가는 경우가 대다수이다. 얼마 전부터 결석률이 잦아지면서 학교사회복지사가 상담을 요청하여 어렵게 자리가 마련되었는데 최나영은 상담 도중 울음을 터뜨리며 죽는 것이 낫겠다는 이야기를 반복하였다.

### (2) 클라이언트가 제시한 문제

#### ① 최나영이 제시한 문제

- 아버지의 사고 후, 집에서 혼자 지내는 시간이 많아졌다.
- 외로움에 익숙해지며 가족과 대화하지 않게 되었다.
- 초등학교 6학년 때, 여느 아이들처럼 깔끔히 단정된 모습이 아닌 누추한 자신의 모습을 발견하고 극도로 우울해지며 의기소침해졌다.
- 그 이후부터 학교 가는 것이 두렵고 죽기보다 싫다는 생각을 하게 되었다.

#### ② 최나영 부모님이 제시한 문제

- 가족 내 소통이 단절되며 서로가 의지할 곳을 잃은 채 마음의 병만 커지는 상황이다.
- 늘 빚에 시달리며 하루를 근근이 살아가고 있는 현실이 너무 힘이 든다.
- 현실의 벽에 부딪혀 딸의 양육을 소홀했던 것이 죄스럽다.
- 사고 후 맞벌이를 시작하며 더욱 함께하는 시간이 줄어들었다.

## 2. 가족사정

### 1) 최나영의 문제와 상황검토

클라이언트 최미영은 현재 학교의 부적응, 가족과의 소통 단절 등 고립된 상태로 힘든 시간을 보내고 있다. 상담에서 극도로 의기소침한 모습을 보이다가 결국 울음을 터뜨리며 '죽는게 낫겠다'는 표현을 한 것으로 보아 내면의 상처가 큰 것으로 보이며 자신의 아픔을 위로받을 곳이 없다고 생각한다.

## 2) 최나영의 욕구파악을 위한 학술적 개입

### (1) 정신분석-프로이트

정신분석 치료는 불안을 야기하고 있는 억압된 충동을 내담자가 자각하게 하는 것이다. 즉, 무의식적인 동기를 의식화하는 것이다. 그러므로 신경증적 고통을 현실적 고통으로 변화시켜 갈등을 해결하고 정신건강을 회복시킬 수 있다. 무의식 탐색을 통해 억압된 심리상태를 이해하고 개입계획을 세울 수 있다.

▣ 상담과정

| 구분 | 내용 |
|---|---|
| 초기단계 | 치료동맹 및 자유연상을 통해 내담자와의 상담관계 형성 |
| 전이단계 | 내담자가 상담자에 대한 전이감정을 느끼고 표현하는 단계 |
| 통찰단계 | 전이에 대한 분석이 이루어지는 단계 |
| 훈습단계 | 통찰을 현실 생활 속에서 계속 유지하기 위해 노력하는 단계 |

▣ 상담기법

| 구분 | 내용 |
|---|---|
| 치료동맹 | 내담자가 정신분석에 적절한지 평가하는 것으로, 치료를 위한 충분한 시간이 있어야 하며 환상과 현실을 구별할 능력 등이 있어야 한다. |
| 자유연상 | 내담자가 마음에 떠오른 모든 기억이나 생각을 상담자에게 보고하는 기법이며, 이렇게 하여 무의식적 동기를 의식화한다. |
| 전이해석 | 인생 초기에 의미 있는 대상과의 관계에서 발생했던 상황이 의식화되지 못하고 무의식 속에 묻혀 있을 때, 그것을 상담자에게 자신도 모르게 전위시킬 때 나타나는 현상이다. |

### (2) 애니어그램/MBTI

| 구분 | 내용 |
|---|---|
| 애니어그램 | 인간을 9가지 심리유형으로 분류하여 살펴보는 심리학이다.(조절형, 완벽형, 배품형, 성취형, 낭만형, 관찰형, 회의형, 공상형, 보스형) |
| MBTI | 개인의 에너지 방향, 인식 기능, 판단 기능, 생활 양식 등을 조합하여 16가지 유형의 성격을 설명하고 있다. 검사를 통해 단점은 보완하고 장점은 살릴 수 있는 성장 방향성을 찾아 준다. |

## 3) 최나영 부모님의 욕구파악을 위한 학술적 개입

클라이언트의 부모님은 가족 내 갈등상황을 잘 인지하고 있었지만, 현실적인 상황에 부딪혀 서로의 아픔을 외면하고 있었다. 현재 어머니의 우울증과, 아버지의 자책과 죄책감이 수면으로 떠올랐다.

### (1) 개인심리–아들러

개인심리는 인간을 총체적이고 사회적인 목표 지향적 존재로 보았다. 또한 잘못된 생활양식을 긍정적 관점으로 바꾸려고 하였다.

#### ▣ 상담기법

| 구분 | 내용 |
|---|---|
| 격려 | 내담자의 열등기능과 낮은 자존감을 극복하도록 도와주는 것 |
| 마치 ~처럼 행동하기 | 새로운 시도를 하도록 제안해 주고 본인이 해 보도록 하는 것 |
| 자기모습의 파악 | 내담자기 자기모습을 있는 그대로 파악하도록 돕는 것 |
| 질문 | 내담자의 문제 원인이 무엇인지 알기 위해 다양하게 접근하여 질문하는 것 |
| 내담자의 수프에 침뱉기 | 내담자의 잘못된 행동을 반복하지 않도록 상담자가 개입하는 것 |
| 과제주기 | 치료회기 동안 충분히 해낼 수 있는 과제를 주고 내담자가 스스로 문제를 해결하도록 돕는 것 |

### (2) 경험적 가족치료-사티어

가족의 특유한 갈등과 행동양식에 맞는 경험을 제공하려고 노력하며 경험을 통하여 개인과 가족이 성장하도록 돕고자 하는 가족치료모델이다.

### (3) 무의식의 탐색-프로이트

억압된 마음을 이완하고 탐색한다.

▣ 상담기법

| 구분 | 내용 |
|---|---|
| 가족조각 | 어느 시점을 선택하여 그 시점에서의 가족관계, 타인에 대한 느낌과 감정을 동작과 공간을 사용하여 표현하는 비언어적인 기법 |
| 역할극 | 다른 성원의 역할 및 특성을 맡도록 요청하여 새로운 행동을 시행하는 것 |
| 역할반전 | 가족 구성원끼리 서로의 역할을 바꾸는 것 |
| 가족그림 | 자신이 느끼는 대로 자유롭게 가족에 대해 그림을 그리게 하는 기법 |
| 빈 의자 기법 | 내면의 심상을 자유롭게 표현해 보는 기법 |

# 3. 계획 및 실행

## 1) 클라이언트의 개입방법

### (1) 목표

클라이언트의 심리적 불안요소를 파악하여 해결방법을 모색하고, 가족체계의 재확립 및 소통의 향상에 초점을 맞춰 건강하고 올바른 성장과 가족과의 신뢰를 회복할 수 있도록 한다.

### (2) 개입과정

| 회차 | 상담내용 |
|---|---|
| 1회 | 라포 형성을 통해 내담자와의 상담관계 형성 |
| 2회 | 정신분석치료(치료동맹, 자유연상, 전이해석) |
| 3회 | 최나영: MBTI |
| | 부모님: 개인심리치료(격려, 마치 ~처럼 행동하기, 자기모습의 파악) |
| 4회 | 최나영: 애니어그램 |
| | 부모님: 개인심리치료(질문, 내담자의 수프에 침뱉기, 과제주기) |
| 5회 | 사티어의 가족치료(가족조각, 가족그림) |
| 6회 | 사티어의 가족치료(역할극, 역할반전) |
| 7회 | 종합평가와 사후 검사지 |

### (3) 서비스 자원 및 연계

① 가족관계회복프로그램

• 감정공유 • 역할 공감 • 감사하기

② 부모프로그램

• 부모심리치료 • 부모교육 • 가족관계 회복 • 사후관리

③ 청소년 활동 연계 및 상담 프로그램

④ 각종 장애인 서비스 연계(최나영 아버지)

⑤ 고용노동부 성공패키지 취업교육 연계(최나영 어머니)

## 4. 평가

### 1) 상담분석 결과

| 구분 | 최나영 | | 부모님 | |
|---|---|---|---|---|
| | 초기 | 후기 | 초기 | 후기 |
| 감정 지각 분석 | 눈을 마주치지 않고, 손을 만지작거리며 다리를 떠는 등 불안한 행동을 보임. | 눈을 마주치기 시작했으며, 산만한 행동이 크게 줄었음. | 부모님 모두 얼굴이 무척 수척하며, 자신을 자책하며 낙담하심. | 주간 집안일도 이야기하며 자연스럽고 편안한 표정을 지음. |
| 일치적 의사소통 분석 | 질문에 단답형으로 대답하거나, 회피해 버림. | 답변 시간이 점차 길어지고 상담에 집중하는 모습을 보임. | 부모님은 갈등상황을 인지하고 있었으나, 각자의 심적 고통만을 강조하며 서로의 아픔을 외면하고 있음. | 상대방에게 의견을 묻기도 하고 고개를 끄떡이며 공감을 표현함. |
| 자기존중 분석 | 대답에 자신이 없고 목소리가 작았으며 자신에게 집중하는 것을 불안해함. | 좋아하는 것에 대해 적극적으로 표현하며 미션을 완성하면 성취함으로 즐거워함. | 가족들 앞에서 쉽게 자신의 감정을 드러내지 못하며 자신을 질책함. | 각종 서비스 연계와 프로그램, 가족관계 향상을 통해 표정이 한결 밝아지심. |

# 사례관리 4

**부제: 건강한 가족이 되고 싶어요**

## 1. 자료수집

### 1) 클라이언트 소개

#### (1) 박미래 가족

| 관계 | 나이 | 학력 | 직업 | 결혼여부 | 성장지역 | 종교 | 가정유형 | 수급유형 |
|---|---|---|---|---|---|---|---|---|
| 본인 | 12세 | 초4 재학 | 초등학생 | – | 경기도 | 무교 | 한부모 | 수급권자 |
| 엄마 | 39세 | 고졸 | 주부(비정규직) | 이혼 후 동거 | 경기도 | 무교 | 한부모 | 수급권자 |
| 큰딸 | 15세 | 중2 재학 | 중학생 | – | 경기도 | 무교 | 한부모 | 수급권자 |
| 막내아들 | 8세 | 초1 재학 | 초등학생 | – | 경기도 | 무교 | 한부모 | 수급권자 |
| 엄마의 남자 친구 | 37세 | 고졸 | 비정규직 | 동거 | 경기도 | 무교 | – | – |

#### (2) 박미래 및 엄마에 대한 신체 및 행동특징

- 박미래: 키는 보통이고 약간 마른 체형이며 장난치듯 말을 빠르게 하여 알아듣기 어려워하는 선생님의 표정이나 반응을 살핀다.
  단둘이 있는 것이 불안한 듯 문을 자주 본다.

- 엄마: 몹시 피곤한 얼굴에 눈을 마주치지 않고 내려다보며 말하고 묻는 말 이외에 별다른 말을 하지 않는다.
- 큰딸: 피부가 하얗고 짙은 입술 화장을 하고 있으며 의자에 가만히 앉아 있지 못하고 이것저것 만지며 산만하다. 질문을 던지면 다른 말을 하거나 "선생님은 몇 살이세요?"라며 다시 질문을 던진다.
- 막내아들: 얼굴이 동그랗고 하얀 피부에 통통한 체격이며 앞니가 하나 빠져 있다. 질문을 하면 웃는 얼굴로 "잘 모르겠어요"라고 애교 섞인 목소리로 대답한다.

#### (3) 전 상담 경험에 대한 정보: 없다.

### 2) 의뢰 과정

ㅇㅇ지역아동센터에서 박미래의 정기상담 도중 엄마의 남자 친구에게 성폭행을 당한 사실을 알게 되었고 이 사건에 대하여 사실을 확인하고 즉각 관계기관에 통보하여 가해자에 대해 조치를 취하였다. 피해 아동과 가족들은 ㅇㅇ아동센터 사회복지사로부터 의뢰되어 2017년 3월 2일부터 2017년 4월 13일까지 총 7회 상담했다.

### 3) 제시된 문제

#### (1) 의뢰인이 제시한 문제

박미래는 ㅇㅇ지역아동센터에서 사건 이후 또래들에게 화를 자주 내며 동생에게서 눈을 떼지 않는 등 동생에 대한 강한 집착을 보이고 어른에 대한 부정적 인식과 불안감으로 인해 학습 선생님에게 분노와 적대감 등 반항적 행동을 나타내고 있다.

### (2) 클라이언트가 제시한 문제

#### ① 박미래가 제시한 문제

- 엄마가 내 말을 잘 들어주지 않는다.
- 센터에서 남자아이들이 내 동생을 자꾸 때린다.
- 집에 가기 싫다.
- 강아지를 키우고 싶다.

#### ② 박미래 어머니가 제시한 문제

- 박미래가 말을 잘 안 듣고 자주 거짓말을 한다.
- 산만하고 시끄럽게 말을 많이 한다.
- 아이들 셋을 혼자서 양육하는 것이 너무 힘들고 자신의 건강도 좋지 않다.

#### ③ 문제의 내용과 발생 시기

○○지역아동센터에서 평소 방과후 수업을 받고 있는 박미래가 2달 전부터 밝고 명랑하던 모습은 사라지고 친구들과 다툼이 잦고 남동생의 행동에 강한 집착을 보이기 시작했다. 또한 여자아이들보다 남자아이들과 어울려 놀며 심한 욕설도 서슴없이 했다. 박미래를 관찰하던 아동센터의 사회복지사가 아이와 상담을 하던 중 아저씨와 엄마가 1여년 동거를 하였는데 3개월 전쯤부터 집에 혼자 있을 때 여러 차례 성폭행 당하게 되었으며 그 사실을 엄마에게 알렸지만 엄마는 거짓말한다며 오히려 혼내고 아무에게도 말하지 말라고 하였다.

## 4) 가족력

### (1) 가족체계론적 평가

#### ① 박미래

엄마는 아빠랑 이혼한 후 오래전부터 나의 이야기는 잘 들어주지 않으셨고 나를 몹시 귀찮아하셨으며 언니랑 다툴 때면 욕도 하시고 때리기도 하셨다. 그리고 자주 아저씨들과 술을 마시고 취해 늦게 들어오실 때가 많았다. 그때마다 막내만 안아 주며 예뻐하셨다. 아빠는 이혼 후 연락이 없었고 엄마에게 물어보면 화를 내셔서 아빠 얘긴 꺼내지 않았다.

#### ② 엄마

박미래의 엄마는 아버님이 중학교 시절 돌아가시고 어머님께서 홀로 4남매 키우셨는데 그중에 셋째 딸로 성장하였으며 언니는 일찍 취업하여 식구들의 생활을 책임졌고 오빠는 공부를 잘하여 어머니의 자랑이었으며 막내는 막내로서 사랑을 받았지만 박미래의 엄마는 항상 부족한 자식으로 어머니의 사랑과 인정을 받지 못했다고 한다.

일찍 결혼해 안정적인 삶을 살고 싶었지만 남편의 외도와 생활고로 인해 이혼하게 되었고 형제들은 모두 경제적으로 부유한 편이어서 때마다 자신을 무시하여 현재 친정 쪽 가족들과 소원해진 상태이다.

#### ③ 큰딸

어렸을 때 피아노학원, 영어학원, 발표학원 등 학원을 많이 다녔고 엄마가 성적에 관심이 많아 성적이 떨어지면 몹시 화내셨다. 엄마의 기대에 부응하고자 초등학교 때는 열심히 공부했지만 지금은 공부가 너무 어렵고 하기 싫다. 음악과 춤이 좋다.

④ 막내아들

- 엄마가 술을 드시면 자꾸 껴안아 힘들다.
- 누나랑 엄마랑 행복하게 살고 싶다.

## 5) 가계도

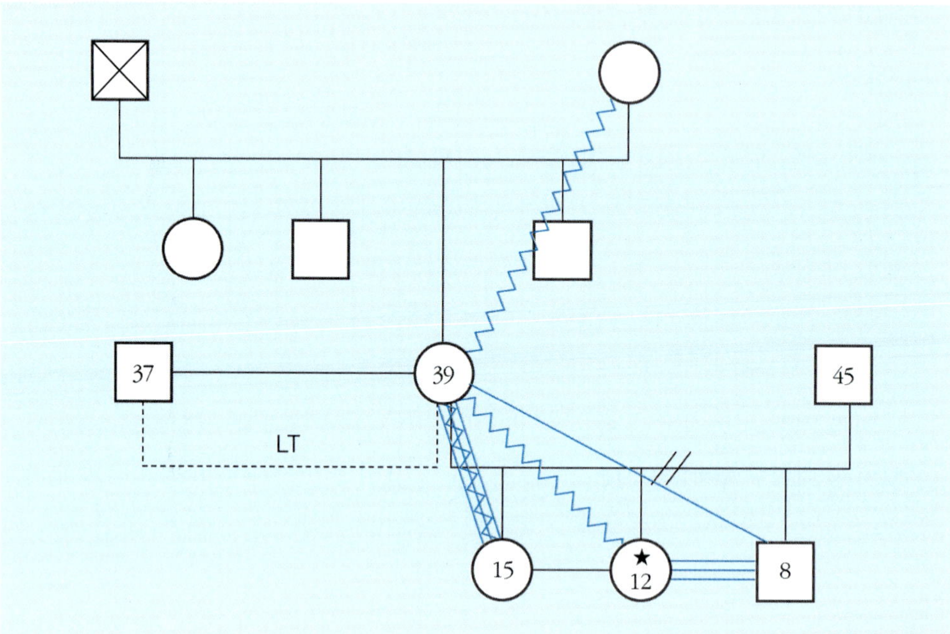

# 2. 가족사정

## 1) 박미래의 문제와 상황검토

박미래는 아저씨의 행동에 대해 자신을 지켜줄 것으로 믿었던 엄마로부터 외면을 당하면서 큰 상처를 입고 행동에 변화를 보여 준다. 화를 자주 내고 동생에 대한 강한 집착과 어른에 대한 부정적 인식, 불신, 낯선 사람으로부터 갖는 불안감으로 인해 분노와 적대감 등으로 반항적 행동이 나타나고 있었다.

## 2) 박미래의 욕구파악을 위한 개입

### (1) 정신분석(불안)–프로이트

불안은 무엇을 하기 위해 동기를 유발하게 하는 긴장상태로서, 생체의 안전을 위협하는 모든 상황에 대해 불안을 일으킨다.

- 현실적 불안: 현실 세계의 위험에 대한 반응
- 신경증적 불안: 원초아(본능)의 충동이 의식 속에서 분출되어 나올 것에 대한 불안
- 도덕적 불안: 죄책감과 수치심으로 표현되는 초자아(양심)의 처벌 위협에 대한 반응

### (2) 인지치료 및 인지행동치료–아론 벡(Aaron Beck)

내담자가 지닌 정서적 불안감 또는 행동 문제들과 관련된 역기능적 사고를 찾고 내담자와 협동적으로 역기능적인 사고를 수정하여, 행동 문제들을 해결해 나가는 치료

법(권정혜, 이재우, 2001)이다. 즉, 불안이나 분노의 원인을 해결하고 다른 2차적 반응으로 확대되지 않도록 한다.

## 3) 엄마와 가족의 관계

엄마에 상담을 실시하여 이 사건에 대해 설명하였으나 처음에는 강하게 부정하였고 오히려 센터에서 아이의 거짓말을 조장하였다고 화를 냈다. 그러나 미래의 고통과 이 사건의 심각성, 가족의 문제 등을 계속적으로 설득하였고 엄마도 상황을 받아들여 빠른 조치와 해결에 동의하였다.

### (1) 사티어의 경험적 가족치료

내담자(엄마)의 자아존중감을 회복시켜 자신의 가치를 인정하고 장점과 지원을 발견, 활용하도록 도와 스스로 문제 상황에 잘 대처할 수 있도록 한다. 또한 자기인생에 대한 선택권을 스스로 갖도록 하며 합리적, 현실적, 인간적으로 가족 규칙을 만들어 일치형의 의사소통을 통해 가족관계 개선을 이루도록 한다.

### (2) 로져스의 인간중심 치료(긍정적인 인간관)

혼자서는 할 수 없는 것들을 할 수 있도록 도와주는 다른 사람과의 관계 속에서 심리 치료적 성장을 경험하고 그들의 관계에 의해 창조된 지금 여기의 경험에 초점을 맞추는 것이다(일치성, 공감적 이해, 무조건적 긍정적 존중, 유기체의 지혜를 신뢰하는 인간중심적 태도).

# 3. 계획 및 실행

## 1) 박미래의 개입방법

### (1) 목표

박미래의 경우 자아가 완전히 확립되지 않은 상태, 판단 능력이 약한 성장기에 속해 있기 때문에 이 사건을 충격으로 받아들일 경우 행동이나 정서상으로 심각한 후유증으로 남을 수 있다. 따라서 심리적 불안의 요소를 파악하고 행동적 문제를 해결해 줌으로서 건강하고 올바른 성장과 가족과의 신뢰를 회복할 수 있도록 한다.

### (2) 계약 내용

주 1회씩 60분씩 총 7회 정도 심리상담 및 치료를 하기로 하였고 클라이언트의 상황에 따라 일정을 조정할 수 있도록 하였다.

### (3) 개입 과정

| 회차 | 상담내용 |
|---|---|
| 1회<br>2017.3.2.목 | 클라이언트의 이야기를 들으면서 안정적 분위기로 라포 형성과 미술치료를 통한 심리적 불안요소를 파악한다. |
| 2회<br>2017.3.9.목 | 음악을 도구로 하여 현재의 마음 상태를 악기 소리를 통하여 전달하고 상대의 마음도 알아가면서 스트레스 완화와 유대감을 증진시킨다. |
| 3회<br>2017.3.16.목 | "내 잘못이 아냐" 인형놀이를 통해 심리적 불안요소를 제거하고 스스로의 문제를 극복할 수 있는 힘을 기른다. |
| 4회<br>2017.3.23.목 | 1주간의 학교, 가정생활에 대해 듣고 또래관계와 가족들과의 유대관계 회복을 위한 방법을 제시한다. |
| 5회<br>2017.3.30.목 | 엄마와 딸의 신뢰 회복과 관계 개선을 위하여 감정교류, 역할 공감, 감사하기, 새로운 행동 패턴 구상하기 |

| 회차 | 상담내용 |
|---|---|
| 6회<br>2017.4.6.목 | 인지행동치료(사건→감정→자동적 사고→인지적 오류→합리적 사고) 요술램프요정 지니가 3가지 소원을 들어준다면? |
| 7회<br>2017.4.13.목 | 종합평가와 사후 검사지 |

### (4) 서비스 자원 및 연계

## 2) 엄마에 대한 개입방법

### (1) 목표

낮은 자존감을 향상시켜 자신의 삶이 실패할 것에 대한 두려움을 이겨 내고 가족의 소중함과 행복한 가정을 만들고자 하는 의지를 갖게 한다. 딸에 대한 부모로서의 책임감을 돌아본다. 다양한 확장적 사고를 탐색하여 보다 나은 삶을 조각한다.

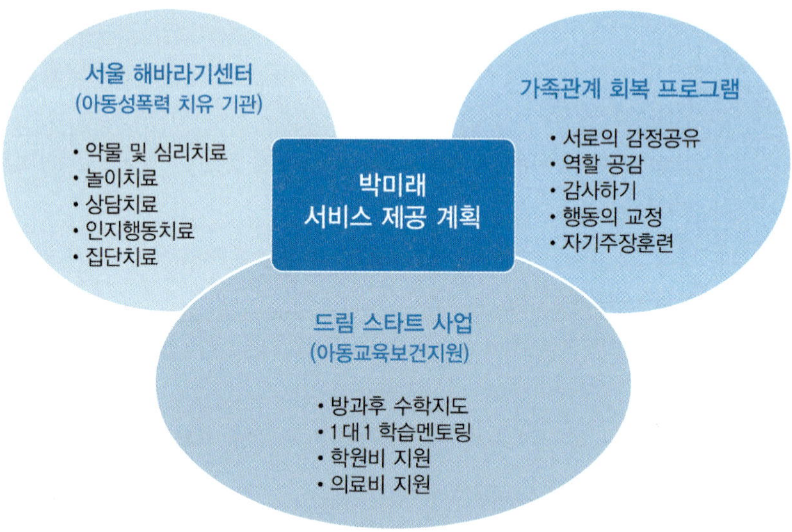

### (2) 계약 내용

주 1회씩 60분씩 총 7회 정도 심리상담 및 치료를 하기로 하였고 클라이언트의 상항에 따라 일정을 조정할 수 있도록 하였다.

### (3) 개입 과정

| 회차 | 상담내용 |
|---|---|
| 1회<br>2017.3.2.목 | 빙산치료를 통해 내담자의 감정, 기대, 지각, 열망 등 경험을 표면화하고 변형함으로써 변화를 갖게 한다. |
| 2회<br>2017.3.9.목 | 원가족 도표제시 및 설명으로 가족의 상호작용과 역할, 그리고 자신의 영향권을 이해하도록 한다. |
| 3회<br>2017.3.16.목 | 가족조각 치료기법을 시행하여 특정 시점에서 가족관계, 타인에 대한 느낌과 감정을 동작과 공간을 사용하여 표현한다. |
| 4회<br>2017.3.23.목 | 박미래 엄마의 자아존중감 회복 과정을 체크하고 알코올 의존 빈도 그리고 가족과의 대화, 경청, 전달 등을 설명, 교육한다. |
| 5회<br>2017.3.30.목 | 엄마의 경제 활동을 위한 욕구, 문제, 의지를 확인하고 자립기반 마련을 위한 방법을 제시하고 추후 추수상담을 통해 점검하는 것에 동의한다. |
| 6회<br>2017.4.6.목 | 엄마의 섬세한 성격에 강점과 자녀양육의 긍적적 태도를 확인하고 지지하였다. |
| 7회<br>2017.4.13.목 | 어머니가 자녀에 대한 신뢰, 사랑 그리고 가족의 중요성을 확인하고 삶을 주도적으로 이끌 수 있는 자기실현의 기회를 갖도록 종결 후에도 사후 계속 관리가 필요하다. |

# 4. 평가

## 1) 상담분석 결과

| 구분 | 박미래 | | 엄마 | |
|---|---|---|---|---|
| | 초기 | 후기 | 초기 | 후기 |
| 감정지각 분석 | 책상만 바라보며 눈을 마주치지 않고 거리를 두며 경계함. | 자연스럽게 인사를 건네며 질문도 하고 관심을 주기도 함. | 상담을 무척 어색해하며 잘 모르겠고 다소 무성의하게 대답함. | 주간 집안일도 이야기하며 자연스럽고 편인한 표정을 지님. |
| 일치적 의사소통 분석 | 묻는 질문에 엉뚱한 대답을 하거나 자신이 회피하려고 함. | 생각해서 말하려는 노력이 보이며 상대의 기분을 살피기도 함. | 굳은 표정으로 본인과 생각이 다르면 이해를 하지 못하며 답답해함. | 상대방에게 의견을 묻기도 하고 고개를 끄떡이며 공감을 표현함. |
| 자기존중 분석 | 대답에 자신이 없고 목소리가 작았으며 자신에게 집중하는 것을 불안해함. | 좋아하는 것에 대해 적극적으로 표현하며 미션을 완성하면 성취함으로 즐거워함. | 자신과 가족 이야기를 쉽게 꺼내지 못함. | 친구도 만들고 교육도 받아 즐거움을 느낀다며 목소리에 힘이 생김. |

## 2) 평가 및 사후 관리

### (1) 미래의 환한 미소

편안하고 안정된 분위기 속에서 박미래의 심리적인 상태를 이해하기 위해 노력하였으며 비언어적(미술치료, 음악치료 등)으로 부담을 줄여 스스로 표현할 수 있을 때까지 지지해 주고 공감해 준 결과 아동의 불안감, 공포감, 우울감 등 심리적 어려움을 겪고 있는 문제를 파악하게 되었다. 정기적인 상담과 치료를 진행하면서 아동 자신이 극복하고자 하는 적극적인 의지를 발견할 수 있었다.

박미래의 본연에 밝고 긍정적인 성격의 강점을 끌어내어 사건의 트라우마에서 벗어나 올바른 성장과 행복한 삶을 살아갈 수 있도록 상담 치료와 사회적 시스템 지원이 지속적으로 진행되어야 한다.

### (2) 행복 삶을 위한 엄마의 용기 있는 첫걸음

엄마 개인의 심리적, 정서적 문제가 해결되지 못한 상태에서 낮은 자아존중감과 삶을 실패할 것에 대한 두려움 등으로 자녀의 고통을 이해하지 못하고 외면하게 됨으로써 엄마의 역할과 기능을 제대로 수행할 수 없었다.

엄마의 상처는 아이에게 그대로 전달되어 아이의 어려움을 가중시킬 가능성이 높기 때문에 엄마 또한 치료적 상담이 필요했으며 상담을 진행하면서 낮았던 자존감과 자기표현 능력을 향상시킴으로서 자신의 장점과 변화된 삶으로 살아갈 수 있는 의지를 발견할 수 있었다.

엄마 또한 가족의 중요성과 행복한 가정을 만들기 위해 유능한 부모역할 훈련, 의사소통 방법 그리고 심리적 안정 등이 완전히 회복될 때까지 상담과 다양한 사회 시스템을 꾸준히 제공하여야 한다. 이를 위해 지역사회상담센터와 연계하여 추수상담도 꾸준히 이루어지도록 하였다.

제12장

# 가족과 여가 및 지역사회 여가문화 활성화

## 1. 가족 여가 프로그램

여가를 의미하는 영어의 레저 "leisure"는 희랍어인 "schole"와 라틴어인 "licere"에서 유래하였다. "schole"는 school이라는 영어 혹은 scholar라는 학자의 의미가 있다. 그러므로 여가, 즉 "leisure"라는 어원에는 교육적인 학습과정과 연관이 있다. 이러한 의미에서 볼 때 여가는 자유와 학습의 뜻을 지니며, 단순히 한가한 시간만을 의미하는 것이 아니며 자유로운 시간에 인간 개개인이 자기 개발을 추구하는 의미를 포함하는 것이다.

부모와 자녀가 함께하는 시간공유의 활동은 매우 큰 의미를 갖는다. 가족단위 여가 프로그램은 가족 간의 신체적, 정신적 친밀감과 의사소통을 통한 상호작용을 통해서 자녀와 의미 있는 추억 만들기에 긍정적인 의미를 가지게 된다. 가족 간의 친밀감은 활동과 유대를 바탕으로 쌓아지는 것이다.

가족단위의 여가활동에 대한 제약 요인으로는 학업이나 부모의 시간 제약이 가장 일반적인 이유이다. 그러나 최근 야간에도 운영하는 리조트들이 많이 생겨나고 있으며 주말농장 등 주말을 활용하여 학생과 부모를 대상으로 진행되는 가족 체험 프로그램이나 주말 캠프 등이 운영되고 있다.

### 1) 여가의 긍정적 기능

현대인의 생활은 과중한 스트레스에 노출되어 있다. 이러한 가운데 여가의 심리적 기능은 다양한데 이에 대하여 틴스레이(Howard E. A. Tinsley)는 심리적 기능으로 성취의식, 지적심미성, 인간관계의 개선, 고독, 자율성, 보상, 자기표현, 심적 안정 등을 제시하고 있다. 이에 대하여 위트(P. A. Witt)와 비숍(D. W. Bishop)은 순화(catharsis), 휴식, 보상, 과업 등을 강조한 바 있다. 또한 에딘톤 등(Edington et al.)은 여가의 심리적 기능을 개인적 발전, 사회적 연대, 심리적 치료, 신체적 안녕, 자극의 추구, 자유와 독립, 향수 등의 일곱 가지를 제시하였다.

### 2) 여가의 사회참여 및 교육적 기능

여가의 기능 중의 하나는 사회 참여와 개인의 지적 능력을 향상시키는 것을 들 수 있다. 여가와 교육 및 사회화는 서로 다른 부분을 논하는 것이 아니라 모두 인간의 삶을 풍요롭게 하는 것이다. 오히려 **즐거움과 교육과 사회화**가 동시에 내재되어 있는 것이기도 하다.

즉, 인간의 사회화는 교육의 중요한 부분이며 여가는 자연스럽게 사회 속에서 여가 활동 및 교육, 스포츠, 놀이의 기능을 통하여 **재충전의 기능**과 **삶의 새로움과 시각과 안목의 변화, 깨달음의 기회**라는 무수한 장점을 가지고 있다.

이와 같이 여가의 안에는 신체적, 심리적, 창조적 기능이 있는 것이다. 사회화의 기능에 대하여 파커(Stanley R. Parker)는 여가가 사람들로 하여금 사회에서 담당해야 할 역할을 제시하여 주며 사회적 또는 집단적 목표를 달성하도록 도와주며 **사회적인 결속을 유지시키는 기능**을 담당하고 있다고 주장하였다.

### 3) 여가의 문화적 기능

여가가 가지는 문화적 기능은 예술, 스포츠, 영화, 레저 등을 포함하여 개인과 지역사회와 가족체계에 선순환적인 에너지를 부여하고 관련 사업을 발전시키는 토대가 되며 사회계층 간의 새로운 트렌드와 소통의 수단, 그리고 화합의 수단이 될 수 있다.

### 4) 지역사회의 특색 있는 마을 여행과 가족

한 마을이 창조적으로 형성되면 일본의 마치츠쿠리 마을과 같이 노인계층, 계층 간의 화합, 가족과의 관계에 매우 창조적인 에너지를 불어넣게 되어 의의가 매우 크다. 어떠한 영역이 우리 마을의 가족을 더욱 건강하게 하고 또 이를 아우르는 지역사회의 강점이고 차별성이며 적합한지에 관한 논의를 통하여 살고 싶은 지역, 소통하는 가족과 가족관계의 건강성을 창출할 수 있다.

#### (1) 생태학적 가족의 개념을 고려한 지역사회개발의 고려

다음은 짐 아이프(Jim Ife, 2005)에 의해 살펴본 생태학적 차원에서 인간을 생각하고 성장하는 마을을 고려한 것이다. 이러한 점은 가족이 함께 성장하는 마을 만들기에 도움이 된다.

##### ① 사회계획의 차원

사회계획(social planning)이란 짐 아이프에 의하면, 지역사회 주민이 자신의 욕구를 정의하고 그를 충족시키기 위해 벌이는 여러 가지 활동의 과정과 절차를 의미하는 것으로, 기존의 서비스와 자원을 최대한 효율적으로 조정하고 활용하는 방법의 모색을 의미하는 것인데 이는 가족단위의 살기 좋은 마을 건설과도 무관하지 않다.

### ② 사회적 상호작용의 실제적 질

진정한 사회개발은 상호작용의 실제적 질에 보다 초점을 두고 진행될 수 있다. 실제로 다양한 인간 상호작용이 일어나며 지역사회를 통한 삶의 질 향상은 개인, 가족, 지역사회에 좋은 영향을 미친다.

### ③ 참여문화의 차원

문화개발은 점차 가족단위를 대상으로 활성화되고 있으며 그에 따라 새롭게 창출되는 문화는 가족의 기능과 화합에 도움이 된다. 이것은 문화적 전통의 유지에 그치지 않고 문화 활동에 내한 참여에 중점을 둔다. 이는 문화가 그저 관람의 대상이 아니라 함께 어우러져 참여하는 활동이 되도록 시간과 공간이 건전한 사회를 육성하는 데 일조할 수 있음을 의미한다.

### ④ 인격과 정신적 개발

지역사회활동을 통하여 가족은 더욱 깊이 상호작용하며 상호성장 및 발전과 밀접하게 연관되어 있다. 인격적 가치와 보다 풍요롭고 충만한 삶을 영위할 능력의 개발로 구성원 간의 소속감을 높이는 기능을 할 수 있다는 잠재성을 열어 두고 있다.

### ⑤ 환경과 가족

환경 속의 인간이라는 개념을 토대로 다양한 문화의 창출은 물리적 환경의 보호가 될 뿐 아니라 마을의 고유성을 살리는 훌륭한 자원이 될 수 있다(예를 들어, 서울 북촌한옥마을 등).

### ⑥ 마을주민의 역량강화

지역사회에서 가족을 고려하는 생태학적 차원의 고려는 사회 정의적 입장을 적용하여 본다면, 지역주민의 평등과 능력 고취, 구조적 불리의 극복, 욕구를 정의하고 그를 충족시킬 자유, 권리의 정의와 그의 보장 등에 기초한 사회를 통하여 마을의 가족단위가 더욱 화합하는 계기가 된다. 그 예로 가루매 마을의 과수원 등을 예로 들 수 있다.

가족과 녹색성장(Green)에 관한 개념은 매우 고무적이다. 녹색성장이라는 단어는 환경(Green)과 성장(Growth) 두 가지 가치를 다 포괄하고 있으며, 결국 환경과 성장이라는 두 가치의 시너지를 극대화하는 것이라 할 수 있다. 따라서 이와 같은 두 가지의 시너지 창출은 다양한 마을(북촌 한옥마을, 파주 헤이리마을과 양평 정보화마을 등)에서 발견할 수 있었으며 이를 통해 마을의 고유의 특성을 극대화하고 오히려 가족의 관계에 대한 의미와 가치를 상승시켜 지역의 경제를 성장시키는 예로 생각해 볼 수 있다. 다음은 이를 그림으로써 제시한 것이다.

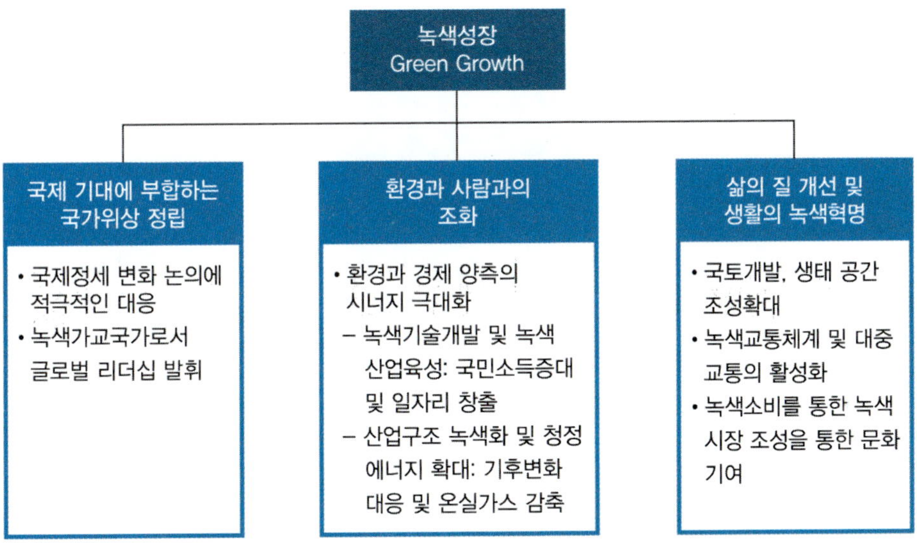


출처: www.greengroth.go.kr

가족문화의 창출을 서울의 도심지의 가회동 북촌 한옥마을, 위성도시 파주의 헤이리 예술인 마을, 전원의 경기도 양평의 보릿고개마을, 미사랑 정보화마을, 향토정보화마을, 가루매 마을을 통해 알아보고자 한다.

### (2) 북촌 한옥마을

마을의 배경은 청개천을 축으로 북악산 방향의 북쪽이 북촌(한인득세지역), 남산 방향의 남쪽이 남촌(일인득세지역)이라 불리웠다. 즉, 삼전동, 가회동, 재동, 계동, 원서동, 안국동, 송현동, 사간동, 소격동, 화동, 팔판동, 삼청동, 가회동 등 13개 법정 동으로 이루어져 있으며 가족단위의 문화창출에 기여하고 있다.

북촌 한옥마을은 서울의 종로구 안국역에서 도보로 10분 정도의 거리에 위치하여 있다. 이 마을의 특징은 도심 한복판에서 다양하게 보존된 오래된 가옥을 통해 고향의 정취를 느낄 수 있다는 것이다. 이것은 현재 살고 있는 동네를 고향으로 만들고자 하는 생태학적 자원의 접근과 걸어서 쉽게 왕래가 가능한 이웃자원 접근법의 장점을 가지고 있다.

즉, 지역 안에 각종 중·고등학교 및 정독 도서관 등의 자원을 함께 공유하고 있기 때문에 등하교의 생활환경에서 전통의 정취를 느낄 수 있다. 또 현대사옥 등과 같은 주요기업들의 공간과도 가까운 곳에 있음으로써, 다양한 도시인들이 서울 안에서 휴식을 취하기 적합하도록 주변 환경이 조성되고 있다. 이 마을의 편의시설로 식사와 음료 및 잡화를 판매하는 일반 시설들이 들어와 있으나 주변의 고유문화와 잘 조화를 이루도록 함으로써 마을의 고유성을 살리고 '전통과 환경을 생각하는 마을'이라는 장점이 있다.[1)]

이것은 세계화의 조류보다는 오히려 문화와 전통을 찾으려고 하는 마을 공동체의 노력으로 얻어진 성과이며, 이전에는 보통의 일상적 거리에 지나지 않았던 도로였다. 그런데 지금은 걷고 싶은 문화의 거리로, 카메라를 들고 찍는 수많은 젊은이들이 모여들고 있다. 또 휴식의 공간으로, 데이트 코스로, 전통의 거리로, 생활 속 생태학적 환경으로써 변모하고 거듭나고 있어 오래 전의 모습과 비교할 때에 마을에 또 다른 활기가 느껴지고 있음을 알 수 있다. 마치 마을이 이전에는 개성이 없고 사람들이 그냥 지나쳐 버릴 수밖에 없는 거리에서, 전통을 살림으로써 자신의 정체성과 고유의 색깔도 찾고, 마을 경제가 고부가가치를 창출할 뿐 아니라 교육과 가족단위의 새로운 문화를 창출하고 있다.

북촌엔 20개의 전통체험공방, 36개의 한옥 게스트하우스, 4개의 박물관, 33개의 갤러리가 있으며, 가회동 일대에는 한옥의 모습이 전통의 모습 그대로 남아 있는데 이것은 한옥지원 사업의 일환으로 소박한 골목과 주민들의 친근한 일상을 엿볼 수 있다.

1) 일반 상점이나 각종 가게, 편의점의 모습들도 외관이 마을의 전통적 거리와 조화를 이루도록 디자인되었음을 알 수 있다.

**Q&A 거리인터뷰: 거리 방문자와의 인터뷰**

Q: 이곳에 오니까 어떠세요?

A: 거리에서 느끼는 정취가 있구요... 걸으면서 거리의 모습을 보기도 하고... 휴식을 취하기도 하면서... 잠깐 이야기를 나누며 이렇게 쉬기도 하고... 도심에서 이만한 곳이 없는 것 같아요. 편안한 분위기라고 할까요? 가족 간의 관계도 더 좋아지는 것 같고 자주 오고 싶어요.

### (3) 파주 헤이리 예술인마을

헤이리 마을은 도시근교의 자연친화적인 도시이다. 다음의 헤이리 마을의 세부적 사항은 마을에서 자체적으로 구성한 가이드북을 기초로 하여 작성되었음을 밝혀 둔다.

1) 경기도 파주시 탄현면의 통일 동산 지구 내에 위치한 헤이리는 문화예술인들의 거주와 문화예술에 관한 생산, 전시, 판매의 통합을 지향하는 공동체 마을이다. 헤이리는 1994년부터 파주 출판단지와 연계된 출판인들의 거주공간이자 책을 판매하는 마을로 논의되기 시작했으나, 이후 화가, 음악가 등 다양한 문화예술 관련 인사들이 회원으로 가입하면서 헤이리는 여러 장르가 공존하는 종합문화예술마을을 지향하게 되었다.

헤이리 회원들은 2002년 말 등기인원을 기준으로 379명 정도로 구성되어 있으며 가입자격을 예술인 및 창작활동에 종사하는 사람으로 제한하다가 최근 방문객을 위한 각종 쉼터를 지원하는 시설 종사자들을 받기 시작하여 현재 헤이리는 약 120세대 이상이 입주하여 263명의 회원을 포함한 약 350명 이상의 사람들이 거주하는 것으로 추정된다.

2) 헤이리 마을은 1998년 창립총회를 시작으로 15만평에 미술인, 음악가, 작가, 건축가 등 380여 명의 예술인들이 회원으로 참여해 집과 작업실, 미술실, 박물관, 갤러리, 공연장 등의 문화예술공간을 만들어 가고 있다. 마을의 이름은 경기 파주지역에 전해 내려오는 전래동요 '헤이리 소리'에서 따온 것이다.

처음 헤이리는 다양한 장르의 문화예술인들이 문화예술에 대한 담론과 창작활동을 위해 이룬 마을 공동체였다. 즉, 회원들의 순수한 정신과 이념을 합일하여 만들어진 실험적 공동체라는 특징이 있다.

헤이리의 마을의 특징은 주어진 자연환경을 최대한 살리는 설계를 지향함으로써 산과 구름, 늪, 개천의 많은 부분이 원형대로 보존하였다는 것이다. 이러한 생태철학적인 정신이 건축, 에너지 시스템의 채택, 조경, 포장 등 전 영역에 걸쳐 적용되었다. 또 단지 내 녹지 네트워크가 신경 조직망처럼 연결되어 보행자 도로를 확보하고 건물 주변에는 작은 공원이나 쉴 공간들이 활용되고 있으며, 작은 마을의 건물들 사이를 걷는 방문객은 어느덧 건물마다의 개성과 이야기에 새로운 경험을 탐험하고자 하는 여행자가 됨을 느낀다.

즉, 시골길과 같이 연결되는 길을 지나 새로운 건물을 만날 때마다 그 건물 안에서 보여 주고자 하는 것들은 또 하나의 만남이고 이야기가 되므로 이에 대한 호기심이 어느덧 한 명의 예술가와 함께 마을을 여행하는 여행자가 됨을 느끼게 하고 있다. 그리고 헤이리가 예술인들의 마을이면서도 친근함을 주는 이유로 모든 건물들이 3층 이하로 세워진다는 것과 헤이리의 조경이 모두 우리 꽃과 우리나무로 이루어졌다는 것에서도 찾아볼 수 있다.

헤이리는 이러한 기본배경과 철학하에 예술인들의 창작공간, 전시공간, 공연공간, 교육공간, 담론공간, 국제예술교류공간, 주거공간이 되어 예술인들과 외부 방문객들 간의 무언의 교류를 이끌어 내고 있다. 구체적으로는 각종 갤러리, 각종 박물관, 기념관, 음악감상실, 예술원 등이 하나의 마을 안에 어우러져 있다.

헤이리 마을은 그 특성상 인지도가 높으며, 진입로에 파주시의 홍보물들이 눈에 띈다. 지금은 진립로 뒤편 인근에 마치 청와대를 연상시키는 듯한 풍의 건축양식으로, 영어마을과 숙소가 새로이 들어서 있으며, 헤이리 마을 내에도 여기저기 신축 건물들을 새로이 짓고 있는 모습이 눈에 띈다. 이곳은 넓은 대지 위에 각각의 다양한 건물들이 있어 관심 있는 부분을 중심으로 외부인들이 둘러볼 수 있도록 입구에 가이드북과 안내소가 설치되어 있다.

마을을 둘러보면 건물마다의 소중한 개성과 아이템 그리고 마을을 찾는 사람들의 문화 향수를 연결하는 흡입력에 대해 생각해 보게 한다. 예를 들어, 황인용의 까메라따는 이미 음악자체가 치유의 수준이라는 평을 들으며 매니아층을 형성하고 있고, 몇몇 공방이 젊은이와 아이들에게 도자기 만들기 체험 등으로 방문객의 참여를 끌어내고 있다.

가족단위로 가볍게 산책하기에는 좋은 곳, 매니아들의 공감을 이끌어 내는 장소로서의 장점이 있을 수 있다. 몇 곳은 작품전시와 판매와 음악카페를 동시에 운영하는 등, 몇몇 예술인의 작품을 전시하며 소비자가 함께 예술작품 만들기에 참여하거나 즉석에서 구매자가 되는 신선함이 마을의 아이디어이다.

이를 통해 마을의 예술인들을 중심으로 한 마을의 특성을 살리고 마을을 지키기 위한 보다 철저한 예술정신과, 아이디어 창출과 같은 지속적인 노력이 가족단위의 휴식 공간을 만들고 있다. 이들은 더 이상 서로가 경쟁자가 아니라 마을의 운명을 함께하는 사람들이다. 현재에도 갤러리 연합전이나 아트홀을 통한 문학연극공연, 해설이 있는 헤이리심포니오케스트라 정기연주 등을 기획하고 있고 가족단위 숙박시설도 전원 속에 마련되어 있다. 다음은 헤이리 마을의 역동성에 관한 이주원(2008)의 글을 통하여 마을에 관해 살펴본 것이다.

**헤이리의 마을 역동성:** 헤이리는 개성적인 문화예술 상품 등을 생산, 전시, 판매함으로써 창출되는 부가가치로 유지되는 문화예술마을을 추구한다. 헤이리 회원들은 자신들이 원하는 이상을 실현하기 위해 민주적 합의를 거쳐 각종 규제를 도출하고 회원 자치기구 등 각종 제도적 장치를 마련하고 있다.

기존의 도시가 불특정 다수를 대상으로 특정 시공회사나 정부기관에 의해 마스터플랜이 세워지고 입주자들이 유입된 이후에야 영향력을 행사하는 것과 달리 헤이리는 민간인들이 먼저 단체를 결성하고 마을의 입지와 경관 등을 자신들이 원하는 방향으로 현실화하였다는 점이 차별화된다. 헤이리는 주거가 70%, 판매용 30%(작가 스튜디오 45%, 갤러리 22%, 박물관 9%, 기타 공연장 24%)로 구성되어 있다. 헤이리 마을의 특징은 자본을 소유한 특정개발업자에 의해 개발된 것이 아니라 조합을 만들어 회원을 모집하고 이들이 낸 돈으로 부지를 공동으로 구입하고 기반시설을 이들의 의견을 반영하여 만들었다는 점이다(이주원, 2008).

**입주회원 이주원 씨의 의견을 중심으로 헤이리 마을의 특성:** 헤이리는 예술가들의 열정과 낭만을 바탕으로 세워졌기 때문에 비즈니스경영에 관한 부분은 추상적이었다. 따라서 건축 계획뿐 아니라 마을 전체 차원에서의 문화경영과 비즈니스에 관한 정교한 플랜이 필요하다.

헤이리의 문화예술사업이 자리를 잡고 보다 문화적으로 특화되기 위해서는 문화예술 비즈니스의 활성화도 필요하지만 무엇보다 헤이리의 정체성을 지키고자 하는 노력이 필요하다. 헤이리는 강북지역과 강남지역으로 구획을 나누어 운영하고 있는데 강북 비즈니스지역은 강남지구를 전원주택지구로 지칭하는 반면 강남 비즈니스지역은 강북지구를 어린이를 대상으로 한 상업적인 유원지로 지칭한다. 따라서 어떤 예술성을 추구할 것인지 혹은 어느 정도의 상업화가 좋은가에 관한 주민 간의 의견일치도 헤이리 마을에서 논의될 부분이다(임은영, 2008).

헤이리의 생태학적 마을이라는 특성 및 예술인들의 고부가가치 문화산업이라는 소중한 지원이, 마을주민들의 노력으로 성공적인 마을 만들기의 또 하나의 신화로 남을 수 있도록, 해결해야 하는 과제들이 헤이리 마을 운영의 협의과정을 통해 민주적이고 사회정의적 관점에서 해결되어 간다면 가족을 위한 소중한 자원이 될 것이다.

### (4) 양평 보릿고개마을, 미사랑 정보화마을, 향토 정보화마을, 가루매 마을

다음은 서울의 근교에 있는 전원지향 마을이다. 정보화의 일환으로 농촌이지만 마을의 역동성을 정보화를 통해 발휘해 가고 있다. 주요 자료는 마을 홈페이지에 자세히 나와 있으며 마을의 주요 이슈가 마을의 전산정보를 통하여 공유되고 논의되면서 개선되고 있는 모습을 볼 수 있었다.

정보화마을구축의 배경은 인터넷 새마을 운동의 일환으로 도시와 지역 간의 소득격차 및 정보격차를 줄이며 전자정부를 구현하는 행정안전부의 지원 사업이다. 2001년 1차 25개 마을의 구축을 시작으로 현재 8차에 이르고 있으며 370개 마을이 선정되어 정보센터 구축 등 정보화 기반사업을 진행하고 있다. 마을정보센터의 구축은 주민뿐 아니라 마을을 방문하기 원하는 모든 외부인과 정보를 공유하여 정보교류의 장으로 활용하고, 지속적인 주민교육과 외부홍보가 가능하도록 하고 있다. 그리고 이를 통해 주민을 대상으로 마을인의 의식고취, 상호 이익증대도 가능하게 된다. 또한 이러한 문화가 가족단위의 방문을 통하여 지역 농산품 구입과 관광 및 교육 등에 기여할 수 있을 가능성이 있다.

이 마을의 특징은 도시인들이 답답한 도시환경에서 벗어나 농촌의 자연환경과 전통문화를 동시에 체험하고자 하는 선호와 욕구를 충족시키며, 도시인들의 인간성 회복과 휴식제공 측면에서 도움이 되도록 개발되었다. 농촌체험은 환경친화적이고 지속가능한 특성을 지니면서 낙후된 농촌에 활력을 불어넣을 수 있는 중요한 수단이 되기도 한다. 또한 농촌의 생태문화자원에 대한 도시민의 수요를 충족시키고, 도시와 농촌의 공생과 상생을 도모할 수 있다. 비인간적인 도시생활과 산업화에 대응해 자연과 농업, 전통문화에 접할 기회를 제공하고 공유한다는 데 그 중요한 함의가 있다. 또한 마을의 주민은 마을의 특성을 살림으로써 도시의 인구를 유입하고 고유 특산물을 공동구매하는 등의 공동체 형성을 통하여 마을과 가족을 이어 주는 자원이 되고 있다.

#### ① 보릿고개마을

보릿고개마을은 4~5월의 춘궁기 테마를 주제로 그 시절의 음식 만들기나 농산물 캐기, 생태체험 등의 프로그램을 진행한다. 마을명도 그때의 추억을 떠올리는 보릿고개로 지어졌으며, 옛 시절의 허기를 달래 주던 꽁보리밥과 호박밥, 쑥개떡, 보리개떡 등의 추억의 먹을거리 음식을 도시민에게 제공하여 마을의 소득을 높이고 도시민의 향수를 불러일으킨다.

이때에 단순히 옛 음식 만들기를 재현하는 것이 아니라 마을어른이 그때의 어려움을 구수한 이야기로 들려주며 농촌노인과 도시아이들이 커뮤니케이션하게 된다. 이러한 프로그램이 활성화되면 마을노인들의 일자리창출에도 도움이 되며 도시아이들에게도 잊을 수 없는 기억이 될 것이다. 보리개떡 만들기가 끝나면 감자 캐기, 복숭아 따기, 물놀이 등의 가족의 야외체험이 이어진다.

정보화마을위원장은 처음에는 마을주민들을 이해시키고 단합시키는 데 어려움이 있었던 것이 사실이지만 마을에 2010년 한 해 만 오천 명이 다녀갈 정도로 어느 정도의 과도기는 지났으며, 타 지역과 외국에서의 벤치마케팅도 있어 왔다. 다만 아쉬운 것은 젊은이들이 마을에 좀 더 많았으면 한다.

주로 나이 많은 사람들이 많이 거주하는 마을이라 운영에 어려운 점이 있다. 바라는 점은 주민들이 지속적으로 단합하여 불신 없는 지금의 모습이 계속 유지되는 것을 바람으로 꼽았다. 따라서 더욱 적극적인 홍보를 동해 더욱 많은 체험 가족을 유치하겠다는 다짐을 보여 주었다. 이 마을은 2005년 가구별 pc보급과, 홈페이지 구축, 온라인 홍보 및 예약으로 초고속 정보화마을로써의 인프라를 구축하고, 체험프로그램의 개발로 2010년 G20 정상회의와 연계하여 농촌체험 지정마을로 되기도 했다.

보릿고개마을은 양평 용문면 연수리 141번지에 위치하고 있는데, 마을시가지로부터 조금 안쪽에 위치하고 있다. 마을은 노인정, 박물관처럼 꾸며 놓은 체험관, 그리고 마을 공동체 사무실과 식당, 깨끗한 공중화장실 등이 보릿고개마을의 주요 공동시설이라고 할 수 있다. 마을의 건너편에는 보통의 휴양지에서 봄직한 커다란 규모의 숙박시설이 있고 일반 휴양지 속에서 마을의 정체성을 살리고자 하는 보릿고개마을의 의지를 읽을 수 있다.

보릿고개마을의 특징은 마을의 집들과 길들을 거닐다 보면 그리 넓지는 않지만 잘 정돈된 시골마을의 이색적인 정취를 한껏 느낄 수 있어서 관광과 교육의 두 가지 효과가 있다는 것이다. 집들은 저마다의 특징을 가지고 있는데, 한 가옥의 부부, 마을주민이 하는 이야기 속에서 그들이 휴가철을 기다리고 있음과 민박에 대한 이야기에 초점을 두면서 정보를 나누고 있음을 알 수 있었다.

성수기가 아닌 때에는 사무실 근처나 마을에 사람들의 왕래가 거의 없었지만, 한쪽 켠에 마련되어 있는 예전 절구방아를 재현시킨 모델과 농촌 체험실이 있는데 나무 테이블이 나지막이 있으며 선반에는 농촌에서 볼 수 있는 목각이나 기타 용품들이 올려져 있어서 옛 정취를 전시장을 통해 접하게 하고 있다.

이에 반해 야외의 마을을 거니는 동안 현대화 속에서도 시골정취를 느낄 수 있으며 예쁘게 장미 넝쿨이나 신기한 각종 농촌 물건들과 마당에 평상을 갖다 놓은 전형적 가옥들은 여름 방문 및 가족들의 방문을 기다리고 있으며 이는 가족단위의 문화에 기여할 수 있는 자원이다. 이 마을은 가족단위로 마을의 전통을 보릿고개라는 역사적 테마를 통해 체험할 수 있는 장점이 있다.

### ② 미사랑 정보화마을

미사랑이란 米(쌀)사랑이라는 뜻을 갖는다. 미사랑 정보화마을은 2006년 11월 정부로부터 총 2억 9800원을 지원받아 정보센터 및 마을 홈페이지 구축, 개인용 pc 35대를 가구별로 보급했다. 이때 마을 공동사업으로 마을의 화장실과 마을 운동장을 보수하고 농산물 판매장을 리모델링했으며 상품 포장 등을 개선하였다.

미사랑 정보화마을은 비수기 때 외관상 느껴지는 모습과 달리 내부적으로는 탄탄한 마을의 커뮤니티가 형성되어 있다. 마을 홈페이지를 통해 2012년 5월을 기준으로 무료법률상담이나 무료화상 건강상담, 정기총회, 화상법률상담, 각종질병예방사업 등을 진행되고 있으며 조회수도 높다. 그 밖에도 마을 전원 설비 등에 관한 작업을 공지하고 마을 캠페인 일환으로 G20국민 써포터운동, 나라품격을 높이는 스마트 코리아 운동, 국민기초질서준수운동 등을 홍보하고 있다.

또한 산나물 축제나 주민노래 자랑, 어린이 도서관에 대한 공지, 임신출산교육, 사고대처법, 장학생 선발, 각종 수강생 모집 등을 마을홈페이지에 공지하고 있는데 평균 검색 수는 100~600가량의 조회수로 마을주민들의 참여도를 짐작할 수 있다.

마을 주변에는 엘리도 승마 체험장, 월산 저수지 등이 있어, 황토민박에 머물면서 유기농 쌀과 버섯 등의 자연식을 먹으며 주변 관광지를 돌아보거나 문화전통체험을 할 수 있도록 하고 있다. 마을축제로는 맑은 물 사랑예술제, 친환경농축산물 한마당 장터, 용문산 은행나무 축제, 문화예술체험행사 등을 진행하고 있어 가족단위 방문으로 휴양과 여가와 레포츠 등을 즐길 수 있다.

### ③ 향토 정보화마을

향토 정보화마을은 양평군 청운면 신론리 326번지에 위치하고 있다. 이곳은 비교적 큰 규모로 학교 학생들이 단체로 머물 수 있는 시설들을 갖추고 있었다. 작은 학교 같은 느낌의 건물 앞에는 운동장으로 쓰이는 아담한 공터가 있고, 건물의 옆에는 개울가를 따라 마을에서 지어 제공하는 숙식건물들이 몇 개 더 있다. 그것은 학교 건물과 같은 체험장과 운동장으로 꾸며져 있는데 단체가 집합할 수 있는 학교 운동장과 같은 모습이다.

주변마을은 아주 평범한 있는 그대로의 외부인을 의식하지 않은 모습이고, 주변이 조금씩 건물을 짓기 위해 개발 중인 것을 알 수 있다. 이곳 주변에는 승마 체험장이나 기타 소규모의 체험장들이 다양한 이름으로 있으며 규모를 갖추고 서로 모여 있으므로 학교 학생들을 중심으로 가족캠프가 진행되기에 적합한 곳이다. 순수한 농촌체험뿐 아니라 시골 캠프의 경험도 가능하도록 설계되어 있어 가족단위 여가활동에 적합하다.

### ④ 가루매 마을[2)]

다음은 활기가 넘치는 주말농장형 마을로 자세한 사항은 지역사회 홈페이지를 참조할 수 있다. 가루매 마을은 경기도 양평군 지평면 옥현리 1451번지에 위치하고 있으며 양평의 지평역에서 진입할 수 있다. 가루매 마을의 일상풍경은 비교적 젊은 일꾼들이 마을의 주말농장이나 과수원 주변 등을 가꾸고 운영하면서, 마을 일과 홍보 및 경영을 맡고 있는 모습이다. 그리고 마을 노인들은 담장을 허물고 잔디와 쉴 공간으로 조경한 마을에서 한가로이 휴식을 취하며 주위의 전원풍경과 조화를 이루는 모습이다.

농촌의 노인들은 전원주택에서 민박 등을 하면서 한가하고 평화로워서 전원의 정취를 느낄 수 있고 옷차림은 도시의 노인들처럼 깨끗하고 편안한 일상복이다. 마을에

2) 가루매 마을의 어원은 갈림길목이어서 생긴 지목으로 칠보산 아래 위치하고 있다.

휴가철이 다가오면 노인들이 갖고 있는 집들은 민박 등의 외부인 숙소로 마련된다. 마을 주변은 과수원, 분수대, 오두막, 정원 등으로 꾸며져 있으며 트랙터와 같은 농기구를 수리하는 작업장에서도 마을의 활기를 느낄 수 있다.

이 마을의 특징은 보릿고개 마을이나 미사랑 마을과는 달리, 농촌체험 일정이 없는 비수기 때에도 과수원 등을 통해 도시 가족단위나 유치원 교육장소로 외부인들을 흡입하는 주말농장이 운영되고 있다는 것이고, 넓은 과수원에서도 이러한 일정과는 별도로 수익성 있는 과일 등을 재배함으로써 마을에서 자연과 사람들의 미래지향적인 활기와 안정을 느낄 수 있다. 또 마을의 곳곳에 꾸며 놓은 연못이나 분수 혹은 나무 테라스나 원두막 그리고 항아리로 만든 잔디 위의 간이 응접 세트는 마을을 잇는 오솔길을 따라, 담장을 허물고 푸른 나무와 돌과 잔디로 어우러진 전원형 주택 사이를 아름답고 쾌적하게 만들어 주고 있다.

지역은 가족친화마을에 가까운 형태를 하고 있으며 살기 좋은 마을의 한 유형에 가까운 모습이다. 살기 좋은 마을의 핵심요소는 주민 주도가 핵심 요소인데, 마을 한 켠에 갖가지 주말 농장용 구루마가 깔끔하게 맞춰져 있고 그 각각에는 기증하신 할머니와 할아버지의 웃으시는 얼굴들이 차양에 그려져 있어 마을 구성원들이 협동하여 많은 아이디어 창출이 있어 왔음을 짐작할 수 있다.

가루매 마을은 가족단위 혹은 학교나 유치원 단위로 밤나무 숲에서 개울놀이나 민물고기잡기, 트랙터마차나 뗏목타기 등을 즐길 수 있도록 8개 물놀이 연계 프로그램을 진행하고 있다. 그리고 3, 4, 5월에는 딸기축제를 열어 딸기수확을 체험하고 멧돌을 갈아 콩전을 만든다던가 혹은 약초 향기주머니 만들기의 다양한 행사를 진행하고 있다. 6, 7, 8월에는 여름 가족 캠프를 열어 감자와 옥수수 수확을 체험하고 물놀이와 캠프를 지원하고 있으며, 9월, 10월에는 친환경 수확축제를 열어 무농약 고구마, 그린음악배수확, 메뚜기 잡기, 인절미 떡메치기, 짚공예 체험, 오색만두 만들기 등을 프로그램화하고 있다. 또한 11, 12월에는 행복 나눔 김장축제를 열어 김장 김치를 담고 보쌈과 막걸리를 만들어 보며 아이들과 떡을 만들어 보는 체험의 장으로 활용하고 있다.

이와 같은 마을활동에 대한 홍보는 다음 까페 등을 통하여 인터넷으로도 홍보하고 있으며 수많은 아이디어에 대한 공로 및 노력을 인정받아, 농촌사랑 시범마을 및 우수마을로 선정되었다. 그리고 양평군청지정 농어촌체험휴양마을로, 농림수산식품부 지정 녹색 농촌체험마을로, 경기도 교육청지정 청소년 체험합습장 등으로 지정을 받을 만큼 마을 자체에서 노년의 안정감과 젊은 농민들의 열정 그리고 환경 곳곳에 농민들의 세심한 손길과 마음이 담아 있음이 한눈에 느껴지는 곳이다. 자연의 싱그러움과 함께 정돈된 과수원과 농부들 그리고 가족단위의 방문객과 마을 어르신들이 마을 안에서 잘 조화를 이루고 있으며 가족을 위한 장소로 주말체험 교육과 여가와 휴양의 기능을 담당하고 있음을 알 수 있다. 다음은 본 마을들을 토대로 각각 마을의 특성을 도심형, 위성도시형 그리고 전원형으로 분류하여 특징적인 성격을 살펴본 것이다.

**표 12-1** 마을에 따른 특성

| 유형<br>특성 | (도심형)<br>북촌 한옥마을 | (위성도시형)<br>헤이리 예술인마을 | (전원형)<br>양평 보릿고개마을<br>향토 정보화마을<br>미사랑 정보화마을<br>가루매 마을 |
|---|---|---|---|
| 자원 | 전통 한옥과 거리 보존 | 예술인들의 무형의 자원 및 독창적인 공간 | 시골 자연환경과 어우러진 시골 마을의 생활경험 |
| 주력부분 | 문화자원을 통한 도시인구 흡입 | 예술과 휴양을 동시에 고려 | 농촌체험이나 주말농장으로 활용 |
| 수요층 | 젊은이들이 주됨 | 젊은이들과 가족단위 방문 | 가족단위나 유치원 학교단위 |
| 접근성 | 매우 좋음 | 양호 | 양호 |
| 인식 | 잠깐 구경하며 걷는 곳 | 다양한 예술적 경험이 가능 | 자연을 느끼고 교육함 |
| 개선점 | 상업성이나 무분별 개발 | 상업성이나 무분별 개발 | 홍보와 마을 정비 등을 통한 흡입력 개선이 필요함/마을주민의 의식개선과 교육도 중요할 것이다. |

건강한 마을은 결국 건강한 가족을 창출한다. 이는 바로 마을 주민 간의 건강한 관계에서 시작한다는 것과 개인이 속한 지역의 건강은 결국 가족과 사회의 가치관에도 영향을 줄 수 있음을 알아야 한다. 결국 역량을 마음껏 발휘한다는 개념이란 '생태학과 사회정의의 개념 속에서 다양성의 개념을 추구하는 것', 즉 다원적 개념이라 보는 것이 적절하며 사회정의적 관점에서 전체성과 지속가능성, 다양성과 균형의 원칙에 기초한 사회(Jim Ife, 2005, 101-110)를 실천해 나가는 것이 중요하며 우리나라에서 이와 같이 가족단위의 휴양을 할 수 있는 다양한 장소들의 활기찬 개발이 필요하다.

# 부록

# 1. 임파워먼트와 삶의 질 측정도구

▣ 다음은 임파워먼트에 대한 질문입니다. 해당하는 곳에 표시(∨)해 주십시오.

| | 구분 | 전혀 그렇지 않다 | 그렇지 않다 | 보통이다 | 조금 그렇다 | 매우 그렇다 |
|---|---|---|---|---|---|---|
| 1 | 나는 보통 내가 시도하는 일은 성취한다. | | | | | |
| 2 | 나는 내 자신에 대해 긍정적인 태도를 갖고 있다. | | | | | |
| 3 | 나는 계획을 세울 때, 그 일이 잘되리라 확신한다. | | | | | |
| 4 | 나는 어려움을 극복할 수 있다. | | | | | |
| 5 | 나는 내가 하는 결정에 대해 자신이 있다. | | | | | |
| 6 | 나는 가치 있는 사람이고 다른 사람들과 동등하다고 생각한다. | | | | | |
| 7 | 나는 내 자신이 유능한 사람이라고 생각한다. | | | | | |
| 8 | 나는 어떤 일을 다른 사람들만큼 할 수 있다. | | | | | |
| 9 | 나는 내게 장점이 많다고 생각한다. | | | | | |
| 10 | 나는 대부분의 시간에 무기력하다고 느낀다. | | | | | |
| 11 | 소동을 일으켜도 아무 소용이 없다. | | | | | |
| 12 | 시청을 상대로 싸울 수 없다. | | | | | |
| 13 | 나는 무엇에 대하여 불확실할 때, 집단의 의견에 따른다. | | | | | |
| 14 | 전문가는 사람들이 무엇을 하거나 배워야 할지 결정하는 위치에 있다. | | | | | |
| 15 | 내가 불행했던 일을 당한 것은 대부분 운이 나빴기 때문이었다. | | | | | |
| 16 | 보통 나는 혼자라고 느낀다. | | | | | |
| 17 | 사람들은 어떤 일이 마음에 들지 않는다는 이유만으로 화를 낼 권리는 없다. | | | | | |
| 18 | 사람들은 자신이 내린 결정이 나쁜 것이라 하더라도 | | | | | |

|  |  |  |  |  |  |  |
|---|---|---|---|---|---|---|
|  | 스스로 결정할 권리가 있다. |  |  |  |  |  |
| 19 | 사람들은 그들이 원하는 방식으로 살고자 노력한다. |  |  |  |  |  |
| 20 | 사람들이 함께 일하면 그들의 지역사회에 영향을 줄 수 있다. |  |  |  |  |  |
| 21 | 사람들이 집단으로 함께 일하면 더 큰 힘을 가진다. |  |  |  |  |  |
| 22 | 지역사회에 있는 다른 사람들과 함께 일하면, 더 좋은 변화를 가져올 수 있다. |  |  |  |  |  |
| 23 | 문제는 행동을 취할 때 해결되는 경우가 많다. |  |  |  |  |  |
| 24 | 무엇을 할 수 있을지는 자신이 가능하다고 생각하는 것에 좌우된다. |  |  |  |  |  |
| 25 | 나는 내 인생에서 무슨 일이 일어날지 대부분 결정할 수 있다. |  |  |  |  |  |
| 26 | 나는 미래에 대해 낙관적이다. |  |  |  |  |  |
| 27 | 어떤 것에 대해 화를 내는 것은 그것을 변화시키는 첫 걸음이 된다. |  |  |  |  |  |
| 28 | 어떤 것에 대해 화를 내는 것은 결코 도움이 되지 않는다. |  |  |  |  |  |

▣ 다음은 삶의 질에 대한 질문입니다. 해당하는 곳에 표시(∨)해 주십시오.

| 구분 |  | 전혀 그렇지 않다 | 그렇지 않다 | 보통 이다 | 조금 그렇다 | 매우 그렇다 |
|---|---|---|---|---|---|---|
| 1 | 나의 삶의 질이 높다고 생각한다. |  |  |  |  |  |
| 2 | 나는 나의 건강상태에 대해 만족하고 있다. |  |  |  |  |  |
| 3 | 나는 일상생활로 인해 내가 해야 할 일들을 방해받고 있다. |  |  |  |  |  |
| 4 | 나는 일상생활을 잘하기 위해 시간이 필요하다. |  |  |  |  |  |
| 5 | 나는 인생을 즐긴다. |  |  |  |  |  |
| 6 | 나의 삶의 매우 의미가 있다. |  |  |  |  |  |

| | | | | | | |
|---|---|---|---|---|---|---|
| 7 | 나는 정신을 잘 집중할 수 있다. | | | | | |
| 8 | 나는 일상생활에서 안전하다고 느낀다. | | | | | |
| 9 | 나는 일상생활을 하기에 좋은 주거환경에 살고 있다. | | | | | |
| 10 | 나는 일상생활을 위한 에너지를 충분히 가지고 있다. | | | | | |
| 11 | 나는 나의 신체적 외모에 만족한다. | | | | | |
| 12 | 나는 나에게 필요한 충분한 경제력을 가지고 있다. | | | | | |
| 13 | 나는 나의 삶에서 필요로 하는 정보를 쉽게 구할 수 있다. | | | | | |
| 14 | 나는 가족과 여가활동을 위한 기회를 충분히 가지고 있다. | | | | | |
| 15 | 나는 나의 수면에 충분히 만족한다. | | | | | |
| 16 | 나는 나에게 필요한 일상생활을 수행하는 나의 능력에 대해 만족하고 있다. | | | | | |
| 17 | 나는 내가 일할 수 있는 능력에 대해 만족하고 있다. | | | | | |
| 18 | 나는 나 스스로에 대해 만족하고 있다. | | | | | |
| 19 | 나는 나의 개인적 대인관계에 대해 만족하고 있다. | | | | | |
| 20 | 나는 나의 성생활에 대해 만족하고 있다. | | | | | |
| 21 | 나는 주위 친지나 친구들로부터 받고 있는 도움에 대해 만족하고 있다. | | | | | |
| 22 | 나는 내가 살고 있는 집이나 주변환경에 대해 만족하고 있다. | | | | | |
| 23 | 나는 치료 및 교육서비스를 쉽게 받을 수 있다는 점에 만족하고 있다. | | | | | |
| 24 | 나는 내가 사용하는 교통수단에 대해 만족하고 있다. | | | | | |
| 25 | 나는 신체적 활동을 잘할 수 있다. | | | | | |
| 26 | 나는 우울함, 절망감, 불안감, 의기소침 등의 부정적인 기분을 자주 느낀다. | | | | | |

# 2. 가족관계에 대한 긍정심리학의 적용 상담방안


## 요약

본 장에서는 긍정심리학이 청소년들의 심리학적 차원에서 상담분야의 활용에 적합하다는 취지 아래 긍정심리학의 맥락을 살펴보고 청소년 상담에 이를 적용하여 보았다. 즉, 청소년에게 적합한 긍정심리학의 이론적 배경을 살펴보고 청소년 상담의 프로그램을 세삭하였으며 이를 상담활동에 적용하였다. 또한 본 상담 프로그램에 사회문제해결목록(SPSI)의 체크리스트를 활용하였다. 본 상담은 2011년 10월 12일부터 12월 8일까지 총 5회기 동안 실시되었으며 인터뷰를 통하여 긍정심리학의 유용성과 연구의 필요성을 알 수 있었다. 결론은 청소년들의 심리적 지지자원을 적극 활용할 수 있는, 긍정심리학적인 차원에서의 경험 및 인식이 청소년들에게 유용하고, 청소년의 시기의 자아통합 형성에 도움이 되는 전문적 개입이라는 것이다. 첫째, 긍정심리학을 적용한 상담을 통하여 기존 문제 중심의 상담 심리적 차원을 일상생활 점검과 목표의식의 반추 그리고 체크리스트 등을 토대로 한 점검 등을 통하여 스스로 반추하는 시간과 사고를 생활에 적용하는 범위의 폭을 넓힐 수 있다. 둘째, 긍정심리학에서와 같이 긍정적 감정과 부정적 감정을 대비하여 다루었다는 점에서는 동일하나, 부정적 감정에 대한 유용성을 탐색해 봄으로써 일상생활을 통해 도움이 되는 요소와 반성해야 하는 부분을 구체적으로 생각해 보는 것에 도움을 주었으며, 자신의 특성을 좀 더 잘 이해함으로써 유익한 면이 될 수 있다. 셋째, 이와 같은 특징들이 청소년들이 감정적으로 통제하기 어려운 질풍노도의 시기임을 감안할 때, 청소년들이 여러 가지의 다양한 감성들을 예비적으로 탐색하는 것에 도움이 될 수 있는 가능성을 발견하였다. 이와 같은 활동은 청소년들에게 유용하며 청소년들로 하여금 일상생활을 점검하는 시야를 다양한 상황에 맞추어 활용할 수 있게 하는 가능성을 지니고 있다. 넷째, 긍정심리학을 생활에 적용함으로써 다양한 탐색활동이 기존의 인지행동치료에 대한 실생활 적용을 보다 용이하도록 활용할 수 있다. 따라서 이와 같은 활동들 즉, 긍정심리학을 적용한 다양한 프로그램들이 청소년의 상담이나 개입프로그램에 유용하게 도입될 수 있을 것으로 보인다. 또한 긍정심리학이 상담을 임하는 사람들에게 일정 수준 이상의 유용한 지침과 도움이 될 수 있다. 따라서 긍정심리학이 시대와 생활 문화권에 따라 적절히 응용되어 가족 및 사회, 이웃의 교류적 차원에 도움이 될 수 있고 다양한 경험의 반추 및 피드백을 통하여 궁극적인 일상생활의 몰입이나 자아실현에 긍정적인 영향을 미칠 수 있을 것이다.

# Ⅰ. 가족관계 상담예시

## A. 문제의 제기

본 장에서는 긍정심리학이 청소년들의 심리학적 차원에서 상담분야의 활용에 적합하다는 취지 아래 긍정심리학의 맥락을 살펴보고 청소년 상담에 이를 적용하여 보았다. 본 장의 특징은 청소년에게 적합한 긍정심리학의 이론적 배경을 바탕으로 청소년 상담의 프로그램을 제작하고 이를 상담에 적용하였다는 것이다. 또한 프로그램의 실시 전후의 자기효능감과 사회문제해결목록(SPSI)을 통하여 프로그램의 효과성을 살펴봄으로써 이에 대한 과학적 효과성을 검증해 볼 수 있다.

본 상담은 2011년 10월 12일부터 12월 8일까지 총 5회기 동안 실시되었으며 인터뷰를 통하여 긍정심리학의 유용성과 연구의 필요성을 알 수 있다. 즉, 청소년들의 심리적 지지자원을 적극 활용할 수 있는 긍정심리학적인 차원에서의 경험 및 인식은 청소년들에게 유용하고, 청소년의 시기의 자아통합 형성에도 도움이 될 수 있다. 즉, 청소년들을 새로운 시각에서 수용하여 이들 스스로가 자신들의 자원을 객관적이며 긍정적으로 바라볼 수 있도록 하기 위한 상담으로 그 과정을 통하여 청소년 내면의 역동성을 살펴볼 수 있다. 청소년기의 특성은 인간발달적 시각에서 볼 때 과도기적인 과정에 있다. 따라서 이러한 시기에는 청소년들의 자아정체성 형성에 도움이 되는 탄탄한 이론적 배경을 바탕으로 전문적인 상담이 절실하다. 특히 긍정심리학은 개인의 고유한 능력이 내재해 있음을 강조하면서, 다양한 미덕으로부터 긍정정서들을 탐색 하게 함으로써 일상적 삶을 풍요하게 하는 탐색적 기능이 있다(Seligman, 2002). 셀리그먼(2002)은 긍정과 부정의 불균형을 지적하면서, 개인의 특성, 즉 강점과 자원을 포함한 긍정심리학의 특성과 효과를 삶을 통하여 과학적 측정에 근거한 결과를 비교하여 제시하였다. 이에 따라 긍정적 심리는 최근 이를 수용하여 청소년 상담 등의 개입에 활발히 적용되고 있다(김은경, 2010; 이성훈, 2010). 그러나 아직 이러한 긍정심리학 상담의 적용은 초기단계이며 향후 이에 관한 더욱 활발한 분석과 조사가 필요할 것이다.

### B. 가족관계에 있어서 심리학을 적용한 청소년 상담의 개요

최초로 긍정심리학이라는 새로운 용어에 관해 언급한 심리학자는 셀리그먼으로, 그는 1998년 미국 심리학회 연설을 통해 심리학의 관심 방향이 인간행동에 대한 좋은 점을 보다 향상시키는 쪽으로 전환되어야 한다고 주장하였다(Seligman, 1998). 이에 대하여 게이블과 하이트(Gable & Haidt, 2005)는 긍정심리학의 특성을 '인간, 집단, 기관의 기능들을 풍요하게 하고 최적화되도록 하는 것에 기여하도록 그에 대한 조건 혹은 과정을 연구하는 것'이라 언급하고 있다. 긍정의 정서는 인간의 삶에 유용하다. 예를 들어, 희망의 기대수준이 높은 사람은, 그렇지 않은 경우에 비해 높은 성취도를 보인다(Curry, Snyder, Cook, Ruby & Rehm, 1997: 이희경, 이동귀, 2007 재인용).

이러한 가운데 피터슨과 셀리그먼(2004)은 인간이 가지고 있는 내면의 개발된 강점과 미덕에 관한 강점체계의 분류에서(Values in Action) 그에 관한 미덕을 크게 6가지로, 지혜 및 지식, 용기, 인간성, 정의, 절제와 초월성으로 분류하였으며, 24개의 강점 즉, 창의성, 호기심, 열린 마음, 학습에 대한 열정, 타인에게 현명한 조언의 제공, 진실성, 용감, 인내, 열정, 친절, 사랑, 사회적 지능, 공정함, 리더십, 협동심, 용서, 겸손, 신중함, 자기조절, 아름다움과 뛰어남에 대한 이해, 감사, 희망, 유머, 종교적인 신념 등을 제시한 바 있다(이희경, 이동귀, 2007 재인용). 한편 라자루스와 포크맨(Lazarus & Folkman, 1984)은 인간의 대처행동을 두 가지 범주로 구분하였는데 그것은 **문제초점 대처**(problem-focused coping)와 **정서초점 대처**(emotion-focused coping)로써, 셀리그먼(1990)에 의하면 심리자원의 긍정적인 정서 기여가 또 다른 긍정의 정서를 창출할 수 있으며, 궁극적으로 개인적 자질이나 경험, 혹은 활동들이 개인의 건강에 도움을 줄 수 있다고 하였는데, 구체적으로 이것은 낙관주의, 자기존중, 탄력성, 정서적 표현 등이 긍정적 산출과 관련이 있다(Steve & Marie, 2009; 이희경, 이동귀, 2007 재인용). 이러한 가운데 현대의 심리학자들은 긍정적 정서의 잠재적인 기여에 대한 인식에 초점을 두고 있다(Fredricson, 2001; Salovey et al., 2000). 또한 이희경과 이동귀는 인간 연구를 통해 심리학에서 다루는 중요한 문제가 인간변화를 이해하는 것이며 특히 상담 심리학 또는 심리 치료에서 생활 적응상의 문제를 가진 내담자가 삶을 주체적으로 살기 위해 변화를 촉진하는 것이 중요하고, 따라서 긍정심리학이 가정, 학교, 직장, 지역 각 분야에 적용되어 효율적으로 기능하기 위해서는, 심리학의 경계를 넘어 관련 학문 분야와의 연계한 심층적인 인간에 대한 이해가 필요하다고 하였다. 그들은 인간연구 제13호를 통하여 긍정심리학의 필요성과 특징, 긍정심리학적 인간이해, 긍정심리학적 인간 변화 그리고 긍정심리학의 한국문화에서의 적용을 연구의 주제로 다룬 바 있다. 따라서 본 장에서는 이를 가족관계에 있어서 청소년 상담에 적용하여 보기로 하였다. 이에 따라 본 상담은 긍정심리학의 탐색적 논의를 바탕으로 청소년 대상의 긍정심리학 상담을 알아보고자 한다. 본 장에서는 상담자의 동의를 얻어 가명을 사용하였음을 밝혀 둔다.

본 장에서는 긍정심리학을 보다 잘 이해하기 다음과 같은 내용을 발췌하여 인용하고자 한다. 다음은 심리학자 셀리그먼(2002)의 글의 긍정심리학의 필요성과 특징에 관련한 인용문이다.

> 부정적인 감정과 경험들은 보다 더 급박하기 때문에 긍정적인 것들을 덮어 버리고 있을 수도 있다. 이것은 진화론적인 입장에서 보면 그럴 듯하다. 왜냐하면 부정적인 감정은 흔히 당장 급한 문제들 혹은 객관적으로 존재하는 위험을 반영하기 때문에 잠시 경계를 강화하고 우리 행동을 되돌아본 후 필요하다면 자신의 행동을 바꾸게 할 만큼 강력하기 때문이다. …… 그래서 어떤 측면에서는 심리학이 부정적인 측면에 초점을 맞추는 것은 부정적인 감정 대 긍정적인 감정의 생존 가치상의 차이를 반영하는 것일 수도 있다. 하지만 어쩌면 우리는 긍정적인 감정들이 너무나 중요하기 때문에 그 생존가치를 잘 잊어버리는지도 모른다. 마치 물고기가 자신이 헤엄치고 있는 물에 대해 의식하지 않는 것처럼, 우리도 어느 정도의 희망, 사랑, 기쁨, 그리고 믿음 등을 당연한 것으로 받아들인다.[1)]

1) Handbook of Positive Psychology(Snyder & Lopez, 2002), Seligman의 "positive psychology, positive prevention, and positive therapy" p.7을 이희경이 번역한 『긍정심리학 편람』(학지사).

셀리그먼과 칙센트미하이(2000)는 심리학의 치료의미를 삶의 전반에 적용하였다. 즉, 대부분의 사람들은 일생을 살며 한번은 역경을 겪을 수 있다(Ozer, Best, Lipsey & Weiss, 2003). 이동귀(2007)는 「변화와 강점중심 상담」이라는 심포지엄 발표에서 상담 장면에서 내담자의 변화를 가져오기 위해서 다음의 요소들을 제안했다: ① 개인의 강점이 변화 가능하고 또 발전 가능하다는 것을 신뢰해야 한다. ② 개인이 현재 겪고 있는 호소 문제에 대해 이전에는 어떻게 대처했는지를 알아보고 어떤 대처 방략이 효과가 있었는지, 또 어떤 방략은 효과가 없었는지를 이해해야 한다. ③ 개인이 비록 현재 생활상의 어려움을 겪고 있지만 그것을 견디고 성장하려고 노력하고 있음을 존중해야 한다. ④ 개인에게 없는 강점이나 자원을 인위적으로 제시하거나 설득하는 것은 바람직하지 않다. ⑤ 개인은 자기 자신 삶의 전문가(self-expert)이므로 그가 호소하는 문제를 잘 듣고 어려움을 이해해 주는 반응이 필요하다. ⑥ 삶을 영위해야 하는 것은 바로 그 개인 자신이므로 외부에서 어떤 점을 잘한다고 얘기해 주기보다는 그 사람 스스로 자신의 강점과 자원을 발견하도록 격려하는 것이 필요하다. ⑦ 긍정심리학적 개입은 단순한 긍정적 기분의 고양 이상을 요하므로 단순히 긍정적인 느낌의 수준을 넘어선 긍정적 체험이 될 수 있도록 돕는다. ⑧ 역경과 상실감 속에서도 개인 자신에게 의미 있는 삶의 의미를 발견할 수 있도록 격려한다(이동귀, 2007). 그리고 이성훈(2010)은 긍정심리치료에 근거한 집단 상담이 청소년의 자아 탄력성, 학교생활 적응력 및 심리적 안녕감에 효과가 있다고 하였다. 그는 중학교 3학년을 대상으로 프로그램의 효과를 검증하기 위해 8주 동안 90분씩 프로그램을 실시하여 상기의 효과를 증명하였다. 그의 연구 결과는 다음과 같다. 첫째, 긍정심리치료 프로그램에 참여한 중학생은 참여하지 않은 중학생들보다 자아탄력성이 유의미하게 향상되었다. 둘째, 긍정심리치료 프로그램에 참여한 중학생은 참여하지 않은 중학생들보다 학교생활적응력이 유의미하게 향상되었다. 셋째, 긍정심리치료 프로그램에 참여한 중학생은 참여하지 않은 중학생들보다 심리적 안녕감이 유의미하게 향상되었다(이성훈, 2010). 그 밖에는 다문화가정 모-자녀의 긍정심리성향 증진을 위한 긍정심리프로그램 개발(김은경, 2010)에서 긍정심리를 적용한 프로그램의 총 4단계의 프로그램을 진행하였으며 이들을 인터뷰하여 이들의 심리적 변화를 측정하였는데, 결론은 긍정심리를 이용한 프로그램을 통하여 어머니의 부정적 성향이 감소되었고 긍정적 요소가 강화되어 가족에 대한 긍정적 요소를 강화하는 데 도움이 되었으며, 다문화 아동의 긍정 성향에 유의미한 영향을 미치고 있음을 알 수 있었으며, 서로의 긍정적 정서교류와 만족스러운 일상생활에 도움이 되는 것으로 나타났다(김은경, 2010). 다음 〈표 1〉은 이에 따른 긍정심리학을 적용한 상담프로그램 설계의 회기별 계획표이다.

**표 1 상담 프로그램의 회기별 지침**

| 회기 | 도입: 긍정심리학 이론에 근거한 각 회기의 프로그램의 진행 사항 |
|---|---|
| | 청소년 긍정심리학 프로그램(1회기 당 소요시간 약 100분) |
| 제1주 (1회기) | 긍정심리학의 기원과 소개 - 긍정심리의 환경 및 일대기 분석 등의 사례 및 연구(Murray, 2003)의 소개 및 설문 사전 측정 |
| | 조화를 위한 긍정심리학의 다양한 척도를 활용한 내적자원 점검 및 해석: 일상 점검 및 몰입에 관한 체크 |
| | 자신의 일상생활 점검 일상적인 생활을 통한 패턴을 ESM(Experience Sampling Method)으로 분류 - 흘려 버리는 시간의 양과 질 등을 체크 |
| | 제2~4주 본론: 청소년 긍정심리학 상담 프로그램 |
| 제2주 (2회기) | 일상생활 가운데 긍정정서와 부정정서의 분류 및 이에 대한 대처법을 소개하고 이에 관한 청소년 자신의 일상생활과 연결하여 조망해 봄 |
| | 부정적 믿음을 탐색하고 문제를 다른 각도에서 해석하고 가능성 탐색 |
| | 인지 행동적 차원에서 행동교정에 대한 사고 훈련과정을 소개하고 연습 |
| 제3주 (3회기) | 다양한 감정을 분류하고 탐색하며, 청소년들은 감정 대비과정과 다양한 감정들에 대한 객관적 지식을 나누고 의미를 부여할 수 있도록 함 |
| | 긍정적인 청소년 발달을 중심한 강점과 몰입경험 나누기(PYD: positive youth development): '자신과의 대화노트' 만들기 |

| | |
|---|---|
| | 미래의 준비와 함께 우정, 자신의 직업에 대한 믿음과 그에 따른 준비과정의 이야기 나누기<br>– '친구들과 가족에게 지지와 격려편지' 보내기 |
| **제4주 (4회기)** | 일상을 통한 감사와 긍정에 관해 구체적으로 체크해 보기 |
| | '감사 헤아리기 연습과 경험의 표현' 및 그에 대한 동료와 발표시간 나누기 |
| | 그동안의 반추와 함께 가족과 친구 혹은 자신에게 감사의 표현하기 |
| [총괄] 제 5 주: 상담 프로그램의 적용에 따른 효과성 평가: 심층인터뷰 점검 및 자기 효능감 및 사회문제해결목록(SPSI)을 통한 측정 그리고 소감 나누기 | |

본 상담 프로그램의 효과성에 관한 측정 척도는 자기효능감척도(Tipton & Worthington) 및 사회문제해결목록(SPSI)을 통하여 살펴볼 것이다. 그리고 상담에 관한 질적 연구로 상담 프로그램 참여를 통한 심적 변화나 생활의 변화 정도를 인터뷰조사를 중심으로 심층 면접하고 그 과정을 중심으로 '문제청소년들의 마음의 변화과정에 대한 청소년들의 심적 변화과정을 관찰하고 알아가는 것'이 특징이라고 할 수 있다.[2)]

따라서 각각의 회기가 좀 더 효과적으로 진행되기 위해서는 좀 더 세부적인 진행에 대한 반영과 제작이 후속적으로 보완될 필요가 있으나, 이는 보다 다양한 현장을 통해 논의되어야 할 것이다. 이와 같이 긍정심리학의 특성을 협력하여 현장에 맞는 상담 프로그램으로 완성해 간다면 분명 지역사회 청소년들의 자아존중과 긍정적 정체감 회복에 귀중한 경험을 제공하는 의미 있는 활동으로 기능하게 될 것이다.

2) 자기 존중감은 인생의 전반에서 점차적으로 발달하나 학동기동안 현저하게 발달된다.: The antecedents of self-esteem. W.H. Freeman(1967).

## C. 긍정심리학을 적용한 상담의 요약록

| | |
|---|---|
| 제1회기 | 처음부터 깊이 질문하기보다는 일반적 진로 등에 관해 질문함 |
| | 목적의식이 분명해 보였고 나름대로 소신 있음을 발견함 |
| 제2회기 | 긍정심리학에 대한 전반적인 내용들을 좀 더 다루어 보는 시간 |
| | 다음 시간을 통해 일상생활과 정서체크 목적의식을 점검할 예정 |
| 제3회기 | 이때 의외로 할아버지에 관한 이야기가 깊이 있게 전개 되었음 |
| | 가계도를 다시 점검해 보며 K학생의 이야기를 경청하는 시간 |
| 제4회기 | K학생이 그동안 느낀 점과 하고 싶은 이야기를 중심으로 들음 |
| | K학생이 가족을 그렇게 중요시하는지 비로소 이야기를 하게 됨 |
| 제5회기 | 가족들의 관계에 대한 전반적 마무리와 이에 대한 다짐을 반추 |
| | 그동안의 일들을 통해 과거 현재의 생활을 되짚어 보고 미래 다짐 |

## D. 상담의 실제

첫 회기는 10월 12일 S대 J관 1층에서 이루어졌다. 우선 서로 간단한 자신에 대한 소개를 하고 상담을 하게 된 경위에 대해 간단히 이야기를 나눈 후에 시작했다. K학생은 자신이 어릴 때 운동을 시작했으며 중간에 슬럼프가 있어서 특례입학으로 G학과에 입학하게 되었다고 소개했다. 그리고 지금은 운동을 다시 시작하고 있으며 진로에 대한 고민을 하고 있다고 하였다.

### 〈1회기 상담 요약〉

K학생은 자기소개를 통하여 과거에 어려웠던 적과 고민한 것에 대해 많은 것을 생각하고 깨달은 경험이 있다고 하였다. 그리고 그것을 바탕으로 현재의 생활에 더 충실할 수 있게 되었다고 하여, 이를 중심으로 하여 K학생이 어떠한 부분에 관심과 몰입의 경험이 있는지 질문하였다. 그 결과 시간 할애에 있어 보다 목적의식이 필요함을 알 수 있었으며 이에 관하여 개입하였다. 다음은 K학생이 자신을 돌아본 내용이다.

**Q** (중략) K학생이 지금까지 자신의 진로에 대해서 이야기했는데, 그러니까 운동을 하다가 진학을 하고 다시 운동을 하게 되었는데 이렇게 진로를 돌아온 데 대해 좋은 점이 있었다고 생각하면 말해 줄 수 있을 것 같구나.

**A** 네, 여러 가지를 겪어 본 것 같아요. 무엇보다 다른 일들도 많이 접한 것이 좋은 것 같아요. 여기에 와서 좋은 친구들도 많이 만났거든요. 친구들과 좋은 추억을 많이 만들었고 그 점이 가장 좋은 것 같아요. 그리고 제가 한때 집안 사정이 안 좋게 되서 어려움도 겪어 보고 고생도 해 본 것이 인생에 많은 도움이 된 것 같아요.

**Q** 다른 일을 해 봤기 때문에 지금의 일이 더 소중하게 생각되기도 하는 것 같다. 그렇다면 인생에 있어서 우선순위에 대해서도 생각해 본 적 있었는지 궁금하구나.

**A** 네, 저는 가장 중요한 것을 꼽으라면 가장 먼저는 가족입니다. 어려운 일을 겪으면서 가족이 소중하다는 것을 알게 된 것 같아요. 그다음이 친구. 그다음이 직업과 일이라고 생각해요.

**Q** K학생은(진로에 관계된 일이나 공부하거나 운동할 때 등등) 일을 할 때 특히 몰입을 경험해 본 적은?

**A** 네, 저는 공부를 할 때와 제가 좋아하는 운동을 할 때와 많은 차이가 있어요. 학교의 사람들은 제가 성실하지 않다고 생각하는 친구도 많은데 운동을 하고 있는 저의 친구들은 오히려 제가 열심히 몰입하는 모습을 보면서 놀라는 적이 많이 있어요. 친구들의 평가도 많이 다른 것 같아요. 아무래도 좋아하는 일을 하니까 더 열심히 하게 되는 것 같아요. 친한 사람들은 '집중력'에 놀랄 정도예요. 제가 하고 싶은 일이 확고하니까 임하는 자세부터 다르게 되는 것 같아요.

⇒ 긍정심리학의 몰입에 대한 충분한 논의의 과정

**〈2회기 상담 요약〉**

첫 회기는 부담 없이 이러한 학교생활이나 자신의 생각, 미래에 대한 계획에 대한 질문으로 자연스럽게 진행되었고, K학생도 자신의 상황을 떠올리면서 차근차근 잘 대답하였다. 다음의 회기는 이후 수업시간의 이동과 시험 등의 일정이 겹쳐서 11월 9일에 이루어졌다.

**Q** 잘 지냈니. K학생이 저번 회기 때 대답을 잘해 줘서 오늘은 긍정심리에 관련한 부분을 중심으로 질문을 몇 가지 해 보려고 해. 우선, 저번 1회기에서는 일상의 우선순위에 대해 물어봤었는데, 이번에는 그러면 좀 더 구체적으로 일생생활을 통하여 무엇이 **행복의 요소**인지 한번 질문해 보도록 할게. 그러니까 일상생활 중의 다양한 감정과 자신의 성격의 장단점을 통해서 어떤 것이든 K학생에게 행복한 요소라고 생각되는지 이야기해 보자.

**A** 네, 예전에는 그것이 물질이라고 생각했었는데, 지금은 마음인 것 같아요. 행복의 요소는 화목이고 마음인 것 같아요.

**Q** 그럼 사람과 관계적인 측면을 중요시한다는 거구나.

**A** 네, 저는 집에서 엄마와 누나와 많은 이야기를 나누는 편이예요. 거기에서 어떤 도움을 받는 다기보다는 함께 이야기하면서 더 화목해지고 또 밖에서의 일도 잘 되는 것 같아요. 또 엄마가 많이 물어보시기도 하시구요. 그런데 이렇게 대화를 나누면서 행복에 대한 비율이 더 높아졌어요. 지금 한 70% 행복한 것 같아요. 나머지 30%는 독립(미래)에 대한 그러니까 경제에 대한 부분이구요. 대화를 나누면서 행복의 지수가 더 높아졌어요. 가족이 있어서 감사해요.

**Q** 그렇구나. 나머지 30%는 미래와 그리고 현재의 준비와 관련이 있다고 볼 수 있겠구나. 그렇다면 그것은(과거와) 현재와 미래와 관련이 있을 수 있을 것 같다. 그럼 혹시 자신의 장점과 단점에 대해서 말해 줄 수 있어?

**A** 네, 저의 장점은 정이 많다는 거예요. 그리고 의리가 있어요. 일단 사람을 좋아하게 되면 계산을 하지 않아요. 그리고 성실하구요. 우선 피해를 주는 것을 좋아하지 않기 때문에 맡은 일에 대해서 신경을 많이 쓰게 되구요. 그렇게 하니까 인정도 받고 더 잘 할 수 있는 것 같아요.

**Q** 그렇구나. 장점을 통해서 더 상황이 좋아진 예구나. 그런데 손해를 본 적도 있을 것 같은데?

**A** 네, 실망하게 되는 경우도 있어요. 왜냐하면 더 기대를 하게 되니까요. 하지만 예전에는 행복의 요소가 돈이라고 생각했었거든요. 돈이면 뭐든 다 할 수 있다고요. 하지만 돈으로도 살 수 없는 게 마음인 것 같아요.

**Q** 그래, 결국 사회생활이 관계적인 측면이 강하기 때문에 이런 자산들이 생활하는 데에 많은 도움이 될 것 같다. 그럼 단점은 뭐가 있을까?

**A** 저의 단점은 다혈질이라는 거예요. 싸우거나 할 때 기분이 나쁘면 화를 내서 관계가 틀어지기도 해서 결과까지 안 좋은 경우가 있었어요. 성격의 조절을 잘하지 못해서 그런 것 같아요.

**Q** 그렇구나. 후회를 하기도 했겠구나. 하지만 싸우고 나서 관계가 더 돈독해진 경우가 있을까?

**A** 네, 있었어요. 한 친구가 있었는데. 제가 한번 사람이 좋으면 잘 계산하는 성격이 아니라서 잘 대해 줬거든요. 만나면 항상 제가 사구요. 그런데 친구가 그걸 당연하게 생각하는 것 같았어요. 하루는 제가 정말 돈이 없어서 그 친구한테 계산하라고 했는데, 그 친구가 기분 나쁘게 받아들여서 싸운 적이 있었어요. 그 친구가 친구들 사이에서도 스트레스를 받을 만큼 잘 안내는 친구거든요. 그때 친구가 사과의 전화와 메시지를 많이 보내 왔는데도 한 달 정도 말을 안 하기도 했어요. 하지만 이후에 더욱 돈독해져서 그 친구가 잘 사기도 하고 그래요.

**Q** 다혈질이 나쁘기보다, 상황에 맞게, 정당하게 적절하게 자기주장을 하는 정도로 화를 내는 거라면 나쁘지는 않은 거라고 생각해. 그 밖에도 자신에 대해 생각해 본 것이 있었니?

**A** 제가 좀 시간 개념이 부족한 것 같아요. 빨리 가려고 하는데 도착시간에 맞추는 것에서 늘 조금씩 늦기도 하거든요. 성격적인 부분이 큰 것 같아요. 성격이 느긋해요. 성실하게 신경을 써야 하는 부분은 쓰지만 고쳐야 할 부분도 있는 것 같아요.

Q 무엇보다 K학생이 자신의 장점 혹은 단점에 대해서 잘 알고 있으니까, 사회생활을 통해서 적응하는 과정이 있을 거라고 생각한다. 그럼 혹, 상황이나 자신에 대해 불만을 가졌던 적이 있었는지 물어볼게. 어떤 것이든 괜찮으니, 혹시 불만을 가졌던 상황이 있었는지, 그것은 이 이후에 어떤 결과를 미쳤는지 떠오르는 것이 있으면 사례로 얘기해 줄 수 있을까?

A 네, 떠오르는 것이 하나 있어요. 제가 전에 말씀드렸던 것처럼 학교 수업에 그렇게 큰 기대를 하지 않았기 때문에, 그냥 출석 잘하고 시험을 보면 C학점 정도는 나올 수 있을 거라고 생각했었거든요. 그런데 한 교수님 수업에서 낙제점수를 받은 거예요. 그래서 교수님께 메일을 드린 적이 있었어요. 조금만 생각해 주시면 좋겠다고요. 당시에 제가 전에 받았던 수술의 부작용의 재수술도 있고 해서 수업에 충실하지 못했었다고 상황도 말씀드렸어요. 그런데 안 된다고 답을 주시는 거예요. 왜 열심히 하지 않고 타협을 하려고 하느냐 라고 말씀하셨죠. 그 이후에 저는 이전의 안일한 생각을 버리고 다음부터는 더 열심히 수업을 하게 되었어요.

Q 그렇다면 그것은 부정의 상황이 도움이 되어서 긍정의 상황으로 발전하게 된 경우라고 할 수 있겠구나.

A 네, 맞아요. 그 이후부터는 열심히 했어요. 그리고 또 다른 경우를 들 수 있는데요. 저희 집이 1~2년 전만 하더라도 집안 분위기가 안 좋아서 부정적이고 예민하고 마치 사춘기처럼 행동한 적이 있었거든요. 그때 주변에서 '안타깝다, 변한 것 같다.' 등등의 이야기를 많이 들었어요. 동네에서 싸우고 뭐든지 불만이었거든요. 그런데 어느 순간 깨달았어요. 문제는 상황이 아니라 저 자신이었다는 것을요. 그 이후로 좋아졌어요. 사물을 보는 것도 유해지고요. 사람들과의 관계도 다시 좋아졌어요.

Q 그러니까 K학생의 말은 부정과 긍정을 이분적으로 보지는 않고 부정적인 상황도 결국은 미래의 긍정적인 상황에 도움이 될 수 있다는 것을 말하고 있는 것 같다.

**A** 네, 그런 경험을 통해, 저의 성격의 어떤 점을 고쳐야 하는지 알게 되었고 상황이 더 나아졌어요.

**Q** 그래, 사람에 따라서는 안 좋은 상황을 오래 끌고 가는 경우도 많은데 K학생은 그런 시기가 길지 않아서 오히려 도움이 된 것 같구나. 그럼 좀 더 다양하게 질문해 보도록 할게. 이번에는 좀 전에 K학생의 장단점 등을 다뤄 본 것에서 좀 더 나아가서 질문을 해 볼게. 그러니까, 사회나 상황에 대해서 자신의 단점에 관하여 마음이나 행동패턴을 바꿔 보려고 노력한 적이 있었는지 궁금하다.

**A** 네, 저의 단점은 낯을 가린다는 거예요. 운동하거나 아르바이트를 할 때 사람들에게 빈말을 잘 못하고 무뚝뚝할 때가 많아요. 하지만 앞으로 사람들에 대한 사교와 응대성에 대해서 좀 바꾸려고 하고 있어요. 제가 소극적이기도 하지만 사람들이 모인 자리에서 그러니까 장기자랑 같은 상황에서는 주저하는 게 싫고, 남자가 우물쭈물한다는 말을 듣는 것이 싫어서 춤도 추고 적극적으로 나서기도 하거든요. 아마도 그런 경우가 제가 저의 행동이나 마음을 바꾸려고 하는 경우일 거예요.

**Q** 그래. K학생이 가지고 있는 장점과 단점은 사회생활을 하면서, 부분으로 보기보다는 총체적인 범위에서 더 긍정적으로도 바뀔 수 있을 것 같은 생각이 든다. 다음 시간에는 좀 더 편안하게 고민이나 혹은 다른 질문들에 대해서 함께 이야기 나눠 보도록 하자. 그럼 오늘 수업 잘하고 다음 주에 보자.

이상과 같이 K학생과 함께 2회기의 이야기를 나누었는데, 다음 3회기에는 좀 더 편안하게 K학생 중심의 이야기를 경청하고 내담자 중심의 이야기를 나누어 보고자 한다. 하지만 상담을 하는 과정에서 주관적인 평가가 되지 않도록 좀 더 개별성을 인정하고 좀 더 자유롭게 이야기할 수 있도록 해야 할 것 같다는 판단으로 제3회기는 보다 자유롭게 자신의 이야기를 풀어 놓도록 하였다.

⇒ 긍정심리학의 자신의 일상 반추와 긍정/부정 정서의 영향력 탐색

**〈3회기 상담 요약〉**

3회기는 간단한 안부인사와 함께 약속대로 간단한 체크리스트를 작성해 보며 그에 대한 간단한 코멘트를 하였다. 그리고 용서라는 부분에서 K학생의 내면생활과 이야기를 들어볼 수 있게 되었다. 이것은 긍정심리에서 중요하게 다루고 있는 개념이다. 또한 중간점검에 대한 이야기를 나누었는데, K학생은 이를 통해서 행복은 큰 것이 아니며 사소한 것 그리고 현실에 감사하고 항상 즐겁고 긍정적으로 생각하기 그리고 주변사람이나 대인관계에서 감사하는 마음을 더 새롭게 하는 것이 '행복을 위한 연습 중 자신이 중요하게 생각하는 부분'이라고 답하기도 했다.

**Q** 자, 오늘은 좀 더 편하게 K학생의 이야기를 들어보려고 해. 여러 가지 질문을 던진 것 같아서. 하지만 K학생이 잘 응답해 줘서 정말 고마워. 먼저 전에 얘기했던, K학생의 표현 중 '달리고 싶다'에 대한 이야기를 나누어 볼까 하는데, 달리고 싶다에 대한 특별한 생각이라도 있었니?

**A** 네, 그건 사실 특별한 의미가 있다기보다는 제가 스트레스를 푸는 방법에 관련한 이야기였는데요. 저는 빠르게 달리는 것을 좋아해요. 달리는 시간 동안 음악을 크게 듣거나 혼자 있는 시간이 너무 좋고 행복하거든요. 그것은 저만의 스트레스를 다루는 법이기도 해요. 그렇게 달리고 나면 스트레스가 풀려요.

**Q** 그 말의 의미가 이해가 간다. 그러니까 나를 위해 쓰는 시간으로 '달리는 시간'을 갖는 거로구나. 나는 K학생에 대한 목적의식과 그를 향해 달리고 싶다는, 다시 말해 정체된 것을 벗고 미래를 향한 어떤 활동을 하고 싶다는 의지를 말하는 것인 줄 알았다. 사실 시간의 질을 생각해 보면, 무심코 버리는 시간, 다른 사람들과 공유하는 시간, 내가 나의 비전을

가지고 정진하는 시간, 혹은 좋아서 몰입하는 시간 등 하루의 시간들이 다양하게 쓰여지고 있다. 시간을 좀 더 유용한 활동에 쓴다면 어떤 것이 있을까? 하는... 고민을 하기도 하지. 왜냐하면 시간의 쓰임이란 결국 자신의 하루이고, 그런 하루하루들이 모여서 나의 인생을 만들테니까 그것을 고민해 본다는 뜻이다. 조금이라도 의식하고 생각하고 의미 있는 시간들이 되어야겠다는 생각이 문득 들기도 했었다. 하지만 달리는 것도 여러 가지 역할을 할 수도 있겠다는 생각이 드는구나. 그 시간을 통해 마음의 정리를 하면서 자신과의 만남을 갖는 자기만의 시간이라면 의미가 있을 것 같다. 그러면 이제 내가 하루 일상 중에서 만족하는 부분, 추가되어야 하는 부분, 고쳐야 하는 부분 그리고 앞으로의 목표 등에 대해 좀 더 이야기를 나누어 보기로 하자. 먼저 나의 일상은 어떻게 구성되어 있지?

**A** 저의 일상은 복잡하지는 않아요. 주중에는 주로 학교 시간표를 중심으로 움직이고 있구요. 주말에는 규칙적인 편인데요. 주로 아침 7시에 기상해서 9시까지는 집에서 런닝 및 웨이트 트레이닝을 해요. 그리고 운동장에 가서 3시간 정도 연습을 하구요. 점심식사를 한 후에 라운딩을 하는데, 저녁 5~6시까지 정도 하고 있어요. 사실 힘든 때도 있고, 다른 또래와 어울리고 싶은 생각도 있지만 예전에 그런 생각으로 그만둔 적이 있었고 그때 실패했었기 때문에 지금 또 그러고 싶지는 않아요. 그래서 이렇게 '먼저 이루고 싶다'는 생각으로 하고 있어요. 저에게는 이것이 자연스러운 일이예요. 사실 고등학교 때 힘들지만 되돌이켜 보면 그때가 그립잖아요. 그래서 저는 지금의 시간을 즐기려고 하고 있어요. 또 운동이 저에게 중요하고 삶의 기쁨이기도 하니까, 지금은 몰입하고 그게 맞는 것 같아요. 예전엔 남들이 취미생활을 즐기는 것이 마냥 부러웠고 하루 온종일 연습하려면 힘들지만 자격증을 따려는 꿈이 있고, 목표의식을 가지니까 오히려 떳떳한 것 같아요. 그리고 그렇게 되고 싶구요. 저는 자격증을 따는 것이 그렇게 어려운 일은 아니라고 생각하고 어느 정도의 목표를 가진 것에 대해 좋게 생각하고 있고 지금 잘 해내고 있다는 생각이 들어요. 하지만 혼자만의 많은 연습과 트레이닝이 필요한 시간이기 때문에 힘든 것은 사실입니다. 좋아하는 것을 하는 것이기 때문에 힘들다고 말할 수도 없지만요. 남들보다 부지런해야 하고 새벽에 일찍 일어나 웨이팅하는 것, 이런 체력적 운동과 진로가 고민이니까 걱정이 많기도 해요. 하지만 준비기간은 준비기간으로써 의미가 있으니까 오로지 연습뿐이라고 스스로에게 이야기하고 있어요.

**Q** 그만큼 열심히 하고 있다는 반증이기도 한 것 같다. 누구를 막론하고 자신의 꿈을 위해서 몰입하고 정진하는 시간이 필요한 것 같다. 그를 통해서 자신의 정체성도 만들어지고 자신의 인생의 소중함도 느끼게 되는 것 같고. 자신이 하고 싶은 일을 향해 가고 시간을 아끼고 잘 투자해서 그를 통해 무언가 만들어 가고 있다는 그 과정이 소중한 것 같다. 하지만 하루를 돌아보고 점검하는 시간이 중요할 것 같은데 K학생은 만족하고 잘하고 있는 시간과 고치거나 개선하고 싶은 시간을 나누어 본다면 각각 어떤 시간이라고 생각하나?

**A** 네, 저는 우선 진로가 정해져 있다는 것으로 불확실함, 즉 '뭘 해야 하지?' 이런 시간이 없다는 것에 만족하고 있어요. 주로 연습을 열심히 하고 있으니까요. 하지만 고치거나 개선하고 싶은 것은 지식적인 부분이 아닌가 생각해요. 너무 한 가지에 집착해서는 안 되고 학교생활이나 학업도 중요하게 생각해야 할 것 같아요. 그리고 고쳐야 할 부분은, 일상생활에서 너무 만족하거나 환경의 여유가 많을 때는 운동을 더 안하게 되는 경우도 있는 것 같아요. 어쨌거나 저는 운동이 안 되면 기분이 안 좋고 컨트롤이 안 되는 편이예요. 예전엔 실패했고 또 그런 기억들에 집착하기도 했었는데 지금은 안 좋은 것들은 잊어버리고 기분 좋은 생각들을 하려고 하고 있어요. 그것이 제가 개선하고자 하는 것이예요. 그래서 지금의 조금 안정되지 않은 환경도 저의 운동에는 도움이 된다고 생각해요. 사실 남들이 생각하는 것처럼 제가 부유하지는 않거든요. 하지만 요즘 너무 불안과 스트레스를 경험하고 있어요. 졸업은 할 수 있을지, 과제와 졸업시험 때문에 마치 수능 전과 같은 기분을 맛보고 있어요. 아니 그때보다 더한 기분이예요. 그에 대한 비법이 있다기보다는 하나씩 통과하겠다. 이것만은 반드시 알아 두자는 마음으로 공부하고 있어요. 하지만 너무 틀에 갇혀 있는 것이 힘들어요.

**Q** 사실 힘들기는 하지만 노력하는 그 모습이 참 보기 좋기는 하다. 누구나 과정을 통해 자신을 검증하고 과정의 하나로써 준비하는 시간이 있잖아. K학생은 실패를 통해서 이제 노력이 필요하다는 것도 알고 있고 또 시간을 헛되이 쓰지 않아야 한다는 생각도 가지고 있어서 그것을 실생활로 옮기려고 하는 것 같아. 고등학교나 대학교 학생의 시기는 고민도 많이 하고 또 학업도 병행해야 해서 쉬운 시기만은 아닌 것 같아. 하지만 돌아보면 아마 가장 가치 있고 귀중한 시간이었다고 생각하게 될 거라 생각해. 열심히 하면 좋은 결과가

있을 거야. 목표를 향해 가는 것 혹 그 시간이 뛰어나지는 않더라도 알차게 일관성 있게 채워진다면 그 과정을 되돌아볼 때 많이 보람 있을 거라고 생각해. 그런 면에서 K학생이 잘하고 있는 거라고 생각이 든다.

**A** 네, 저도 그렇게 생각해요. 실패의 경험이 있기 때문에 다시 돌이키고 싶지 않아서 열심히 하고 있어요.

**Q** 그럼 우리 중간점검 좀 해 보자. 그동안 시험을 치르느라 수고했는데, 간단히 떠오르는 것을 중심으로 간단히 체크해 보기로 하자.

본 체크리스트는 한국판 향유신념에 관한 설문문항을 인용한 것으로 20문항으로 이루어진 것이며 그 문항은 다음과 같고 이에 대한 강도가 높을수록 1~5 사이의 점수를 부여하도록 하였다. 그것은 다음과 같으며 괄호 안에 상담학생의 점수를 기록하였다.

1. 나는 과거의 행복했던 기억들을 떠올리면 즐겁다(5)
2. 재미있는 경험을 하게 되면 나는 나중에 다시 떠올릴 수 있도록 잘 기억해 두곤 한다.(5)
3. 나는 과거의 즐거웠던 일들을 회상하면서 나의 기분을 즐겁게 만들 수 있다.(3)
4. 즐거웠던 기억을 통해서 나는 그때의 즐거움을 쉽게 다시 느낄 수 있다.(3)
5. 좋은 일이 있었더라도 나는 그런 일들을 되돌아보는 것을 좋아하지 않는다.(2)
6. 일단 즐거운 일들이 지나가고 나면 다시 그 일에 대해 생각하지 않는 것이 최선이다.(1)
7. 즐거운 일들에 대해 회상하면 나는 종종 슬퍼지거나 낙담하게 되곤 한다.(1)
8. 행복한 순간에도 나는 그 기쁨을 잘 느끼지 못하는 것 같다.(1)
9. 나는 행복한 시간을 최대로 즐긴다.(4)
10. 어떤 일에서 남들이 그렇듯 당연히 느껴야 하는 즐거움을 충분히 즐기지 못한다.(1)
11. 나는 내가 경험하는 즐거운 일들을 충분히 즐길 수 있다.(4)
12. 나는 즐거움을 느낄 수 있는 경우에도 좀처럼 즐거움을 느끼지 못한다.(1)
13. 내가 원할 때 시간을 즐겁게 보내는 일은 나에게는 쉬운 일이다.(2)
14. 나는 좋은 기분을 오래 유지하기 어렵다.(1)

15. 좋은 일이 생긴 경우 어떤 생각이나 행동을 함으로써 그 즐거움을 좀 더 오래 유지할 수 있다.(4)
16. 나는 좋은 일이 있을 것으로 예상되더라도 실제로 그 일이 일어나기 전까지는 너무 기대하지 않는다.(5)
17. 좋은 일이 일어날 것으로 예상될 때 나는 그 일을 기대하며 즐겁다.(4)
18. 나는 곧 일어날 좋은 일에 대해 상상하면 기분이 좋아진다.(4)
19. 즐거운 일들이 일어나기 전에 미리 그 생각을 하면 종종 마음이 불안해진다.(1)
20. 내 생각에 어떤 즐거운 일들이 생길 것이라고 상상하면 기분이 좋아진다.(1)

**Q** K학생이 체크한 것을 보니 대체적으로 긍정적인 정서를 가진 것으로 보여지는데, 특히 과거의 행복했던 기억들을 떠올리면서 '즐긴다' 혹은 재미있는 경험을 하게 되면 나중에 다시 떠올릴 수 있도록 잘 기억해 둔다 하는 것들은 최고수준의 점수로 체크하기도 하고 참 인상 깊은 것 같다. 그런데 과거의 일을 떠올리면서 기분을 다시 좋게 할 수 있다의 점수는 4점에서 다시 3점으로 재정정을 했는데, 혹시 용서하기 힘들었거나 했던 기억이 있었는지 궁금하다

**A** 네, 있었어요. 얘기하자면 좀 긴데요. 친할아버지와의 관계에 관한 부분입니다. 저희 집이 정말 어려웠거든요. 그런데 작년 거의 10년만에 제가 거의 가장의 입장으로 할아버지를 찾아간 적이 있었어요. 그때 아버지는 해외에 계셨고 제가 거의 가장과 같은 입장이어서 저희가 너무 힘이 드니 조금 도와달라고 도움을 요청한 거였는데, 할아버지는 성남 맨 꼭대기에 아주 허름한 집을 얻어 주시며 거기서 살라고 하시는 거예요. 사실 할아버지는 그렇게 능력이 없으신 분이 아니셨거든요. 그래서 제가 압구정동에서 아르바이트를 할 때 아이들이 외제차를 가지고 다니면 왜 나는 저런 애들보다 못할 것이 없는데 나는 그들과 같지 않은가 하는 생각을 한 적도 있었어요. 할아버지는 그동안 왕래가 없기는 했지만 그래도 10년 만에 너무 힘든 상황에서 찾아간 손자를 너는 내 손자가 아니라고 하셨죠. 그때 제가 가장의 입장이어서 할아버지가 거절하셔도 저는 할아버지의 손자입니다 하면서 계속 찾아갔거든요. 아버지도 해외에 계셨고 우리

집의 가장의 입장이라는 생각으로 절박한 입장이었거든요. 그런데 그만큼 능력을 가지고 계시면서도 너는 내 손자가 아니라고 하시는 말씀에 많은 상처를 입었었고 용서하기 힘들었어요. 그때 생각했어요. '돈은 많지만 사람의 마음을 얻을 수는 없구나'라고요. 물론 아버지가 할아버지를 많이 의지하기도 했지만 정말 열심히 사셨거든요. 그리고 저희도 오랫동안 힘들게 살았구요. 그때 제가 생각했던 가족의 기준과는 맞지 않았어요. 따뜻하고 정이 있는 게 가족인데 할아버지는 무뚜뚝하시고 이때의 경험이 저는 참 용서하기 힘들었던 경험이었어요. 남들은 저를 부자로 보지만 사실 다 예전에 쓰던 거고 지금은 껍데기뿐이예요. 하지만 지금은 현재에 만족하고 크게 욕심부리지 않고 성실하게 살려고 노력하고 있어요.

〈중략〉

**Q** K학생이야말로 의미 있게 잘 사는 법에 대해 누구보다 많은 고민이 있어야 할 것 같다. 또 세상에 물들고 따라가지 않고 의미 있는 생각들을 잘 지켜 가는 것도 중요할 것 같다. 지금은 많은 것들을 준비해 가는 시기야. 또 할아버지와 자신과의 문제도 다시 한번 깊이 잘 생각해 보아야 할 것 같다. 나와 생각이 다르다고 무조건 몰아붙일 수는 없는 거 같다. 그동안에 많은 도움을 주셨다고 했고. K학생도 어린아이가 아니니 한편으로 할아버지의 입장도 더 깊은 마음으로 헤아려드릴 수도 있어야 할 것 같아. 그리고 K학생이 어떤 점은 좋지 않으니 이런 점은 나라면 고치겠다는 점도 있을 것 같은데, 그 점은 차차 깊게 생각해 보기로 하자.

**A** 네, 저도 그렇게 생각하려고 노력하고 있어요.

⇒ 긍정심리 중 체크리스트와 일상생활의 반추 활동

**〈4회기 상담 요약〉**

이때는 상담자 역시 좀 더 여유를 가지고 편안하게 K학생을 대할 수 있었다. 이번 시간에는 꼭 긍정심리학의 정형화된 방식으로 이끌어 가기보다는 긍정심리학을 배경으로 K학생의 좀 더 하고 싶었던 이야기를 듣는 시간으로 잡고 마음의 여유를 갖었다. 그리고 상담에 관한 중간점검의 시간을 갖었다.

**Q** (중략) K학생이 그동안 얘기를 잘해 줘서 그동안 상담이 잘 진행되었던 것 같은데 오늘은 그동안의 느낌에 대해 물어볼게.

**A** 저는 상담에서 편하게 대해 주신 것이 좋았어요. 또 안에 있는 말을 한 것이 시원하구요. 원래 이런 말 하는 것(가족이야기) 그렇게 좋아하지는 않거든요. 부끄럽기도 하고요. 하지만 상담을 통해서 다시 생각하게 되어서 그 점이 좋았어요.

**Q** 다행이구나. 그런데 상담을 통해 하지 않은 얘기라든지 할 것이라고 기대했던 이야기라든지 그런 얘기도 있을 것 같다.

**A** 네, 다른 이야기들은 충분히 했던 것 같구요. 저의 가족 이야기는 많이 안한 것 같아요. 가족관계는 아버지의 사업의 실패로 가족들이 많은 경험을 했어요. 힘들어져서 모두들 예민해졌던 것 같아요. 저의 경우는 처음에는 그렇게 어렵게 자라지는 않았었기 때문에 20대 초반에 어려워진 상황을 어떻게 받아들여야 할지 모르겠더라구요. 그동안은 가족이 다 밀어 주니까 자립심이 약하고 의지심이 높았어요. 그래서 어려운 일이 있을 때 정말 힘들었어요. 다른 아이들이 부러웠어요.

**Q** 하지만 어떤 면에서는 이미 정체감 등이 형성되고 어느 정도는 성인이 된 뒤라서 타격이 좀 덜하지는 않았었을지 생각해 보자.

**A** 저의 경우는 그렇지는 않았어요. 오히려 다른 애들이 어릴 때부터 독립심이 어느 정도 있는 것을 부러워했었구요. 어려워진 상황을 받아들이기가 쉽지는 않았어요. 예를 들어서, 자다가도 벌떡 일어나서 지금의 상황이 믿어지지 않는다거나 누군가 벨을 누르면 놀라서 일어난다던가 하는 것들이요. 되돌아보면 그렇지만 그때는 벨을 누르고 전화가 오면 정말 불안했어요. 처음에 가정이 어렵고 ...어느 날 벨이 울려서 보니까 경찰이 있는 거예요. 벨을 누르고 나서 문을 열어 주지 않으니까 문을 따고 들어왔어요. 그 때 빨간 딱지를 방에 와서 전체 다 저의 물건에도 붙이고 갔어요. 그때에도 엄마가 식당일도 하셨어요... 그런데 어머니도 식당일을 하시는데 할아버지는 아주 조금씩만 상황을 겨우 면할 정도로만 도와주셨거든요. 만일 그때 진심으로 대해 주시고 도와주셨다면 할아버지와의 관계가 지금 같지는 않았을 거라고 생각했어요.

**Q** 할아버지 자신도 평생을 그렇게 아끼며 살아오셨기 때문에 자식들이 좀 더 검소하고 생활력 있게 자립하기를 바라시는 면도 없지는 않으실 거야. 또 어느 면에서는 그에 대해 나름의 생각을 가지시면서 관리를 잘해 오신 것도 있을 거야. 어떤 할아버지는 정서적인 면에 굉장히 강점을 가지신 반면 K학생의 할아버지는 생활의 근면과 자립과 같은 면에서 강한 철학을 가지고 계신 거라고 볼 수도 있겠지. 할아버지 성격에서 나오는 일이기도 하지만 그리고 물론 쉽지는 않겠지만 이런저런 것들을 모두 내려놓고 할아버지와 손자의 관계에서 이야기를 나누는 것도 필요할 거야. 그동안 커뮤니케이션이 매끄럽지는 않았지만 물론 좋고 순수한 시각으로 보여지지는 않는다고 해도, 할아버지는 내가 어떤 손자가 되었으면 좋겠는지 혹은 어떤 할아버지로 기억되었으면 좋겠는지, 또는 할아버지의 성장과정에 대한 이야기도 들어보면서, 이야기를 나눠 보는 것이 좋겠다. 그리고 지금의 현실에 관한 근황 등 하고 싶은 이야기들을 좀 여유를 가지고 나누어 보는 것은 필요해. 그런 시간을 함께 나누고 좋은 기억을 나누기에 너무 늦지 않은 때에 말이야. 할아버지가 받아들이지 않으시는 것 같아도 너의 말을 기억하시고 회상하시게 될 거라고 생각해. 그동안 서운한 것이 많았지만 말이야.

**A** 네, 선생님 말씀도 맞는 것 같아요. 하지만 그때는 눈물 흘리면서 말씀드려도 월세를 재계약할 때마다 말씀드려야 하는 것이 많이 서운했었어요. 특히 기억에 남는 사건이 있었는데요. 제가 아르바이트를 할 때 관리할아버지께서 손자가 온다고 반가워하시며 캔디를 챙겨서 가시더라구요. 그때 눈물을 흘린 적이 있었어요. 그때 제가 생각한 가정이 바로 이런 것이었다는 생각이 들고 돈도 다 필요 없다는 마음이 들었어요. 관계가 안 좋아진 것이 바로 이런 마음에서 우러나오는 관계가 아니었기 때문이라고 생각해서 한 번이라도 진심으로 대해 주셨으면 좋겠다는 생각이 들었었어요. 아버지와의 관계는 아버지와의 관계이고 저는 할아버지의 하나뿐이 없는 손자이잖아요. 손자는 저 혼자거든요. 어떤 진심의 마음으로 생각해 주시지 않는 것 같아서 서운했어요. 하지만 선생님의 말씀도 맞는 말씀이신 것 같아요. 차츰 더 그에 대해서 생각해 봐야 할 것 같아요.

**Q** 그래. 그러는 것이 좋겠구나. 그러면 아버지와 누나 그리고 엄마에 대한 이야기도 좀 할 수 있을까?

**A** 네. 아버지는 무서웠어요. 좀 다혈질이시죠. 아버지와 누나가 성격이 잘 맞아요. 둘 다 O형이예요. 저와 엄마는 A형이구요. 그래서 이렇게 서로 나뉘기도 했어요. 아버지는 예의를 중요하게 생각하세요. 어릴 때 밥을 먹으며 햄을 가지고 싸우거나 하면 정말 많이 혼이 났었어요. 또 벌도 많이 받았구요. 밥 한 톨이라도 남기면 안 되는 습관이 아버지 덕분인 것 같아요. 제가 예의를 잘 지키게 된 것도요. 그래서 기를 못 펴기도 하는 면이 있기도 하는 것 같아요. 하지만 아버지와의 추억은 많아요. 저희들에게 추억을 만들어 주시려고 방학이면 가까운 동남아나 청개천 이런 곳에 많이 놀러가곤 했어요. 저희는 명절이면 도깨비시장 같은 곳에 가는데... 아버지는 거기에서 전축이나 음반 이런 옛날 물건들을 사시는 것을 좋아하셨어요. 그리고 거기에서 천 원짜리 국수를 사 주시며 옛날의 추억을 떠올리고 대학로의 연극들을 보기도 했어요.

**Q** 그렇다면 아버지와 나눌 말도 많을 것 같다.

**A** 네, 저도 그런 것 같아요. 어릴 때는 아버지가 어렵기만 했는데, 지금은 새로운 모습을 많이 발견하는 것 같아요. 지금도 3개월에 한 번쯤 한국에 오시는데 그럴 때 술도 사 주시고 위로도 해 주시고 하세요. 누나의 말로는 아버지가 개방적이시라고 하더라고요. 보수적이라 생각했는데, 청바지를 입으시거나 초등학교 때 거리에서 최신곡인 노래가 나오면 그 노래를 들으시며 즐거워하기도 하셨대요. 아버지가 예전엔 무뚜뚝하다고 생각했는데 지금은 '걱정마라' 이렇게 저를 위로해 주세요. 하지만 그렇게 존경하고 있지는 않아요. 왜냐하면 아버지의 어느 정도 허세와 같이 남들에게 보여지는 모습 때문에 저희 집이 어려워진 것도 있다고 생각하거든요. 사업을 확장할 때 고급차를 산다든지 열심히 모으는 것이 아니라 먼저 누리고 그런 면이 있었던 것 같아요.

**Q** 그랬구나. 그런 갈등도 있었겠구나. 하지만 누구든지 모든 모습이 옳고 모든 모습이 그르다고 할 수는 없는 것 같다. 그렇지? 그리고 아버지도 허전함과 남모를 상실감 같은 것이 있으셨다고 생각한다. K학생과 아버지와의 대화도 많이 필요할 것 같다. 아마 어릴 때 생각했던 아빠와는 다른 많은 모습들을 발견할 수 있을 거고 좀 더 이해하게 될 것이라고 생각해.

**A** 엄마는 존경스러우세요. 효도를 진심으로 해야겠다는 마음이 들어요. 월세를 65~70만 원 정도 낼 때 엄마는 식당에서 일을 하시면서도 자식의 기가 죽지 않게 해 주시려고 애쓰셨어요. 12시간씩 일을 하시면서도 말이예요. 그래서 엄마가 많이 존경스러워요. 그런데 누나는 좀 달랐어요. 누나와 20세까지는 사이가 좋지 않았어요. 누나도 아버지처럼 금전에 대한 개념이 없어요. 엄마가 일하시고 월세를 내면서 살 때에도 카드로 고급 옷을 사곤 했어요. 그러면 아버지가 갚아 주시곤 했는데 동생인 저는 배울 것이 없다고 생각해서 1년간 말을 하지 않은 적도 있었어요.

**Q** 그렇구나. K학생의 입장에서는 그렇게 생각할 수도 있지. 그런데 누나도 한편으로는 K학생이 그렇게 무시하는 마음에 상처를 받기도 했었을 거야. 그리고 누나도 남자 친구를 만나고 할 사춘기이니까 그랬었겠지. 결국 누나도 학생이고 다른 학생들처럼 지내고 싶었을 거라고 이해할 수 있겠구나.

**A** 네, 누나 성격이 밝고 잘 어울리고 저와는 조금 달라요. 그 이후에 누나가 결혼하고 일을 하고 그런 다음부터는 알뜰하게 바뀌었어요. 지금은 쓰고 싶은 것도 못 쓰고 하니까 오히려 안타깝기도 해요. 그리고 서로 힘들고 어렵다 보니까 서로 똘똘 뭉치게 되기도 한 것 같아요. 누나가 결혼하기 전에 어려운 이야기하며 함께 눈물 흘린 적도 있어요. 지금은 동대문 같은 곳에 함께 쇼핑을 가기도 하구요. 남들이 그런 것 부러워해요. 지금은 누나가 존경스러워요. 예전엔 친하지 않았지만 어려워지면서 친하게 된 것 같아요. 그리고 이런 어려운 일들을 겪었기 때문에 저는 나중에도 그렇게 낭비하면서 살지는 않을 거라 생각해요 지금은 어느 정도 자신도 생겼습니다.

**Q** 그래. 다행이다. 어려운 생활이 인생에서 주는 교훈도 큰 거라고 생각해. 부유해서 얻을 수 있는 것이 뭐라고 생각할 수 있을까? 할 수 있는 것을 좀 더 용이하게 할 수 있기는 하지만 그 범위는 어느 정도 한정된 것들이야. 어떤 것들을 해 보고 싶다거나 사고 싶다거나 혹은 여행을 하겠다거나. 하지만 어려울 때 함께한 그 진심의 순수한 마음은 어려울 때 서로를 위하는 그 마음만큼은 못 따라가고 좀 덜 하기도 한 것 같아. 또 어려워 보지 않으면 그런 사람들의 마음을 이해할 수도 없겠지. 이제 K학생은 전처럼 어리지도 않고 더 많이 자랐다고 생각해. 아마 할아버지와의 관계 역시 어릴 때 생각했던 그 마음과는 앞으로 생각하는 것도 받아들이는 것도 많이 다를 수 있을 거야. 그리고 할아버지의 입장을 이해하는 때도 오겠지. 하지만 할아버지와의 관계를 되돌릴 수 없다면 그건 불행한 기억일 수 있어. 그래서 할아버지와 잘 지낼 수 있도록 K학생의 마음을 잘 이야기할 수 있었으면 좋겠다. 할아버지는 K학생과 성장배경도 다르고 또 할아버지의 생각을 서로 나누어 말한 적도 없을 테니 그런 시간을 갖는 것을 너무 두렵게 생각하지 말고 편하게 이야기를 나누어 볼 필요도 있을 것 같아. 그러면서 너의 가치와 포부 그리고 믿음 그런 것들을 나누어 보면 아마 서로 추억에 남는 좋은 시간이 될 거야. 잠시만이라도 그런 시간을 갖는다면 아마 K학생과 할아버지의 마음의 짐을 어느 정도 덜 수 있는 무엇보다 귀한 시간이 되겠지. 그리고 할아버지의 또 다른 면을 발견하고 자랑스러워하는 시간을 갖을 수도 있어. 일방적인 가치판단은 결국 K학생의 입장에서도 할아버지를 존중해 드리지 않는 것일 수도 있어. K학생도 나중에 다른 사람으로부터 할아버지에게 느꼈던 그런 말을 역으로 들을 수도 있다. 입장이란 바로 그런 것 같다. 그리고 K학생의 말대로 아버지와 입장

이 동일하지는 않을 것이니 이런 이야기들을 차분하게 나누어 보는 것도 좋을 것 같다. 가족의 가치를 놓고 봄날의 공원 같은 곳을 함께 산책하면서 할아버지와의 시간을 공유해 봤으면 좋겠어. 사실 K학생이 10살 이후로는 서로 만난 일도 많지 않았을테니, 할아버지에게도 손자를 만날 수 있는 기회가 없었던 거겠구나. 아마 할아버지의 어려웠던 시절이나 어린 시절 혹은 인생의 이야기를 들으며 지금처럼 미움보다는 좀 더 다르게 서로를 알아가고 기억하게 되는 시간이 될 거야. 그리고 그것은 K학생과 할아버지 모두에게 중요한 시간이 될 거야. 저번에 이야기를 못한 것 같아서 지금 좀 이야기를 해 보는 거야.

⇒ **관계성, 고민에 대한 긍정심리학적 접근 및 재해석**

**〈5회기 상담 요약〉**

오늘은 그동안의 상담을 마무리하면서 가족과 자신에게 카드를 써 보는 시간을 갖었다. 다음은 K학생이 상담을 마치며 가족들에게 쓴 카드의 내용이다.

〈중략〉

| 엄마께 |
|---|
| 엄마. 안녕. 군대시절 이후로 이렇게 편지를 쓰는 건 처음이네... 엄청 쑥스러워요. 요즈음 많이 힘들지. 가게 운영하느라 고생이 많네... 그래도 우리가 착하게 살아서 하늘이 도와주는 것 같아. 점점 좋아질 거라 믿어. 그러니 우리 모두 힘들어도 성공하기 위해 겪어 가는 고생의 과정이라 생각하고 이 힘든 순간을 즐기며 이겨 내자!<br>그래도 요즈음 예전과 다르게 엄마가 잘 웃고 여유를 찾아가는 것 같아서 너무 보기 좋다.<br>내가 아빠 몫까지 해서 듬직한 아들 튼튼한 가장의 역할을 할게요.<br>엄마는 나 믿고 아프지 말고 건강했으면 좋겠다. 건강이 최우선이예요<br>나도 열심히 해서 성공해서 엄마 아빠에게 효도할게. 준비과정이니 조금만 기다려 주세요. 사랑해요. |

**아빠께**

아빠. 가족들과 떨어져서 타지에서 저희들을 위해 고생이 많으세요. 제가 성장하면서 아빠를 보니 작아지는 모습에 가슴이 아려 오기도 해요. 때로 힘드실 때 아들인 저에게 숨기려 말씀하지 않아도 아들인 제가 느껴질 때가 있어서 가슴이 아플 때도 있어요. 하지만 아빠.

우리 힘들어도 조금만 참고 이겨 내자. 이렇게 아빠한테 편지를 쓰려니 쑥스러워요. 아빠. 난 아빠의 하나뿐인 아들이고 항상 아빠 편이예요.

아빠 사랑해요.

**누나에게**

누나 하고 싶은 것 하지 못하고, 사고 싶은 것 사지 못하는 누나의 모습을 보면 가슴이 아파. 남자인 나는 이 힘든 시기 견뎌도 괜찮은데 누나만큼은 하고 싶은 것 다 누렸으면 좋겠거든.

그만큼 말은 툭툭 내뱉고 말을 하지 않아도 나도 누나처럼 많이 아끼고 누나 사랑해. 누나! 우리 힘들어도 절대 좌절하지 말고 힘내자. 우린 꼭 잘될 거라고 믿어! 추워지는데 감기 조심하고! 정말 사랑해 알지?

**매형에게**

매형 안녕하세요? 먼 미국땅에서 누나와 떨어져 많이 괴로우시죠? 매형이 고생이 많으세요. 어려운 지금 상황에서도 저희 친누나를 따뜻하게 위로해 주고 사랑해줘서 너무 고맙고 친형처럼 든든해요.

정말 감사합니다. 저도 매형이 친형처럼 편안하고 힘들 때 많이 의지가 되네요. 매형 조금만 더 고생하시고 절대 아프지 말고 건강하세요.

곧 찾아뵙겠습니다. 건강하시고 사랑해요.

**할아버지께**

할아버지 안녕하세요? 저 K예요. 이렇게 할아버지에게 처음으로 편지를 전하려니 기분이 쑥스럽기도 하고 멋쩍기도 하고 이상하네요.

할아버지. 무례한 제 모습에 많이 놀라시고 실망하셨죠? 정말 죄송하게 생각하고 뉘우치고 있어요. 저는 할아버지를 많이 사랑하고 의지하며 든든하고 자랑스럽게 생각했기에 저도 마음이 상했던 것 같아요.

하지만 할아버지와 갈등을 겪은 이후로 마음이 얼마나 불편하고 아팠는지 밤에 잠을 잘 이루지 못했어요. 제 진심은 그게 아닌데, 제가 말하는 것이 서툴렀던 것 같고 마음에 많이 남아서 마음이 아파요.

처음 할아버지를 뵈었을 때 저를 진심으로 따뜻하게 대해 주신 모습 아직도 못 잊고 있어요. 할아버지. 제가 생각하는 가족은 똘똘 뭉쳐서 힘든 때 함께하며 아픔을 보듬어 주고 좋을 때 함께 해 주는 것이라 생각해요. 제가 할아버지께 무례하게 비추어졌던 모습 다시 한번 진심으로 사과드리고 항상 건강하셨으면 좋겠습니다. 할아버지 저는. 할아버지의 하나밖에 없는 손자입니다.

사랑합니다. 할아버지.

| 나에게 쓰는 카드 |
|---|
| 이런 시간을 통해 나 자신에게 편지를 써 보는구나. 쑥스럽네.<br>요즈음 학교에서 졸업시험에, 리포트에, 기말고사에 고생이 엄청 많구나.<br>많이 힘들지? 힘내! 넌 누구보다 잘될 것이고. 또 좋은 성격과 성품을 갖고 있기 때문에 사람들에게 인정받을 것이고 그리고 성실한 아이니깐. 꼭 성공할 거라 믿어 의심치 않는다.<br>그러니. 절대 좌절하지 말고 힘내자.<br>나중에 시간이 흘러도 지금처럼 초심을 잃지 말고. 항상 낮은 자세로 어려운 사람을 불쌍하게 여기고 어른을 공경할 줄 아는 예의 바른 사람이 되었으면 좋겠다...<br>추운데 절대 아프지 말고 건강이 최우선이니 몸을 잘 관리하거라<br>사랑한다. |

상담은 마치 작은 겨자 씨앗과 같다. 이러한 긍정심리학을 통한 작은 다짐들이 훗날 커다란 거목이 되는 작은 밑바탕이 되었으면 하고 기대해 본다.

### E. 상담 후 논의

상담을 통하여 긍정심리학이 가족관계 및 청소년 상담에 있어서 스스로 자신의 생활에 대한 성찰에 유익한 자원을 포함하고 있음을 알 수 있었다. 긍정심리학을 활용한 상담은 시대와 생활 문화권에 따라 적절히 응용되고 가족 및 사회, 이웃의 교류적 차원에 도움이 될 수 있을 것 같다. 특히 다양한 경험의 반추와 피드백 그리고 궁극적인 일상의 몰입을 통한 행복감의 증진 등은 자아실현에 긍정적 영향을 미칠 수 있는 유용한 영역으로써 내담자에게 유익하게 적용될 가능성을 가지고 있다. 무엇보다 긍정심리학이 보다 다양한 일상의 정서 및 분야를 다룸으로써, 청소년 스스로가 자신의 삶을 살펴보고 모색해 보는 탐색적 활동은 긍정심리학을 반영한 상담의 커다란 장점으로 꼽을 수 있다. 본 상담을 통하여 심리적 내면을 돌아보고 일상생활을 통한 성찰 및 미래를 탐색해 보는 시간을 갖을 수 있었으며, 다음과 같은 함의를 찾아볼 수 있었다.

첫째, 긍정심리학을 적용한 상담을 통하여 기존의 문제 중심의 상담 심리적 차원을 일상생활과 목표의식 그리고 점검 등을 통하여 스스로 반추하는 시간과 이들의 적용범위의 폭을 넓힐 수 있었다. 둘째, 긍정심리학에서와 같이 긍정적 감정과 부정적 감정을 대비하여 다루었다는 점에서는 동일하나, 부정적 감정에 대한 유용성을 탐색해 봄으로써 일상생활을 통해 도움이 되는 요소와 반성해야 하는 부분을 구체적으로 생각해 보는 것에 도움이 되며, 자신의 특성을 좀 더 잘 이해함으로써 유익한 면이 될 수 있다. 셋째, 이와 같은 특징들이 청소년들이 감정적으로 통제하기 어려운 시기임을 감안할 때, 이들이 여러 가지 다양한 감성들을 예비적으로 탐색하는 것에 도움이 될 가능성이 있음을 발견했다. 이와 같은 활동은 비록 단초적인 질문들일 수 있으나, 일상생활을 점검하는 시야를 다양한 측면과 상황에 맞추어 활용할 수 있는 가능성을 지니고 있다고 할 수 있다. 넷째, 긍정심리학을 이에 적용함으로써 다양한 탐색활동이 기존의 인지행동치료에 대한 도입에 활용될 수 있을 것 같다. 그리고 이와 같은 활동들은 긍정심리학의 이러한 다양한 측면들을 통하여 청소년들의 상담이나, 개입프로그램에 유용하게 도입될 수 있다. 또한 긍정심리학이 처음 상담을 임하는 사람들에게도 일정 수준 이상의 유용한 지침과 도움이 된다는 결론을 얻었다. 그리고 본 상담을 통하여 긍정심리학을 적용한 청소년상담을 통하여 긍정심리학이 다양한 범위에서 적용될 수 있으며, 우리나라의 청소년들이 그들의 행복과 만족을 추구할 수 있는 자율적이고 탐색적인 다양한 활동의 장으로 활용될 수 있는 가능성이 있음을 발견할 수 있었다. 즉, 삶 속에서 다양한 기술들의 실천경험을 통하여 긍정심리학의 영역이 청소년 분야와 실제생활 영역에서 유용하게 활용될 수 있을 것으로 전망된다. 즉, 보다 자율적 측면에서 자아에 개입할 수 있는 여지를 허락하고 자신들의 몰입 영역을 점검해 보는 귀중한 경험을 허락함으로써 기존에 제시된 강점관점의 측면에서 좀 더 나아가, 일반인들도 이를 생활 속에서 체계적으로 바라보는 것에 도움이 될 수 있을 것이다. 따라서 긍정심리학은 시대와 생활 문화권에 따라 적절히 응용되어 가족 및 사회, 이웃의 교류적 차원에 도움이 될 수 있으며 다양한 경험의 반추와 피드백을 통하여 궁극적인 일상의 몰입이나 자아실현에 긍정적 영향을 미칠 수 있을 것으로 보인다. 제언으로는 긍정심리의 다양한 영역을 탐색하고 적용할 필요가 있다.

# 참고문헌


강민주, 전경숙(1995). 아동의 사회적 지지와 자기능력 지각에 관한 연구. **아동학회지, 16**(1), 197-210.

강영배(2009). 사회적 배제의 관점에서 본 청소년문제 및 정책에 관한 고찰. **청소년복지연구, 11**(4), 101-127.

강진호, 유형근, 손현동(2009). 마음챙김 명상을 활용한 고등학생의 심리적 안녕감 증진 프로그램 개발. **중등교육연구, 57**(1), 213-243.

강해자, 이길자(2001). 청소년이 지각한 부모와의 의사소통과 가족기능, 정신건강과의 관계. **스트레스연구, 9**(2), 61-60.

강혜정, 임은미(2012). 대학생용 다문화태도 척도의 한국판 타당화 연구. **아시아교육연구, 13**(4), 35-57.

고경은(2001). 빈곤아동이 지각한 가족기능과 학교 적응과의 관계, 가톨릭대학교 석사학위논문.

고재홍, 조기영(2003). 청소년의 긍정적 착각과 심리적 안녕감 간의 관계. **청소년상담연구, 11**(1), 166-181.

고정자(1999). **결혼과 가족**. 서울: 형설출판사.

곽윤영, 정문자(2010). 부모의 양육태도 및 대학생의 경제적 자립도가 대학생의 심리적 안녕감 및 자기효능감에 미치는 영향. **한국청소년연구, 21**(3), 121-141.

곽한영(2006). 법교육이 청소년의 법의식에 미치는 영향에 관한 연구: 여자비행청소년을 중심으로. 서울대학교 박사학위논문.

구인회, 박현선, 정익중, 김광혁(2009). 빈곤과 아동발달의 관계에 대한 종단 분석. **한국사회복지학, 61**(1), 57-79.

권순용(2006). 청소년의 학교적응 관련변인의 인과적 구조분석. **중등교육연구, 54**(3), 329-349.

김경순(2006). 대학생의 심리적 안녕감 증진을 위한 프로그램 개발과 적용. 경성대학교 대학원 박사학위논문.

김경신(1993). 가족학의 이론적 관점과 적용. **대한가정학회지, 31**(1), 137-151.

김경아(2002). 청소년의 예절수행 세대전이 및 가정생활 건강성. 숙명여자대학교 대학원 박사학위논문.

김기형(2006). 고등학생과 대학생의 가족관계, 교우관계, 학교적응도와 심리적 안녕감과의 관계. 부산대학교 교육대학원 석사학위논문.

김두헌(1969). **한국가족제도연구**. 서울: 서울대출판부.

김명소, 김혜원, 차경호(2001). 심리적 안녕감의 구성개념분석: 한국 성인 남녀 대상으로. **한국심리학회지 여성, 15**(2), 19-39.

김명희(2009). Bennett의 다문화 교육과정 모형에 근거한 다문화 교육 프로그램이 다문화인식과 자아존중감에 미치는 영향. 경인교육대학교 석사학위논문.

김선미(2000). 다문화 교육의 개념과 사회과 적용에 따른 문제. **사회과교육, 4**, 63-81.

김순규(2006). 빈곤청소년의 학교적응유연성 발달경로 -보호요인의 부가, 매개, 조절효과 모형을 중심으로. 전북대학교 박사학위논문.

김승권 외 5인(2000). **한국가족의 변화와 대응방안**. 서울: 한국보건사회연구원.

김양희(1993). **한국 가족의 갈등연구**. 서울: 중앙대출판부.

김여옥, 한민자(1996). "가족캠프", 한국청소년개발원 편. 청소년 수련거리 시연 강습회, 한국청소년개발원.

김영모(1999). **한국사회의 이해**. 서울: 한국복지정책연구소출판부.

김영모(2001). **현대사회학**. 서울: 고헌출판부.

김영화, 이진숙, 이옥희(2002). **성인지적 가족복지론**. 서울: 양서원.

김영훈(2008). 청소년의 여가활동참여가 학교생활만족에 미치는 영향 연구. 안양대학교 대학원 박사학위논문.

김유숙(2000). **가족상담**. 서울: 학지사.

김유숙(2002). **가족치료－이론과 실제**. 서울: 학지사.

김은경(2010). 다문화가정 모－자녀의 긍정심리성향 증진을 위한 긍정심리프로그램개발. 명지대학교 박사학위논문.

김정옥(1999). **결혼과 가족**. 서울: 학지사.

김준호, 노성호, 이성식, 곽대경, 박정선, 이동원, 박철현(2009). **청소년 비행론**. 서울: 청목출판사.

김준호 외(2002). 가족구조, 기능과 청소년 비행. 한국청소년연구 13권.

김진철, 장봉석(2010). 초등 예비 교사의 다문화 태도와 다문화 효능감에 대한 연구. **시민교육연구, 42**(3), 39-60.

김창대(2007). 왜 행복인가?: 불행의 심리학에서 행복의 심리학으로. 한국상담심리학회대외 심포지엄논문집, 16-31. 한국상담심리학회.

김태형(2012). **로미오는 정말 줄리엣을 사랑했을까?**. 경기: 교보문고.

김현숙, 최송식, 김희재(2011). 국민정체성과 다문화태도의 관계-한, 중, 일 대학생을 중심으로. **국제지역연구**, **15**(2), 141-168.

김현주(2010). 부모-자녀 의사소통 및 기본 심리적 욕구 척도개발을 통한 청소년 심리적 안녕감 설명변인연구. 충남대학교 박사학위논문.

김형태(1996). "가정과 청소년 문제", 한국청소년개발원 편, **청소년 문제론**(329-354). 서울: 한국청소년개발원.

김혜원, 김명소(2000). 우리나라 기혼여성들의 심리적 안녕감의 구조분석 및 주관적 안녕감과의 관계분석. **한국심리학회지**, **5**(1), 27-41.

김혜원, 임동훈(2004). 남녀 고등학생들의 하위유형별 비행발생의 관련성 파악: 폭력비행과의 관계를 중심으로. **한국청소년연구**, **15**(1), 167-189.

김혜원, 홍미애(2007). 우리나라 청소년들의 삶의 질 정도와 설명요인 분석. **청소년학연구**, **14**(2), 269-297.

김희재, 김현숙(2012). 한국과 일본 대학생의 국민정체성과 다문화태도. **동북아 문화연구**, **1**(33), 83-104.

남세진, 조홍식(1995). **한국사회복지론**. 서울: 나남.

남희경(2002). 가족관계, 자아강도 및 대인관계의 부정적 정서 간의 관계, 가톨릭대학교 석사학위논문.

류정희, 이명자(2007). 청소년의 심리적, 사회적 안녕감: 그 구조 및 주관적 안녕감과의 관계. **한국심리학회지 학교**, **4**(1), 55-77.

모경환, 황혜원(2007). 사회과 교사의 다문화교육에 대한 인식과 교사교육의 과제. **한국교원교육연구**, **24**(2), 199-219.

민경미, 송현종(2004). 고등학생의 지각된 사회적 지지와 정서 표현성이 심리적 안녕감에 미치는 영향. **인문사회과학연구**, **1**, 35-51.

박선미, 성민선(2011). 교사의 다문화교육 경험이 다문화적 인식에 미친 영향: 인천시 다문화교육 지정학교 교사를 대상으로. **한국사회과 교육연구학회**, **50**(3), 1-15.

박성길, 리성종, 양종국, 김경모(1999). 특수인성검사. 법무부(1), 167-190.

박승희(2005). **한국사회복지정책론**. 서울: 성균관대학교출판부.

박태영(2001). **가족치료 이론의 적용과 실천**. 서울: 학지사.

박현선, 이상균(2008). 청소년기 비행친구의 영향에 대한 보호요인의 조절효과. **사회복지연구**, 37, 399-427.

방아골 종합사회복지관(2010). 신명나는 지역복지만들기. 방아골종합사회복지관 연구기획팀.

서현아, 천희영, 위수정(2011). 한국과 미국 예비 유아교사의 다문화 관련 경험에 따른 다문화 이해 및 다문화교육 관련 특성에 대한 연구. **한국보육지원학회지, 7**(4), 69-94.

석말숙(1989). 문제행동청소년 가족과 일반가족 간의 가족 역동 비교 연구. 이화여자대학교 석사학위논문.

선곡유화, 박순덕, 이영선(2013). 한국 대학생의 다문화 인식 및 태도에 관한 연구 동향. **한국다문화와 평화학회**, 173-203.

송성자(1996). 청소년의 심리·정서적 욕구와 단기가족치료의 접근. **연세사회복지연구, 3**, 77-102.

송성자(1997). **가족관계와 가족치료**. 서울: 홍익재.

송성자(1999). **가족과 가족치료**. 서울: 법문사.

송성자, 정문자(1994) **경험적 가족치료**. 서울: 중앙적성 출판.

송정아, 최규련(1997). **가족치료 이론과 기법**. 서울: 하우.

송진영(2009). 중년 취업남성의 다중역할 몰입과 심리적 안녕감 간의 관계. **한국사회복지조사연구, 22**, 59-81.

신경숙(2009). 예비유아교사의 학과적응, 진로결정도 및 종교활동과 심리적 안녕감과의 관계. **교사교육연구. 48**(2), 78-98.

신정인, 강영걸, 김영호(2010). 대학생의 대상관계가 분리개별화, 자기효능감, 심리적 안녕감에 미치는 영향. **청소년학연구, 17**(10), 189-212.

신주연, 이윤아, 이기학(2005). 삶의 의미와 정서조절 양식이 청소년의 심리적 안녕에 미치는 영향. **한국심리학회지, 17**(4), 1035-1057.

신현정, 박진성(2010). 유아교사의 심리적 안녕감에 영향을 주는 관련 변인 탐색연구. **유아교육학논집, 14**(2), 147-170.

안윤일(2000). 아동이 지각한 가족관계, 대인관계 해결력과 사회적 선호도와의 관계, 가톨릭대학교 석사학위논문.

안향림(1974). 가족치료를 통한 가족 역동에 관한 연구, 이화여자대학교 석사학위논문.

양계민, 정현희(1999). 학교폭력이 청소년의 심리적 적응에 미치는 영향: 가해자, 피해자, 일반학생의 비교를 중심으로. **한국심리학회지 사회문제, 5**(2), 91-104.

양계민, 조혜영(2010). 청소년방과후 아카데미 프로그램에 대한 효과성 인식이 참여청소년의 심리사회적응 및 학업성취요인에 미치는 영향. **청소년복지연구, 12**(1), 61-92.

양정남, 최은정, 문란영, 박건영, 박순희(2011). 자기효능감, 사회복지 옹호태도가 사회복지전공대학생의 다문화 수용성에 미치는 영향. **한국사회복지교육제, 16**, 24-47.

양지현(2011). 경기 양평 보릿고개 정보화마을. www.klid.or.kr.

어은주(1996). 한국도시가정의 건강성 및 관련변인고찰. 경희대학교 대학원 박사학위논문.

엄명용, 김성천, 오혜경, 윤혜미(2009). **사회복지실천의 이해**. 서울: 학지사.

오무근(2009). 알코올 중독자 가족의 스트레스와 대처방식이 가족부담감에 미치는 영향에 관한 연구. 한남대학교 행정복지대학원 석사학위논문.

옥선자, 정민자(1994). **결혼과 가족**. 서울: 하우.

우채영, 박아청, 정현희(2010). 성별 및 학교 급별에 따른 청소년의 인간관계, 스트레스, 우울과 자살생각 간의 구조적 관계. **한국교육심리학회, 24**(1), 19-38.

유성경(2007). 행복의 재발견: 역경 속에서 피어나는 행복의 꽃. 한국상담심리학회 대외심포지엄 논문집(51~58). 한국상담심리학회.

유영주(1989). **한국가족의 기능연구**. 서울: 교문사.

유영주, 김순옥, 김경신(2000). **가족관계학**. 서울: 교문사.

유주연, 박경(2010). 자기애와 심리적 안녕감 간의 관계에서 감사성향의 매개효과. **청소년학연구, 17**(4), 1-23.

윤계순(2000). 해결중심 단기모델을 적용한 학교부적응 청소년 집단 프로그램 연구, 가톨릭대학교 석사학위논문.

이광규(1981). **한국의 가족구조 분석**. 서울: 일지사.

이광규(1997). **한국의 가족과 종족**. 서울: 민음사.

이길자(2007). 청소년들의 가족개념에 대한 질적 연구—중학생을 중심으로. 중앙대학교 대학원 석사학위논문.

이동귀(2007). 변화와 강점 중심 상담. 한국상담심리학회 대외심포지엄 논문집, 147-148, 한국상담심리학회.

이명자, 신현숙, 염시창(2009). 대학생의 자원과 심리적 안녕감과의 관계. **청소년학연구, 16**(9), 53-79.

이미숙(1996). 사회적 지원의 심리적 효과: 주 효과와 완충효과의 검증을 위한 이론적 모델과 방법론. **한국사회학, 30**, 449-472.

이미화, 조증열(2003). 청소년의 인기도와 심리적 안녕감에 관련된 행동특성. **경남대학교인문과학연구소, 17**, 25-38.

이민아(2010). 이민 전후의 연결망이 결혼이민자여성의 심리적 안녕감에 미치는 영향. **보건사회과학, 27**, 31-61.

이부영(2002). **자기와 자기실현: 하나의 경지, 하나가 되는 길**(분석심리학의 탐구). 서울: 한길사.

이성훈(2010). 긍정심리치료에 근거한 집단상담이 청소년의 자아 탄력성, 학교생활적응력 및 심리적 안녕감에 미치는 효과. 경성대학교 석사학위논문.

이연수(1999). 충동성과 가족 응집력이 청소년들의 가출의도 및 가출행동에 미치는 영향. 가톨릭대학교 석사학위논문.

이유리(2009). 청소년의 부모-자녀 의사소통, 정서지능, 부모화 경험이 심리적 안녕감에 미치는 영향. 명지대학교 대학원 석사학위논문.

이은우(2005). 대학생의 정서지능, 자기효능감, 심리적 안녕감이 대학생활 적응에 미치는 영향. 계명대학교 대학원 석사학위논문.

이인재(2006). **저소득층 가정 청소년 탈빈곤 정책에 관한 연구: 한국사회의 신빈곤**. 한국도시연구소 엮음. 서울: 한울 아카데미.

이장호, 금명자(2006). **상담연습 교본**(2판). 경기: 법문사.

이정덕 외(1998). **결혼과 가족의 이해**. 서울: 학지사.

이정민, 이유리(2010). 청소년의 부모-자녀의사소통, 정서지능 및 부모화경험이 심리적 안녕감에 미치는 영향. **한국가정간리학회지, 28**(3), 13-26.

이종신, 문혁준(2010). 장애아 어머니의 역할행동 연구. **유아교육연구, 30**(3), 5-24.

이진희, 김욱(2008). 노인교육 참여가 노인의 심리적 안녕감에 미치는 영향. **한국노년학, 28**(4), 887-905.

이채호, 고태순(2008). 보육교사의 직무만족도와 심리적 안녕감과의 관계. **아동교육, 17**(3), 173-185.

이현주, 이미나, 최인수(2008). 한국 청소년 안녕감 척도(K-WBSA)의 타당화 및 삶의 질 분석. **교육심리연구, 22**(1), 301-315.

이혜진(2009). 초등학생의 다문화 인식에 영향을 미치는 변인 연구. 경인교육대학교 석사학위논문.

이효재(1978). **가족과 사회**. 서울: 진명출판사.

이훈구(1997). **행복의 심리학: 주관적 안녕**. 서울: 법문사.

이희경(2007). 긍정심리학적 상담: 치료요인과 개입 기법. 한국상담심리학회 대외심포지엄논문, 145-146. 한국상담심리학회.

이희경, 이동귀(2007). 긍정심리학적 인간이해와 변화. **인간연구, 13**, 16-43.

임은영(2008). 유토피아적 공간형성의 관점에서 본 헤이리 문화예술마을의 형성과 변화. 서울대학교 대학원 석사학위논문.

장은선, 김광웅, 조유진(2007). 청소년의 스트레스와 비합리적 신념 및 자살생각의 관계. **청소년학연구, 14**(5), 27-47.

장임숙, 이원일(2012). 대학생의 다문화인식과 이주인권 정책에 대한 태도. **지방정부연구,**

15(4), 177-199.

전해숙(2010). 초고령 노인의 스트레스와 대처방안이 심리적 안녕감에 미치는 영향. **노인복지연구**, 47, 51-69.

정 민, 노안영(2008). 대학생의 외향성 및 신경증적 경향성과 심리적 안녕감 간의 관계. **한국심리학회지**, 27(2), 373-387.

정경옥(2010). 청소년의 학교관련 문제행동과 부모의 경험에 대한 질적 연구. 명지대학교 석사학위논문.

정대영, 최정아(2010). 장애아동 부모와 일반아동 부모의 심리적 안녕감 비교. **한국정서 · 행동장애연구**, 26(3), 319-343.

정원식, 박성수, 김창대(2002). **카운슬링의 원리**. 서울: 교육과학사.

정은희(2002). 현실요법 집단상담이 빈곤 청소년의 학교 적응 유연성에 미치는 영향. 대구대학교 석사학위논문.

정주향(1993). 경계선성격 비행청소년에 대한 가족치료 사례 연구: 대상관계이론을 중심으로. 대구대학교 석사학위논문.

정혜정(2000). 청소년비행 예방 대책에 관한 연구. 경희대학교 석사학위논문.

조긍호(2006). **이상적 인간형론의 동 · 서 비교**. 서울: 지식산업사.

조명한, 차경호(1998). **삶의 질에 대한 국가 간 비교**. 서울: 집문당.

조윤정, 김경신(2000). 남자청소년의 문제행동과 개인 및 가족관련 변인. **한국가족관계학회지**, 5(1), 45-65.

조정문, 장상희(2001). **가족사회학**. 서울: 아카넷.

조휘일, 이윤로(1999). **사회복지실천론**. 서울: 학지사.

조흥식 외(2002). **가족복지학**. 서울: 학지사.

주애란(2006). 중학생의 인터넷게임중독 예방을 위한 임파워먼트 교육프로그램의 효과. 전남대학교 대학원 박사학위논문.

주현숙, 방희정(2006). 청소년의 관계적-상호의존적 자아해석과 대인관계 스트레스, 스트레스 대처 방식이 심리적 안녕감에 미치는 영향. 한국심리학회 학술대회 자료집, 284-285.

진옥화(2005). 알코올 중독 치료에 관한 연구-가족의 관점 중심으로. 상명대학교 정치경영대학원 석사학위논문.

질병관리본부(2009). 2008 청소년건강행태온라인조사 통계. 질병관리본부.

차경호(1995). 한국, 일본 및 미국 대학생들의 삶의 질의 비교. 한국심리학회 편, **삶의 질의 심리학**(113~144). 서울: 한국심리학회.

차경호(2004). 한국과 미국 대학생의 주관적 안녕감과 심리적 안녕감과의 관계. **청소년학연구**,

11(3), 321-337.
청소년폭력예방재단(2007). 2007 학교폭력 실태조사 보고서. 청소년폭력예방재단.
최경일(2009). 학교사회복지사와 교사의 협력에 영향을 미치는 요인에 관한 현상학적 연구. **청소년복지연구**, 11(2), 103-126.
최선경(2001). 소년소녀가장세대 청소년의 사회적 지지와 일상적 스트레스에 관한 연구. 서울여자대학교 대학원 석사학위논문.
최선화 외(1999). **사회문제와 사회복지**. 서울: 양서원.
최성학(2012). 일반청소년과 비행청소년이 지각한 가족의 의사소통비교연구, 백석대학교 상담대학원 석사학위논문.
최연실(2003). **가족학이론: 관점과 쟁점**. 서울: 하우 출판사
최옥채(2006). **사회복지사를 위한 조직화기술**. 서울: 학현사.
최일섭, 최성재(2000). **사회문제와 사회복지**. 서울: 나남.
최재석(1982). **한국가족연구**. 서울: 일지사.
최재훈(2012). 기업의 사회적 책임(CSR)에 대한 종업원의 인식이 조직유효성에 미치는 영향에 관한 연구: 개인주의-집합주의 성향의 조절효과를 중심으로. 아주대학교 대학원 석사학위논문.
최충옥(1996). "가정과 청소년 문제", 한국청소년개발원 편, **청소년 문제론**. 서울: 한국청소년개발원.
최현정, 우민정(2012). 예비유아교사의 다문화 태도 및 다문화 효능감에 관한 연구. **유아교육학논집**, 16(5), 315-338.
표갑수(1986). **청소년비행원인 이론**. 서울: 한국복지연구소.
한국청소년상담원(2000). **청소년문제 유형분류체계 개발연구 VII**. 서울: 한국청소년상담원.
한국청소년연구원(1992). **청소년 심리학**. 서울: 한국청소년연구원.
한남제(1994). **현대한국가족연구**. 서울: 일지사.
함성철(2003). 경호원 직무스트레스가 조직 유효성에 미치는 영향. 경기대학교 대학원 박사학위논문.
함인희(1995). **가족과 한국사회**. 서울: 경문사.
허승연(2009). 청소년의 행복에 영향을 미치는 생태체계 변인. 숙명여자대학교 대학원 박사학위논문.
홍봉선, 남미애(2010). **청소년복지론**. 경기: 공동체.
홍현미라, 김가율, 민소영, 이은정, 심선경, 이민영, 윤민화(2011). **지역사회복지론**. 서울: 학지사.

Adams, D. M., Overholster J. C., & Spirito, A. (1994). Stressful life events associated with adolescent suicide attempts. *Canadian Journal of Psychology, 39*, 43-48.

Adelmann, P. K. (1994). Multiple Role and Psychological Well-being in a National Sample of Older Adults. *Journal of Gerontology: Social Sciences. 49*(6), 227-285.

Ahrens, C. J., & Ryff, C. D. (2006). Multiple Roles and Well-being: Sociodemographic and Psychological Moderators. Springer Science Business Media, Inc.

Bandura, A. (1977). Self-efficacy: Toward a Unifying Theory of Behavioral Change. *Psychological Review, 84*, 191-215.

Becvar, D. S., & Becva, R, J. (1997). **가족치료: 체계론적 통합.** [Systems theory and family therapy: A primer] (정혜정, 이형실 편역). 서울: 하우(원저출판: 1982).

Bourm, R. (2000). Assessing Violence Risk among Youth. *Journal of Clinical Psychology, 56*(10), 1268-1288.

Bronfenbrenner, V. (1979). *The ecology of human development.* Cambridge, MA: Harvard University Press.

Butcher, D. A. (2000). The relationship among engagement in youth development programs, risk and protective factors, and problem behaviors: An exploratory study. Unpublished doctoral dissertation, Utah university.

Caplan, G. (1974). *Support Systems and Community Mental Health: Lectures on Concept Development.* New York: Behavioral Publications.

Chung, I. J. (2004), A conceptual framework for understanding the relationship between poverty and antisocial behavior: Focusing on psycho social mediating mechanisms. *Journal of Primary Prevention, 24*, 355-380.

Creswell, J. W. (2007). *Qualitative Inquiry and Research Design: Choosing Among Five Approaches.* Thousand Oaks, CA: Sage.

Csikszentmihalyi, M. (1999). **몰입의 즐거움.** [Finding flow] (이희재 역). 서울: 해냄(원저출판: 1997).

Curry, L. A., Snyder, C. R., Cook, D. L., Ruby, B. C., & Rehm, M. (1997). Role of hope in academic and sport achievement. *Journal of personality and social psychology, 73*(6), 1257-1267.

Diener, E., Suh, E. M., Smith, H., & Shao, L. (1995). National differences in subjective well-being: Why do the occur? *Social Indicators Research, 34*, 7-32.

Drucker, P, F. (1973). *Management: Task-Responsibilities Practices.* New York: Harper &

Row.

Engemann K. M., & Owyang. M. T. (2005). So Much for that Merit Raise: The Link between Wages and Appearance. *The Regional Economist, 13*(2), 10-11.

Etzioni, A. (1964). *Modern Organizations.* Englewood Cliffs, New Jersey: Prentice-Hall.

Farrington, D. P. (2003). Developmental and Life-course Criminology Key Theoretical and Empirical Issues The 2002 Sutherland Award Address. *Criminology, 41*(2), 221-255.

Fredricson, B. L. (2001). The role of positive emotions in positive psychology: The broaden-and-build theory of positive emotions. *American Psychology, 56,* 218-226.

Gable, S. L., & Haidt, J. (2005). What(and Why) is positive psychology? *Review of General Psychology, 9,* 103-110.

Galvin, K. M., & Brommel, B. J. (1995). **가족관계와 의사소통.** [Family communication: Cohesion and change] (노영주, 서동인, 원효종 역). 서울: 하우(원저출판: 1982).

Giddens, A. (1992). 현대사회학. [Sociology] (김미숙 외 역). 서울: 을유문화사(원저출판: 1986).

Gottfredson, M. R., & Hirschi, T. (1990). *A general Theory of Crime.* Stanford, Calif: Stanford University Press.

Green, R. J., & Framo, J. L. (1991). **가족치료.** [Family therapy: major contributions] (강진상, 김중원 역). 서울: 하나출판(원저출판: 1981).

Hamermesh, D. S., & Biddle, J. E. (1994). Beauty and the labor market. *American Economic Review, 84,* 1174-1194.

Hirschi, T. (1969). *Causes of Delinquency.* Berkeley, CA: University of California Press.

Hoghughi, M. (1992). *Assessing Child and Adolescent Disorders, -A Practice Manual.* London: Sage Publications.

Irene, L., & Jan, T. (1992). Understanding the Concept of Family. *Family Relation, 41*(3), 348-351.

Jahoda, M. (1959). *Current concepts of positive mental health.* New York: Basic Books.

Katz, D., & Khan, R. L. (1966). *The Social Psychology of Organizations.* New York: Wiley.

Kazdin, A. E. (1987). Parent management training evidence, outcomes and issue. *Journal of American Academy of Child and Adolescent Psychiatry, 36*, 1349-1356.

Kleiman, J. (1981). Optimal and normal family functioning. *The American Journal of Family Therapy, 19,* 37-44.

Klein, K., Forehand, R., Armastead, L., & Long, P. (1997). Delinquency during the transitionto early adulthood: Family and parenting predictors from early adolescence. *Adolescence, 32*(125), 61-80.

Likert, R. (1967). *The human organization: Its management and value.* New York: McGraw-Hill.

Lopez, S. J., & Snyder, C. R. (2008). **긍정심리평가: 모델과 측정.** [Positive psychological assessment: a handbook of models and measures] (이희경, 이영호, 조성호, 남종호 역). 서울: 학지사(원저출판: 2003).

Lyubomirsky, S. (2008). **행복도 연습이 필요하다.** [How of happiness] (오혜경 역). 서울: 지식노마드(원저출판: 2007).

Matsueda, R. L. (1992). Reflected appraisals, parental labeling, and delinquency: specifying a symbolic interaction theory. *American Journal of Sociology, 97,* 1577-1611.

McDowell, I., & Newell, C. (1990). *Measuring Health: a guide to rating scales and questionnaires.* New York: Oxford University Press.

Ministry of Gender Equality & Family(2008). Chung So Nyun Baek Su. www.mogef.go.kr.

Ministry of Gender Equality & Family(2011). Chung So Nyun Baek Su. www.mogef.go.kr.

Ministry of Health & Welfare(2010). Ministry of Health and Welfare Year Book.

Munroe, A., & Perarson, C. (2005). The multicultural attitude scale questionnaire: A new instrument for multicultural studies. *Education and Psychological Measurement, 66*(5), 819-834.

NASW(2001). **사회복지대백과사전.** [Encyclopedia of social work] (이문국 외 역). 서울: 나눔의 집(원저출판: 1995).

Nestmann, F., & Hurrelmann, K. (1994). Child and Adolescent Research as a Challenge and Opportunity for Social Support Theory, Measurement, and Intervention: And Vice Versa. In F. Nestman & K. Hurrelmann (Eds.), *Social Networks and Social Support in Childhood and Adolescent.* Berlin: de Gruyter.

Nolten, P. W. (1994). Conceptualization and Measurement of Social Support: The Development of the Student Social Support Scale. Doctoral Dissertation, University of Wisconsin-Madison.

Norton, D. (1978). *The Dual Perspective.* Washington D.C.: Council for Social Work.

Park, N. (2004). The Role of Subjective Well-being in Positive Youth Development. *The Annals of the American Academy of Political and Social Science, 591,* 13-24.

Randall, T. D. (1995). Assessing Family Strengths Using the Family Profile: Study for Validate and Evaluate Constructs Across Four Models of Family Functioning. Utah State University. M. S.

Peterson, C. (2010). **긍정심리학 프라이머.** [Primer in positive psychology] (문용린, 김인자, 백수현 역). 경기: 물푸레(원저출판: 2006).

Peterson, C., & Bossio, L. M. (1991). *Health and optimism.* New York: Free Press.

Peterson, C., & Seligman, M. E. (2004). *Character strengths and virtues: A handbook and classification.* Washington, DC: American Psychological Association.

Ponterotto, J. G., Baluch, S., Greig, T., & Rivera, L. (1998). Development and initial schore validation of the teacher multicultural attitude survey. *Educational and Psychological Measurement, 58*(6), 1002-1016.

Randall, T. D. (1995). Assessing Family Strengths Using the Family Profile: Study for Validate and Evaluate Constructs Across Four Models of Family Functioning. Utah State University. M. S.

Roberts, L. M. (2005). Changing Faces, Professional image construction in diverse organizational settings. *Academy of Management Review, 30*(4), 685-711.

Rosenthal, B. S. (1995). The Influence of Social Support on School Completion among Hiaitians. *Social Work in Education, 17*(1), 30-39.

Ryff, C. D. (1989). Happiness is everything, or is it? Explanations on the meaning of psychological well-being. *Journal of Personality and Social Psychology, 57*(6), 1069-1081.

Ryff, C. D., & Keyes, C. L. M. (1995). The structure of psychological well-being revised. *Journal of Personality and Social Psychology, 69*(4), 719-727.

Ryff, C. D. & Singer, B. (1996). Psychological well-being: Meaning, measurement, and implications for psychotherapy research. *Psychotherapy and Psychosomatics, 65,* 14-23.

Ryff, C. D., & Singer, B. (1998). The contours of positive human health. *Psychological Inquiry, 9*(1), 1-28.

Saleebey, D. (2006). Introcution: Power in the people. In D. Saleeby(Ed.). *The strengths perspective in social work practice*(1-24). Boston: Allyn & Bacon.

Salovey, P., Rothman, A. J., Detweiler, J. B., & Steward, W. T. (2000). Emotional states and health. *American Psychologist, 55*, 110-121.

Scheier, M. F., & Carver, C. S. (1992). Effects of optimism on psychological and physical well-being: Theoretical overview and empirical update. *Cognitive Therapy and*

*Research, 16,* 201-228.

Seligman, M. E. (2002). "Positive Psychology, Positive Prevention, and Positive Therapy", In C. R. Snyder & S. J. Lopez(eds.), *Handbook of positive psychology*(3-9). New York: Oxford University Press.

Seligman, M. E. (2007). **긍정심리학: 진정한 행복 만들기.** [Authentic happiness: using the new positive psychology to realize your potential for lasting fulfillment] (김인자 역). 경기: 물푸레(원저출판: 2004).

Seligman, M. E. (2011). **플로리시.** [Flourish: a visionary new understanding of happiness and well-being] (우문식, 윤상운 역). 경기: 물푸레(원저출판: 2009).

Seligman, M. E., & Csikszentmihalyi, M. (2000). Positive Psychology: An introduction. *American Psychologist, 55,* 5-14.

Seligman, M. E., & Peterson, C. (2005). Positive psychology progress: Empirical validation of interventions. *American Psychologist, 60*, 410-421.

Sheehan, G. (1979). In Stress, Mental Health, and Religion. *The Physician and Sports Medicine, 7,* 149.

Sheldon, K. M., & King, L. (2001). Why positive psychology is necessary. *American Psychologist, 56*(3), 216-217.

Snyder, C. R., & Lopez, S. J. (2008). **긍정심리학 핸드북.** [Handbook of positive psychology] (이희경 역). 서울: 학지사(원저출판: 2002).

Sokol-Katz, J., Dunham, R., & Zimmerman, R. (1997). Family structure versus parental attachment in controlling adolescent deviant behavior: A social control model. *Adolescence, 32*(125), 199-215.

Sprinthall, N. A., & Collins, W. A. (1995). *Adolescent Psychology: A developmental view*(3ed.). New York: McGraw-Hill..

Steve, R. B., & Marie, K. C. (2009). **긍정심리학.** [Positive Psychology] (안신호, 이진환, 신현정, 홍창희, 정영숙, 이재식, 서수균, 김비아 역). 서울: 시그마프레스(원저출판: 2008).

Strauss, A., & Corbin, J. (1998). *Basics of qualitative research: Techniques and procedures for developing ground theory*(2nd ed.). Thousand Oaks, CA: Sage.

Thoits, P. A. (1986). Social support as coping assistance. *Journal of Consulting and Clinical Psychology, 54*(4), 416-423.

Toprak, S., Cetin, I., Guven, T., Can, G., & Demircan, C. (2011). Self-harm, suicidal ideation and suicide attempts among college students. *Psychiatry Res, 187,* 140-144.

Traub, S. H., & Craig B. L. (1975). *Theories of Deviance.* Itasca, Illinois: F. E. Peacock.

Triplett, R. A., & Jarjoura, G. R. (1994). Theoretical and Empirical Specification of a Model of Informal Labeling. *Journal of Quantitative Criminology, 10*(3), 241-276.

Wenar, C. (1998). **발달정신병리학: 영아기부터 청소년기까지.** [Developmental Psychopathology: from infancy through adolescence] (이춘재, 성현란, 송길연, 윤혜경, 김혜리, 박혜원, 곽금주, 장유경, 박선미, 황상민, 이은희, 이도헌, 조정호, 김선아 역). 서울: 중앙적성출판사(원저출판: 1982).

Yoshikawa, H. (1999). Welfare Dynamics, Support Service, Mothers' Earning, and Child Cognitive Development. *Child Development, 70*(3), 779-801.

Zohar, D. & Marshall, I. (2000). *SQ-Spiritual Intelligence: The Ultimate Intelligence.* London: Bloomsbury.

국회도서관 전자 도서관 https://u-lib.nanet.go.kr/dl/SearchIndex.php

보건복지부 http://www.mw.go.kr

한국보건사회연구원 http://www.kihasa.re.kr

## 찾아보기

### 인명



### 내용

# 저 / 자 / 소 / 개

## ▪ 곽미정

상명대학교에서 2013년 행정학박사학위를 취득한 이후, 경기대학교에서 2015년 사회복지학박사학위를 취득하였다. 그 밖에 단국대학교 행정학학사, 한양대학교 사회학석사, 성신여자대학교에서 사회복지학석사학위를 취득하였다. 사회복지개발원의 수석연구원으로 활동하였으며, 현재 김포대학교 보건복지과 교수로 재직 중이다. 주요 관심 분야는 사회복지실천, 행정 및 정책 분야이다. 주요 저서로는 노인복지론(2016)과 주요 논문으로는 "청소년 임파워먼트 프로그램의 효과성 분석"(2014) 외 다수가 있다.

## ▪ 박지윤

가톨릭관동대학교에서 상담심리석사와 교육학박사를 취득하고, 이후 사회복지박사과정을 전공하였다. 해봄청소년교육연구소 대표, 건강가정지원센터 위촉상담가와 교육성과관리센터의 선임연구원으로 재직하였으며, 현재 가톨릭관동대학교 및 대원대학교에 출강 중이다. 관심 분야는 교육학, 가족상담 및 치료, 정신건강 분야이며, 주요 연구물로 '청소년의 회복탄력성과 사회적지지가 진로결정 자기효능감 및 진로 태도 성숙에 미치는 영향'과 '학습역량진단도구개발 보고서 외 다수가 있다.

## ▪ 이진경

고려대학교에서 2020년 문학박사학위를 취득한 이후, 다양한 현장에서 문화콘텐츠 기획를 하고 있다. 국립안동대학교 겸임교수로 재직 중이며, 동국대학교에 출강을 하고 있다. 주요 관심 분야는 문화, 예술, 콘텐츠, 가족, 여가, 도시재생 및 정책이다. 현재 한국연기예술학회와 한국도시행정학회 이사를 맡고 있다.

## ▪ 오현숙

대구대학교에서 철학박사(사회복지학을 전공)를 취득하고, 현재 호산대학교에서 휴먼복지학부장으로 재직 중이다. 주요 관심 분야는 노인복지, 평생교육복지, 청소년상담복지이며, 저서로는 사회복지법제론, 사회복지정책론, 정신건강론 외 다수의 논문과 저서가 있다.

## ▪ 전대성

서울대학교 대학원 도시 및 지역계획 석사, 명지대학교에서 사회복지학석사를 취득하고 단국대학교에서 행정학박사를 취득하였다. 현재 경북전문대학교 사회복지학과장으로 재직 중이며, 관심분야로는 정신건강, 사회복지실천, 인간행동과 사회환경, 노인복지 분야이며, 주요 저서로는 사회복지법제론, 정신건강론, 아동생활지도 등 다수의 저서가 있다.

# 가족관계

1판 1쇄 인쇄 — 2021년 8월 25일
1판 1쇄 발행 — 2021년 8월 30일

저　　자 - 곽미정　박지윤　이진경　오현숙　전대성
발 행 인 - 강철원
발 행 처 - 양성원
주　　소 - 경기도 파주시 검산로 173번길 29-20
전　　화 - 031-946-3861(代)
팩　　스 - 031-946-3864
이 메 일 - tnwpub@naver.com
홈페이지 - tnwpub.co.kr
출판등록 - 2015년 8월 31일 제 2015-000211 호

ISBN 979-11-6126-380-9

정가 20,000원